藍學堂

學習 · 奇趣 · 輕鬆讀

Google總監親授10堂課×100道練習題＝
圖表做熟、重點畫對、精鍊故事，進階簡報強者！

Google
必修的
圖表簡報術
練習本 LET'S PRACTICE!

STORYTELLING WITH DATA
by Cole Nussbaumer Knaflic

柯爾‧諾瑟鮑姆‧娜菲克

——著

白丁——譯

目　錄

- 本書的編排方式
- 如何搭配運用前後兩本書
- 你想學習／教導「圖表簡報術」？
- 視覺化工具簡介
- 開始動手吧

第 1 課｜有條理，很重要　021

- 老師示範
- 自行發揮
- 職場應用

第 2 課｜選對有效的視覺元素　071

- 老師示範
- 自行發揮
- 職場應用

第 3 課｜拔掉干擾閱讀的雜草　127

- 老師示範
- 自行發揮
- 職場應用

國 際 讚 譽

「我教授大學生、博士生、商學研究所學生和高階經理人數據導向的說故事及溝通方法。在所有這些課堂中,《Google必修的圖表簡報術》是我的核心教科書,並且在每堂課中,學生都希望從柯爾那兒學到更多,特別是動手修改的部分。我很高興現在可以將《Google必修的圖表簡報術一練習本》加進我的課程。對於所有需要傳達數據或傳授別人這項關鍵專業技能的人來說,這本書滿是範例和務實策略,是不可或缺的資源。」

——史蒂芬‧佛蘭科奈瑞

(Steven Franconeri,西北大學心理學教授,

認知科學計畫和視覺思維實驗室主任)

「這本書太棒了!別搞錯,以為這只是《Google必修的圖表簡報術》增加一套練習。《Google必修的圖表簡報術一練習本》是一座提供重要見解的百寶箱,包括變革管理、合作、領導參與、回饋,反覆改善以及如何對組織及其利益關係人之要務進行批判性思考。柯爾提供了清晰明確的說明,關於如何定義你的受眾群體、確定其需求,以及製作引人入勝又啟發思考的敘事作品。」

——史蒂夫‧韋克斯勒

(Steve Wexler,《儀表板全書》〔*The Big Book of Dashboards*〕作者)

推 薦 序

這是所有從事商業簡報的
職人與講師必備的一本書

假如我給《Google 必修的圖表簡報術》這本書 85 分，那《Google 必修的圖表簡報術—練習本》我會給它 99 分。

我邊看邊震驚，因為它規劃簡報的技巧幾乎就是我在企業內訓中，教導學員思考自己提案的方式，真的要我說，相似度也是 95%，所以我更可以跟大家說，這本書應該是學習商業提案簡報旅途中的必備書籍了。

簡報要從聽眾的角度系統化的換位思考

「簡報不是為了你的資料而存在，是為了你的想法而存在」——這是我在企業內訓中重複過上百次的宣導，但是想法要怎樣呈現？要如何有價值？必須從「寫」開始，因為寫作就是思考力最好的呈現，而寫作最好的演練方式就是系統化的表格管理，讓我們用填表的方式提升我們思考的完整度。

所有的說服只有兩道關卡：達成期望、解決疑惑

而在《練習本》中作者大方的提供了他們的「核心想法表單」，讓你從聽眾的期望、困擾去系統化的換位思考，再從中修正自己的想法中「應該要強調」的區塊，讓每一位讀者都可以利用這個表單踏踏實實的讓自己的思路具象化，說真的，每次我們想要說服聽眾時，我們真的知道他的期許了嗎？我們知

道他們對這提案有哪些直覺性的質疑嗎？

所有的教學成效就在於細節的逐步說明

而我在閱讀《練習本》時，總是被它細緻的拆解說明所震撼，因為這些細部的拆解夠細，它才有辦法教會不同的人。一張表格可以細部拆解分析洞察，而根據洞察，又可以示範不同圖表的呈現優劣，也就跟我之前上課時所提到的「即便是高手在分析數據，都是從不斷的嘗試中找到最佳的呈現」，而《練習本》真的用這樣的方式實作出來。

你可以透視與拆解專家的大腦思維

假如你是在職場上沒有從簡報中得到優勢的朋友，那我會建議你詳讀這本書，因為這本書根本就是作者「細部的拆解她自己在構思說服策略與數據呈現的推演藍圖」，而且把每一個版本的藍圖的變化都記錄了下來，讓你們知道專家是如何拆解與規劃一份具有說服力的商業簡報。

我記得在《躍遷》這本書中說過，我們要懂得跟著聰明的大腦成長，而《練習本》這本書則是做到了讓我們可以「拆解與逐步解釋聰明的大腦的思考脈絡」，說到這邊，我也只能說它將成為第二本在台灣簡報書籍中超過五十刷的經典好書，快去看吧。

孫治華

（簡報實驗室創辦人）

推 薦 序

讓這本書帶你學習職場
最關鍵的軟實力

　　《Google 必修的圖表簡報術》是相當暢銷的一本經典圖表書籍，即便出版數年仍然常駐在排行榜上，前些日子在書局看到，隨手一翻已經五十刷了。也因為內容相當實用，我也與「商周學院」合作了同名課程，開課數年，同樣場場滿座，也顯見在當今的職場上，透過圖表來達到「數據驅動」（Data Driven）、「效率溝通」，已經是非常受到重視的需求。

　　為什麼需要數據驅動？因為現在的產業變化太快，有太多發展沒有任何人有經驗。過去在公司裡非常倚賴資深員工的經驗，「家有一老，如有一寶」，因為經歷過，所以知道怎麼做會是對的，怎麼做會是錯的。但是當整個社會在快速轉型、升級，不但沒有人有經驗，更沒有人知道未來會是什麼模樣，那該怎麼辦呢？「數據驅動」的決策模式才是數位轉型過程中最關鍵的思維模型：擬定要測試的方向，先嘗試做做看，收集資料，分析之後，讓數據來告訴自己怎麼做才是對的。

　　那又為什麼需要效率溝通呢？俗話說，一圖勝千言，滿是數據的 Excel 表單大家都看過，但是看得出趨勢嗎？看得出分群嗎？視覺化的溝通，才是現代化的專業技能。可是卻不是所有人都知道怎麼做出一個有溝通效率的好圖表。兩家公司過去十年的季營收資料，同樣可以用來製作成直條圖和線型圖，但直

條圖是數十根柱子，線型圖是兩條曲線，哪一個比較能看出趨勢，做出決策呢？

《Google 必修的圖表簡報術》就是這樣一本幫助讀者先做出一個好圖表，再透過圖表來說出一個好故事，以最有效率的溝通方式跟市場溝通的好書。如今，作者更推出了《練習本》，手把手帶著讀者去思考到底溝通的目的是什麼？溝通的對象又是誰？如何設計簡報過程的「分鏡腳本」？而主要的目的，就是要去規劃一場近乎完美的簡報演出。

請注意，這不是一本坐在沙發上翻翻就算了的書，這是一本你必須站起來把手弄髒，跟著書上的步驟去實作、去思考，才能有所收穫，進而讓自己在職場上的溝通能力突飛猛進的書。這是一本會讓你練習得很辛苦的書，就像是你要成為武林高手，得從蹲馬步開始練起，經過重重考驗，最後才能成為頂尖高手。

但，我跟你保證，一切的辛苦都是值得的，只要你肯練，工夫就在你自己身上，沒有任何人可以奪走，我自己也練習得很辛苦，但真的很有收穫。如果你有過不知道怎麼說服公司高層的經驗，如果你苦於不知道怎麼更有效地跟市場上的消費者或客戶溝通，那麼我很建議你好好花一整個月的時間，讓這本書帶領你去學習職場上最關鍵的一個軟實力：以數據很有效率地進行對方無法拒絕和反駁的溝通與說服。

李柏鋒
（《INSIDE》主編）

推 薦 序

花對力氣，
在簡報上最重要的事

　　霍華‧馬克斯的名著是《投資最重要的事》。柯爾的《Google 必修的圖表簡報術》以及《Google 必修的圖表簡報術─練習本》討論的內容則可視為：簡報最重要的事。

　　Google 前人力分析團隊總監柯爾雖是圖表製作高手，但她清楚揭示，關於簡報，什麼東西比圖表還重要，這是坊間很多速成工作坊遺漏或不重視的面向。在柯爾書中，她把這些內容放在首章，她特別強調「其實先想清楚我們可能面對的聽眾、想要傳達的訊息，以及需要溝通的內容（並早早取得別人的意見回饋），我們就比較能做出符合聽眾與自身需求的圖表、簡報，或是其他以數據為導向的素材」。

　　打個比方。如果你的公司擅長鋪設太陽能板，過去你主要的合作對象是魚塭上方或校舍頂樓。你受邀跟一群小學生講節能，過程中你舉了好多例子，你製作相關圖表，顏色毫不花俏，清楚標示重點，一路節奏明快，甚至還準備了禮物鼓勵舉手搶答。

　　演講結束後，你悵然若失。原來在「call to action」這一塊，你卡住了，你的聽眾聽講後，不知道自己到底能多做一點什麼。

　　如果你注意到作者曾提醒：「先想清楚我們可能面對的聽眾」，或許，你根本不該接這場演講。

　　為什麼？因為這些學生根本就不是你的 target audience。錯不在你，也不在聽眾。錯在想把你們湊在一起的人，錯在你的允諾出席。

　　如果你的 target audience 是一群透天厝的屋主，對節能很有興趣，但不知從何做起，那你這場演講很好發揮，只要運用書上建議設計分鏡腳本，以正確視覺元素凸顯重點，去除干擾閱讀的雜草，讓聽眾知道平均一坪要花多少改裝費用，一年可以省下多少幅度的電費，你秀出過去改裝的成功例子，拿出足以說服人的台電電費單歷史資料，絕對能全程吸引聽眾專心聆聽。

　　你演講完，找你改裝的生意，可能三年都做不完，生意還會帶來新生意。你是贏家，聽眾、環境也都是贏家。

　　挑選聽眾往往是最重要的，跟錯誤的對象掏心掏肺，磨心且徒勞。

　　並不是說跟小學生演講沒有意義，如果要提升小學生的節能觀念，要找對講者。如果講者擅長以高度節能技巧過生活，他喚起的行動，對小學生才有號召力。

　　另外，我觀察很多作家的新書發表會喜歡選在商場裡的書店或是圖書館的大廳，虛設一個鬆散的報名機制，表定時間一到，就對出席者開講。

　　這可能有什麼問題？辦過發表會的朋友們告訴我，有逛商場逛累了，過來這邊看有椅子想歇腳就一屁股坐下的大媽，或者是來吹冷氣睡覺的大叔，他們並不是該作家的讀者，可能整場兀自滑著手機玩著小遊戲，可惜了作者準備掏心掏肺的一番心意。

　　如果所有作家跟出版社的行銷企劃都讀過柯爾的書，應該得重新思考一場新書發表會的核心意義。

　　一場新書發表會，對這本甫誕生的書來說，當然是一場最重要的簡報。按照柯爾的提醒，第一件事就是想清楚：「你要溝通的對象是誰？」

　　如果連報名系統都未建置，坐等無差別路人來聽講，實在毫無道理。發表會的目的，不太可能是期待有人聽了之後買書，若然，經濟效益也太差，可能連當天攝影師、工讀生的費用都不夠補貼。

科技教父凱文‧凱利曾提出「一千鐵粉理論」。他認為，創作者只需擁有一千名鐵粉就能餬口。我認為新書發表會的溝通對象，就是這一千鐵粉。

我有一個朋友也是這個說法的信徒，他說他的新書發表會，想要辦在安藤忠雄講堂，他個人不支講酬，但會為了自己舉辦在安藤講堂的新書發表會準備一個月，入場的門票，只要能均攤場地費跟行政人員費用即可，他據此來篩選聽眾。

我認為這是一個創新大膽但又完全符合柯爾簡報原則的創舉，我希望他成功，也希望其他人起而效法，若然，台灣的新書發表會上絕對會擦出新火花，寫下新局面。

楊斯棓

（方寸管顧首席顧問、醫師、《人生路引》作者）

這是圖表簡報術的實作大全

　　自從《Google 必修的圖表簡報術》一書出版後，我便經常接到來自讀者或是曾經參加工作坊的學員所發送的電郵；其內容不乏對我們的鼓勵與支持，但更多的是提問與請求。我最樂於聽到大家分享各自的成功故事：例如影響了某個重要的商業決策、促成一場延宕多時的預算會談，或是促使組織採取一項改善獲利的行動。至於最令人振奮的消息，莫過於那些提及這套方法令他們獲得個人成長、並且受到上級賞識的來函了。有位讀者表示，他在面試時運用書中介紹的原則，結果順利獲得夢寐以求的工作，因此特地來函致謝。其實上述的成就我們完全不敢居功，是那些在各種行業、職務與崗位上工作的人們，投注大量時間不斷精進他們的圖表簡報技巧而獲得的回報。

　　各界人士想要學習更多圖表簡報技巧的心聲我們時有所聞，《Google 必修的圖表簡報術》的讀者們很清楚用圖表溝通的力量有多強大，卻苦於不知如何將這套方法應用在自身的工作上。他們有一些疑問待解，或是自覺遇上了棘手的微妙狀況，使得簡報無法達到預期的效果。顯然大家都想要獲得更多的指導和練習，來幫助他們充分發展這套技巧。

　　還有一些人則是現在或未來打算從事圖表簡報教學工作，其中有不少是大學裡的講師（想到《Google 必修的圖表簡報術》被全球一百多所大學選為教科書就覺得十分榮幸！），也有些人是在組織裡的學習暨發展部門工作，想要建構一套內部專用的課程或訓練計畫。除此之外，來函者還包括想要提升團

隊技能，或是想為別人提供優質指導與回饋的領導者、管理者與個人貢獻者
（individual contributor）。

不論你是個人學習者、教學者或是領導者，本書都將滿足各位的所有需求。我們將透過許多實例來跟大家分享寶貴的見解，由我們示範如何解決，或是交由各位自行發揮。至於那些想把這套方法應用在職場上或是想要教導別人，我也會幫你們建立信心與好名聲。

本書的編排方式

本書的每一課開頭，都會對《Google 必修的圖表簡報術》中的相關課程做重點摘要，接下來則是：

老師示範：提供實用的案例讓各位練習思考與解決，並輔以詳細的逐步解法與說明。

自行發揮：多道未附解答的習題，讓各位自行思索與解決。

職場應用：這部分提供了詳盡的解題指引與大量的實作練習，教各位如何把本章學到的課程應用在工作上，包括該在何時用何種方法向別人尋求意見回饋，然後不斷改善你的簡報內容以臻至盡善盡美的境界。

本書的內容不少取材自圖表簡報術工作坊，由於我們提供的課程遍及各種產業，因此從中汲取的案例自然也是包羅萬象。我們將深入探討各種不同議題——從數位行銷到寵物領養乃至於銷售訓練——的簡報溝通技巧，讓各位有機會面對各式各樣的狀況，從而不斷精進你的圖表簡報技能。

警告：本書不像傳統著作，只需靜靜坐著閱讀即可，讀者若想獲得最大的效益，就需認真畫下重點、隨時加入書籤，並在書頁空白處寫下重點附註。除了來回翻看內文與範例，最好還要畫圖、跟別人討論，並用你的工具反覆練習。若是你讀完本書時，書已經被你「翻爛了」：那就是你認真學習的最佳證明！

如何搭配運用前後兩本書

　　本書可當作《Google 必修的圖表簡報術》的指南，因為本書提供了更多的對話、範例與實作練習，進一步補強《Google 必修的圖表簡報術》中教過的課題。

　　如同圖 0.1 所示，本書的章節安排基本上依循《Google 必修的圖表簡報術》的架構，但也略有不同之處。本書的第七、八、九課，則是針對前後兩本書中教過的課程，進行綜合練習，以期為大家提供更多的指引和實踐。

　　如果各位是一口氣同時買下前後兩本書，你可以先從頭到尾把《Google 必修的圖表簡報術》看完，大致了解圖表簡報術的全貌，以利後續深入探討各個特定議題。接下來你便可以自由選擇想做的習題，並直接前往本書的相關課程。當然你也可以按順序、一次精讀首冊的一堂課，然後再拿本書的習題來練習。

　　如果你之前便已經讀過《Google 必修的圖表簡報術》，且已熟悉各堂課的內容，請直接練習本書中你想做的習題。

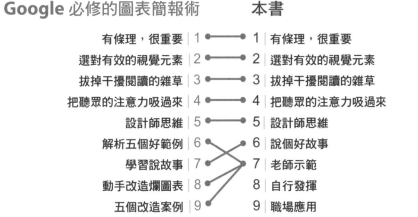

圖 0.1　前後兩本書各堂課的對應關係

即便你只單買這本書，書裡的內容也足以讓你獲得基本概念，你可隨時拿起《Google 必修的圖表簡報術》做參考，亦可造訪我們的官網story-tellingwithdata.com，那裡有豐富的資源提供補充指引。

你想學習／教導「圖表簡報術」？

當初我在撰寫《Google 必修的圖表簡報術》時便設定兩種不同的讀者群，但他們皆抱持著相同的目標──利用圖表提升溝通效果。至於本書設定的兩大讀者群則有截然不同的目標：

1. 想要學習如何利用圖表提升溝通效果；以及
2. 想要指導／教導他人如何利用圖表提升溝通效果；或是想要提供回饋給他人。

儘管本書的內容符合上述兩大族群的需求，但他們若想要獲得最大的學習效益，使用本書的方法卻稍有不同，所以各位可視你個人的目標之所需，適當運用以下的策略，以獲取最大學習功效。

● 我想學會用圖表提升溝通效果

由於後面有部分內容是接續前面的內容或是有所關聯，所以請各位從本書的第一課開始讀起，並按照編號依序讀畢。之後各位便可按個人的需求或目標，自行複習讀過的內容或做過的習題。

本書每一課的開頭，都是《Google 必修的圖表簡報術》某個課程的重點摘要，如果遇到你不熟悉的內容，不妨參考《Google 必修的圖表簡報術》中的對應課程。

看完後，請直接開始做**老師示範**這部分的習題。請各位先嘗試自己解題──別急著翻看解答（這根本是自欺欺人！）。如果你是跟別人一起使用本

書，很好！因為其中很多活動非常適合團體討論。儘管有某幾道習題是接續之前的習題，不過各位不必依序做這部分的習題。

一旦你花時間開始做某些習題（我指的是寫字、畫圖，並運用適當的工具解題，而非光是在腦中思考），仔細閱讀我們提供的解法，認真觀察我們的解法跟你的有何相同或差異之處。請注意，只有一個「正確」答案的情況少之又少，任何問題通常都會有好多種解決方法，所以各位不必把我提出的解法奉為圭臬。但請務必讀完所有的解法，因為你可能會從中發現一些很有用的建議、訣竅與細微差異。

做完**老師示範**這部分的習題後，就接著做**自行發揮**這個部分的習題。這部分的習題跟上個部分差不多，只不過沒有附上我示範的解法。如果你們是一群人一起練習，最好每個人先負責解一道題，然後再一起簡報與討論。由於每個人的解題手法可能截然不同，如此一來便可學到好多種解法。各位正好可以利用跟別人討論的時候，練習說明你的設計抉擇與決策，以進一步釐清你的思維，並幫忙改善未來的應用。不論你是自行解題還是跟別人一起解題，最好都請別人對你建議的方法提出回饋，這能幫助你搞清楚你的提案是否行得通，以及哪些地方需要進一步改善其成效。

不論何時，若是你發現某一課的課程很適合應用於你目前正在處理的專案，請直接翻到那一課的**職場應用**部分。這裡的習題包含了詳細的指導和解說，能夠直接應用於實際的工作場合，你愈常練習，就會愈來愈得心應手。

每一課都是以討論本課的課題重點作結，請跟你的夥伴認真討論這些問題，甚至可以把它們當成大型讀書會的討論基礎。

每一課的習題是以練習該課介紹的課程為主，第七、八、九課則提供了綜合性的範例和習題，顯示圖表簡報術的完整應用。第七課（「老師示範」的進階習題）提供了完整詳盡的個案研究，先由各位嘗試自行解題，然後我會提供我如何解題的思考過程。第八課（「自行發揮」的進階習題）提供了更多的個案研究，與更扎實的習題，請各位在沒有解答的情況下自行解題。第九課

（「職場應用」的進階習題）則提供了在職場上應用圖表簡報術的訣竅、帶領團體學習的指南，以及可以用來評量你自己的作品與尋求他人回饋的評量指標。

各位在學習這套圖表簡報術時，務必設定具體的目標，並把這些目標告知你的朋友、同事或主管，詳情請參考第九課。接下來，我們要來說明想要教導別人學習圖表簡報術的人該如何使用本書。

● 我想指點／教導／訓練別人學習圖表簡報術

你有可能是團隊的主管或領導者，想對下屬做的圖表或簡報提供有建設性的回饋；抑或者你在組織裡的工作，是負責同仁的學習與發展，想要打造內部專用的圖表簡報培訓計畫。你也可能是大學裡的講師，打算開課教學生用圖表做簡報這項重要技能。不管是上述哪種情況，各位都能從每一課的重點摘要、快速得知本課的課程重點。接下來，對各位最有價值的當屬第二與第三部分的練習：「自行發揮」與「職場應用」。每一課都是以問題討論作結，你可以把它們分派給學生練習，或是拿來考試，或當作團體討論的基礎。

「**自行發揮**」這部分精選了設定目標的習題，以幫助學習者練習本課以及《Google 必修的圖表簡報術》中的相關課程。這些習題可以拿來當作課堂實作的練習基礎，或是當作回家作業，其中有些習題相當適合當作小組報告的題目。這部分的範例並未附上解答，其中的問題還可當成模型：只需換掉其中的資料或圖表，就可打造成你的獨家習題。

「**職場應用**」的習題附有指引，可直接拿來當作專業人士的在職進修教材；也可以把這些習題用於課堂的小組討論。想要發展團隊簡報技巧的主管，可要求組員聚焦於跟其工作或專案有關的特定習題；也可用於個人的目標設定或生涯發展。對於有意教導圖表簡報術的人士，第九課有更多「職場應用」的習題，包括引言人指南與評量指標。

視覺化工具簡介

能把數據資訊視覺化的工具有很多種，例如 Excel 或 Google Sheets 之類的試算表應用程式；有些人可能很熟悉 Datawrapper、Flourish 或 infogram 之類的圖表製作工具，或是 Tableau 或 PowerBI 之類的軟體；也許有人很會 R 或 Python 或是 D3（Javascript）之類的程式語言。不論你選擇使用哪一種或哪一組工具，務必學到精熟，免得它們成了破壞你溝通效率的絆腳石。工具本身並無好壞之分——任何一種工具都可能很好用或沒那麼好用。

說到做本書中的習題，我很鼓勵各位：善用手邊現有工具，例如你目前正在使用的工具，如果你想學會使用新的工具當然也無妨。雖然「老師示範」裡提出的解法，是用微軟的 Excel 製作的，不過各位不必跟著依樣畫葫蘆，而可自由選擇適當的工具，我們的線上圖書館裡就提供了使用其他工具製作的解答，歡迎大家抽空來看看。既然談到工具這個主題，我強烈建議各位在閱讀本書時，手邊一定要備妥紙筆，若能準備一本筆記本更好，因為許多習題都需要你動手寫下來或畫草圖。在我們探索與練習的過程中，使用一些低度科技的工具好處多多，它能讓你在使用科技工具時更有效率。

數據資料何處尋

本書中所提及的數據資料以及「老師示範」裡的所有圖表，全都可以從 storytellingwithdata.com/letspractice/downloads下載。

開始動手吧

在人類的歷史中，從未曾像現在一樣，幾乎人人皆可取得海量的數據資料，但是我們用圖表與視覺工具來說故事的能力卻沒跟著與時俱進。想要領先同儕的組織或個人，必須認清前述能力並非天生，並願意投入時間和工夫認真鑽研。只要多用點心力，我們每個人都可以用手邊的數據資料，說出足以打動

人心並影響決策的好故事。

　　我很樂意幫助各位提升你用資料說故事的能力。

　　咱們開始練習吧！

有條理，很重要

　　比起一開始就用電腦製作簡報圖表，先花點時間做規劃，不僅能獲得事半功倍的效果，還能讓你的溝通更精準且更有效。在我們的工作坊裡，就分配了相當多的時間探討第一課——脈絡（context）。來上課的學員一心**想要**學到最厲害的資料視覺化方法，所以很意外我們不是直接進入正題，而是花了很多時間在探討跟如何規劃溝通內容有關的一般性議題上——幸好他們並沒有異議，而是很樂意那麼做。其實先想清楚我們可能面對的聽眾、想要傳達的訊息，以及需要溝通的內容（並早早取得別人的意見回饋），我們就比較能做出符合聽眾與自身需求的圖表、簡報，或是其他以數據為導向的素材。

　　本課的練習聚焦於規劃程序的三個重要面向：

1. **為聽眾量身訂製溝通內容**：先弄清楚你要溝通的對象是些什麼人？他們想知道什麼資訊？先花點時間了解你的聽眾，才能做出符合他們需求的簡報。

2. **建構與精煉我們的主要訊息**：《Google 必修的圖表簡報術》曾大略介紹過核心想法（Big Idea）的概念，我們將在本章中透過老師示範與各位實作的方式練習數道習題，讓大家更了解與練習此一重要的概念。

3. **妥善規劃簡報內容**：「設計分鏡腳本」（storyboarding）是《Google

必修的圖表簡報術》中介紹過的另一個概念——我們同樣會透過老師示範與各位實作的方式練習數道習題，讓大家學會如何使用此方法幫忙規劃簡報內容。

咱們就一起來練習這一課吧！

首先，我們要回顧《Google 必修的圖表簡報術》第一課的課程重點。

該書的第1課

首先，請看

有條理，很重要

分析的類型

探索型分析 vs. 解釋型分析 ！

（分析與理解）

（說一個特定的故事）

← 我們的重點

從何處著手？

① 對象

你要溝通的對象是誰？
鎖定目標！

他們跟**你**是什麼關係？
什麼能讓他們躍躍欲試？
什麼會害他們夜裡失眠？

② 內容

你要他們採取什麼行動？
清楚表明！

創造　改變　支持　實施　賦權

別指望
聽眾自己
能理出頭緒！

③ 方法

如何用資料幫你說出重點？
量身打造！

什麼資料能支持
你的論點？

3分鐘故事

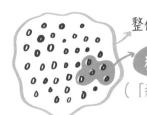

整個故事

精華版本

（「那又怎樣」）

 3:00

不靠幻燈片和圖表
也能清楚說明
你想要溝通的內容

核心想法

＊取材自南西．杜爾特
《簡報女王的故事力！》
一書

用一句話就……

「那又怎樣」
的極簡版本

① 闡明你的獨到觀點

② 表明利弊得失

③ 完整說明你的想法

分鏡腳本

前期規劃以打造架構

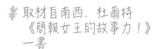

使用便利貼的好處…

電腦製作會
很難割捨

精準
用字遣詞

便於調整
順序或
增減內容

 腦力激盪

 編輯內容
（去蕪存菁）

 尋求回饋

老師示範

1.1 了解你的 聽眾	**1.2** 縮小聽眾 範圍	**1.3** 完成核心 想法表單	**1.4** 改善與 改寫表單
1.5 完成核心 想法表單 (二)	**1.6** 評論 核心想法	**1.7** 設計 分鏡腳本	**1.8** 設計 分鏡腳本 (二)

自行發揮

1.9 了解你的 聽眾	**1.10** 縮小聽眾 範圍	**1.11** 改善與 改寫表單	**1.12** 完成核心 想法表單
1.13 完成核心 想法表單 (二)	**1.14** 如何編排 簡報順序?	**1.15** 設計 分鏡腳本	**1.16** 設計分鏡 腳本 (二)

職場應用

1.17 了解你的 聽眾	**1.18** 縮小聽眾 範圍	**1.19** 如何鼓勵 聽眾行動	**1.20** 完成核心 想法表單	**1.21** 改善與 改寫表單
1.22 團隊一起 提出 核心想法	**1.23** 設計 分鏡腳本	**1.24** 編排 簡報順序	**1.25** 尋求回饋	**1.26** 一起討論 集思廣益

老師示範

把資料視覺化時，切記這不是做給你自己看的——而是要呈現給你的溝通對象！接下來的習題將幫助各位鎖定目標聽眾，精準打造你想傳達的訊息，並且有效規劃你的內容，讓你能溝通成功。

習題 1.1：了解你的聽眾

在思考該如何製作簡報內容時，我們本應問自己：我的聽眾是誰？他們想知道哪些資訊？但大多數人卻徹底忽略了這個重要步驟。想要製作出能夠有效溝通的圖表資料，就必須盡早弄清楚我們要溝通的對象是誰及其需求，思考如何才能打動他們。

我們就來探究了解聽眾的實際作法吧。

假設你在某中型公司的人力資源部擔任資料分析師，你們部門的大主管剛剛新官上任。為了讓新主管盡快進入情況，上級交代你製作一套簡報說明公司裡的人事狀況，內容包括面試與聘雇評量表、各部門的人力配置，以及員工流失率（有多少人離職及其原因）。部門裡有些同事已經見過新主管且做了業務簡報，你的直屬上司最近也跟新主管做過午餐會報。

綜上所述，你要如何了解你的聽眾、也就是人資部的新老闆呢？**請寫下三件事，能幫助你了解你的聽眾、搞清楚她想知道什麼資訊，以及如何滿足她的需求**。請具體說明你需要找出哪些問題的答案。趕緊拿出紙筆並寫下你的作法吧。

解答1.1：了解你的聽眾

由於我們不大可能直接詢問新主管她想知道什麼訊息，所以我們必須發揮創意。我想透過以下三件事情來了解我的聽眾，以及她最在乎哪些事情：

1. **向見過新主管的同事打聽。** 向那些已經跟新主管說過話的同事請教，問問他們聊了些什麼？他們是否知道新主管感興趣或最想做的事？雙方的溝通過程是否出現狀況、我最好要稍加留意？

2. **向直屬上司請教。** 既然小老闆已經跟新主管做過午餐會報；他能否指點我簡報資料中一定要提到哪些重點？我還想知道，對於我與新主管的初次會面，他認為哪些事情是重要的。

3. **我要運用我對資料與脈絡的了解，加上周全的設計來打造這份文件。** 由於我在公司已經待了一段時間，相當清楚新進人員會對哪些主題感興趣，也知道人資部能夠提供什麼資料滿足他們的求知欲。只要我的文件架構得當，我就能快速搜尋到適當的資料，且可滿足形形色色的需求。我可以先做出一份概況表再搭配精簡的說明，然後再按不同議題編製剩下的文件，這樣新主管就可以快速找到她最感興趣的資訊，並獲知更多的細節。

習題1.2：縮小聽眾範圍

針對一群特定聽眾量身打造溝通方式和內容是極有價值的。不過實務上我們溝通的對象往往是一大群人，要不就是背景與需求皆大異其趣的聽眾。當我們試圖滿足一大票人的需求時，其效果多半不如鎖定目標聽眾那麼直接且有效。但這並不表示向各組人馬溝通是不可能的任務，而是鎖定目標聽眾能讓我們的溝通效果事半功倍。

老師示範

所以我們要來練習如何縮小聽眾的範圍。首先,我們要撒下一張大網,把可能的聽眾「一網打盡」。接著,再運用適當策略逐步縮小聽眾的範圍。透過找出以下三個問題的答案,各位就能學到縮小聽眾範圍的各種策略。假設你在某個全國性的服飾零售商工作,你針對你們公司與競爭對手的顧客做了一份調查,詢問關於開學採購季的各種問題。分析資料後你找出了你們公司的優勢與機會。你想盡快把調查結果向相關人士報告。

問題 1:你認為有幾種不同的聽眾可能會對這份調查感興趣?請列出一張清單!會對這份資料感興趣的人極多(不光是你們公司內部,說不定外部也有人好奇),仔細想想誰會關心你們公司在開學採購季的業績表現?為了避免有「漏網之魚」,你撒下的網子愈大愈好。

問題 2:接下來我們要更具體鎖定目標聽眾。當你分析所有的資料後發現,各分店的顧客滿意度並不一樣,你認為**哪些人可能會對此資訊感興趣?請列出一張清單!**這份清單比起上一張清單是變長還是縮短了?在得知此新資訊後,你是否增列更多潛在聽眾?

問題 3:接下來我們要進一步鎖定主要聽眾。你的分析顯示造成顧客滿意度不佳的最大因素是售貨員。你比較數種解決方案後,決定向上級建議投資於售貨員訓練課程,使各分店能提供相同的服務水準。**現在你的潛在聽眾會是哪些人?誰會在意這份資料?請列出一張主要聽眾的清單。**如果你必須把聽眾的範圍縮小至某個特定的決策者,那會是誰呢?

解答1.2:縮小聽眾範圍

問題 1:有多組人馬可能會對這份開學採購季資料感興趣,以下是我想得到的名單(有可能沒一網打盡):

- 高階主管
- 採購人員

- 採購企劃人員
- 行銷
- 分店店長
- 售貨員
- 客服人員
- 競爭對手
- 顧客

　　其實到頭來，**世上每個人**都可能對這份資料感興趣，但這麼廣的聽眾範圍很難達到我們的溝通目標。以下幾種方法可縮小聽眾的範圍：清楚說明我們的發現、應採取的行動，並且聚焦於特定的時間點與決策者。其餘問題的答案會讓我們明白該如何透過上述方法，針對特定聽眾進行溝通。

　　問題 2：關於各分店的服務水準不一致，下述聽眾可能會很在意：

- 高階主管
- 分店店長
- 售貨員
- 客服人員

　　問題 3：我們建議推出訓練課程，那就必須連帶考慮到以下問題：誰負責規劃課程與授課？需要多少費用？這麼一來將會有新的聽眾群組加入：

- 高階主管
- 人資部門
- 財務部門
- 分店店長

老師示範

- 售貨員
- 客服人員

前述清單裡的人**最終**都會是這份資料的聽眾。我們已注意到各分店的服務水準不一，並建議要為售貨員開辦訓練課程，人資部門必須評估是要由公司內部自行辦理，抑或需要向外禮聘師資；財務部門則需控管預算，並想出如何籌措財源。分店店長需認同的確有必要提升服務水準，這樣他們才會安排員工來上課。售貨員與客服人員也需體認到他們的行為確實需要改變，才會認真上課，並為顧客提供一致的高品質服務。

不過我們並不需要立即且直接對以上所有群組做溝通，而會分梯次由上而下進行。為了進一步縮小觀眾的範圍，我會思考我們現在所處的時間點：今天。接著我會思考，在上級認可訓練課程是正確的行動路線之前，我們無法採取上述任何行動。因此縮小聽眾範圍的另一個方法，就是確認時機，以及找出拍板定案的那位決策者（或決策小組）。就本案例而言，我會假設最終的決策者是領導團隊裡的某位特定人士——他會同意：「很好，我願意提供資源，就這麼辦吧。」或是反對：「不行，問題不在這裡，我們只要照以前那樣做就行了。」——所以那個人應該是：零售業務部門的大主管。

在這個範例中，我們為了有效溝通，使用以下幾種方法試圖縮小聽眾的範圍：

1. 具體說明我們從資料中發現什麼，
2. 具體指出我們建議採取的行動，
3. 確認我們所處的時間點（現在該怎麼做），以及
4. 確認決策者是誰。

各位如果想把這些策略運用在你自己的工作上，可參考職場應用部分的習題1.18。接下來我們要練習使用另一項很棒的資源：核心想法表單。

習題1.3：核心想法表單

核心想法這個概念，能幫助我們釐清想要傳達給聽眾的主要訊息。此一概念係由南西・杜爾特於《簡報女王的故事力！》一書中提出，她認為核心想法必須要能（1）闡述你的獨到觀點；（2）表明利弊得失；（3）用一句話完整表達你的想法。在開始製作圖表之前，先花點時間整理出我們的核心想法，能讓我們清楚掌握手邊的資訊、更流暢地規劃內容，並且簡明扼要地將重要訊息傳達給聽眾。

在我們的簡報術工作坊中，我們會用核心想法表單來幫忙學員理出頭緒，學員都表示很意外這個簡單活動的效果奇佳。所以接下來我們要做幾個相關的練習，好讓各位能夠見識核心想法表單的實際用法。我們要沿用習題1.2縮小聽眾範圍的情境來做練習。請看以下的前情提要。

你在某個全國性的服飾零售商工作，你針對你們公司與競爭對手的顧客做了一份調查，詢問關於開學採購季的各種問題。分析資料後你不只發現你們公司的優勢，也找到一些需要改進之處——各分店的顧客滿意度不一致。你們團隊在探討各種可行辦法後，打算向上級建議投資於售貨員訓練課程。你需要獲得大家的共識認為這是正確的行動路線，並取得開發訓練課程以及授課的必要資源（預算、時間、人力）。

還記得我們在習題 1.2 縮小聽眾範圍得到的結論嗎？我們的溝通目標是要打動最終決策者：零售業務部門的大主管。**請根據上述情境填寫次頁的核心想法表單**，並在必要時做出合理的假設。

老師示範

核心想法表單

請從你手上正在處理的專案中，
挑選出必須透過數據資料溝通的個案。
仔細思考後寫下你的回答。

storytelling ▥ data®

專案名稱：_____

你的聽眾是誰？

(1) 列出你要溝通的主要群組或個人

(3) 你的聽眾在意什麼？

(4) 你的聽眾必須採取什麼行動？

(2) 如果你必須把範圍縮小至某個人，那會是誰？

有哪些利弊得失？

如果你的聽眾聽從你的建議採取行動，
可能會獲得哪些好處？

如果不行動，他們可能會遭遇哪些風險？

提出你的核心想法

它們必須要能：

(1) 闡述你的獨到觀點；
(2) 表明利弊得失；
(3) 用一句話完整表達你的想法。

圖 1.3a 核心想法表單

解答1.3：核心想法表單

核心想法表單

storytelling ᴵᴵᴵ data®

請從你手上正在處理的專案中，
挑選出必須透過數據資料溝通的個案。
仔細思考後寫下你的回答。

專案名稱： 開學採購季的商機

你的聽眾是誰？

(1) 列出你要溝通的主要群組或個人

　執行團隊

(3) 你的聽眾在意什麼？

　－大幅提升開學採購季的業績
　－讓顧客開心，因為顧客愈開心就
　　會買愈多
　－擊敗競爭對手

(4) 你的聽眾必須採取什麼行動？

　認同訓練售貨員是解決各分店服務
　水準不一的正確方法，並核撥必要
　的資源（預算、時間、人力）

(2) 如果你必須把範圍縮小至某個人，那會是誰？

　零售業務部門的大主管

有哪些利弊得失？

如果你的聽眾聽從你的建議採取行動，
可能會獲得哪些好處？

－更好的服務＝更開心的顧客
－顧客愈開心就會買愈多、顧
　客更常光臨、並主動向親友
　宣傳

如果不行動，他們可能會遭遇哪些風險？

－不行動可能會造成顧客的負評
－顧客轉向競爭對手
－公司的商譽可能受損
－營收可能下降

提出你的核心想法

它們必須要能：

(1) 闡述你的獨到觀點；
(2) 表明利弊得失；
(3) 用一句話完整表達你的想法。

我們必須投資於售貨員訓練課程，
以改善顧客的來店購物體驗，並讓
即將到來的開學採購季締造史上最
佳業績！

圖 1.3b 核心想法表單

習題 1.4：改善與改寫表單

請參考你在習題 1.3 填寫的核心想法表單，以及我在解答 1.3 提供的答案，來回答以下問題。

問題 1：比較與對照。兩者有何相似之處？有何不同處？你覺得哪個方法的效果比較好？為什麼？**問題 2：你是從什麼角度撰寫？**請看你自己填寫的核心想法表單，你是從正面還是負面的角度出發？你提出什麼好處或風險？你要如何從相反的角度改寫？**問題 3：我是從什麼角度撰寫？**請看我在解答 1.3 所填寫的核心想法表單，你認為它是從正面還是負面的角度出發？它指出哪些好處或風險？你要如何從相反的角度改寫？你能想到別的方法改善它的內容嗎？

解答 1.4：改善與改寫表單

由於我無從得知各位的回答，所以我主要是針對問題 3 來解答，因為它問的是我如何填寫這份表單。以下是我在解答 1.3 所寫的內容。

我們必須投資於售貨員訓練課程，以改善顧客的來店購物體驗，並讓即將到來的開學採購季締造史上最佳業績！

我是從什麼角度撰寫？有何好處或風險？我是從正面的角度切入，強調只要投資於售貨員訓練課程，就可獲得營收大幅提升的好處。

你要如何從相反的角度改寫？我有幾種方法可以從負面的角度改寫，最簡單的方法是同樣聚焦於營收──只不過變成強調不採取行動可能有營收下滑的風險。

如果我們不願投資於售貨員訓練課程以提升服務水準，將會流失顧客，並造成開學採購季營收下降。

但營收並非唯一的關注焦點，聽眾中可能有人非常在意輸贏，因此我會強調：

> 我們的來店購物體驗不如競爭對手——如果我們不願投資於售貨員訓練課程以改善顧客的來店購物體驗，我們就會繼續輸下去。

我們還能提出別的方法改善這份表單嗎？正確答案不只一個。我們能從其他很多方面強調可能的好處（更滿意的顧客、營收提升、擊敗競爭對手）與風險（不爽的顧客、營收下降、輸給競爭對手、顧客負評、商譽受損）。我們對於聽眾好惡所做的假設，會影響我們填寫核心想法的切入角度與強調的重點。

因此在實務上，我們需盡力設法了解我們的聽眾，以便做出明智的假設。想要知道如何了解你的聽眾，可參考職場應用部分的習題 1.17。接下來請看另一張核心想法表單。

習題1.5：核心想法表單（二）

我們再拿另外一個題目來練習如何使用核心想法表單。

想像你是本地某個動物收容所的志工，這是一個非營利的公益組織，專為流浪動物提供醫療照顧與安排民眾認養。你幫忙策劃每個月的流浪動物認養活動，今年收容所立下一個宏願，希望本年度動物認養件數能增加20%。

依照慣例，這些例行活動都是週六上午在你們社區的戶外空間（公園和綠地）舉行。不過上個月因為天候不佳，活動被迫移到本地某家寵物用品店的室內舉行。該次活動結束後，你意外發現到：與之前的活動相比，這次的認養件數竟然**增加將近一倍**。

你對於認養件數大增的原因有一些初步想法，並認為在這家店舉辦活動是很有價值的。你打算對未來三個月的活動推出一項試行方案，看結果能否證實

你的想法是對的。為了執行此一試行方案，你預估每個月需要花五百美元印製文宣、還需要收容所的行銷志工支援三小時幫忙宣傳活動。你想在下個月的會議中請求活動委員會核准試行方案，所以你現在要好好準備你的簡報內容。

　　請根據上述情境填寫下一頁的核心想法表單，並在必要時做出合理的假設。

老師示範

核心想法表單

請從你手上正在處理的專案中，
挑選出必須透過數據資料溝通的個案。
仔細思考後寫下你的回答。

storytelling ᴴᴵ data®

專案名稱：＿＿＿＿＿＿＿＿＿

你的聽眾是誰？

(1) 列出你要溝通的主要群組或個人

(3) 你的聽眾在意什麼？

(4) 你的聽眾必須採取什麼行動？

(2) 如果你必須把範圍縮小至某個人，那會是誰？

有哪些利弊得失？

如果你的聽眾聽從你的建議採取行動，
可能會獲得哪些好處？

如果不行動，他們可能會遭遇哪些風險？

提出你的核心想法

它們必須要能：

(1) 闡述你的獨到觀點；
(2) 表明利弊得失；
(3) 用一句話完整表達你的想法。

圖 1.5a 核心想法表單

解答 1.5：核心想法表單（二）

下述內容僅呈現填寫核心想法表單的其中一種方法。

核心想法表單

storytelling ||ıl data®

請從你手上正在處理的專案中，
挑選出必須透過數據資料溝通的個案。
仔細思考後寫下你的回答。

專案名稱： 認養活動場地試行方案

你的聽眾是誰？

(1) 列出你要溝通的主要群組或個人

收容所的活動規劃委員會
只要大多數人同意就會通過
提案

(2) 如果你必須把範圍縮小至某個人，那會是誰？

珍・哈波，委員會裡最具影響
力的人，她的意見攸關結果

(3) 你的聽眾在意什麼？

1. 提升動物認養率

2. 具體目標是年認養率增加20%，因為這會
增強我們的募款能力；他們很在意成本，
所以花費不高的提案通常都會獲得支持

(4) 你的聽眾必須採取什麼行動？

核准我建議的試行方案：未來三個月改在
寵物用品店的場地舉辦動物領養活動；提
供必要的行銷資源：每月5百美元的文宣
印刷費用，以及行銷部門志工支援3小時
派發文宣

有哪些利弊得失？

如果你的聽眾聽從你的建議採取行動，
可能會獲得哪些好處？

更多動物被認養（減少被安樂死），
達到收養率增加20%的年度目標，
這會有助於未來的募款

如果不行動，他們可能會遭遇哪些風險？

- 錯失提升認養率的機會
- 更多動物找不到認養家庭
- 更多動物會被安樂，且需支出
  更多相關費用
- 無法達到收養率增加20%的年
  度目標

提出你的核心想法

它們必須要能：

(1) 闡述你的獨到觀點；
(2) 表明利弊得失；
(3) 用一句話完整表達你的想法。

核准我們提出的低成本試行方
案，它有可能大幅提升認養率，
且有利於未來的募款成果。

圖 1.5b 填寫核心想法表單

老師示範

習題 1.6：評論核心想法

不論我們是與人合作還是自己獨力填寫核心想法，若能提出好的回饋，對於作品的改善是很重要的。我們就來練習如何對核心想法提出有建設性的回饋吧。

假設你在一家健康照護中心工作，你們一直都在分析最新的疫苗接種率。你的同事負責研究跟接種流感疫苗有關的進展和商機。他打算在最新的報告中提出以下的核心想法，並請你提供回饋。

> 雖然本區的流感疫苗接種率從去年起便已改善，但我們仍須設法使接種率提升 2%，才能追上全國的平均值。

請你針對以下問題，提出你對上述核心想法的回應。

問題 1：你會對你同事提出哪些問題？**問題 2**：你會對他的核心想法提出哪些回饋？

解答 1.6：評論核心想法

問題1：我會先請他說明要溝通的對象是誰？他們在意哪些事情？

問題2：若要對核心想法提出具體的回饋，不妨參考核心想法的三大要素——它們必須要能：(1)闡述你的獨到觀點；(2)表明利弊得失；(3)用一句話完整表達你的想法。我會依據這三個原則來評論我同事所寫的核心想法。

1. **闡述你的獨到觀點。**他的觀點是本地的接種率低於全國平均值，所以我們必須再加把勁。

2. **表明利弊得失。**目前我並不清楚這部分的情況，我必須再追問一些問題，才能更了解聽眾可能面對的利弊得失。

3. **用一句話完整表達你的想法。**這點他做得不錯。其實要把我們的觀點或想法精簡成一句話並不容易，硬要從雞蛋裡挑骨頭的話：我認為如果他能表明聽眾的利弊得失，會讓這個核心想法的內容更扎實。

整體而言，目前這個核心想法只表明必須採取的行動——提高疫苗接種率，但是並沒有提及**理由**，也沒有提出**方法**；儘管一句話能涵蓋的事情就這麼多，但我認為這部分最好能透過輔助內容加進來。你或許會主張「我們的表現低於全國平均值」就是我們必須採取行動的理由，但這樣的論點似乎不夠有說服力，聽眾會被「追上全國平均值」的說詞打動嗎？況且這是正確的目標嗎？會不會太躁進？還是不夠積極？我們能否多方思考，然後提出最能打動聽眾的具體目標？

我的同事顯然認為我們應當努力提升流感疫苗的接種率，以追上全國的平均值。但我們應該以聽眾的立場思考，此事對他們的意義何在？激將法管用嗎——我們的接種率是本地同業中最低的，或是我們這一區的接種率遠不及全市的平均值。追上全國的平均值或許是對的，但是否該用一種更有說服力的方式表達？例如從公眾福祉的角度切入，說不定比較容易打動聽眾——我們可以強調提高流感疫苗的接種率，有利於社區的整體福祉。針對此一情境和聽眾，我們該從正面還是負面的角度切入較適合？我跟同事的這番對話，讓他有機會說明他的思考過程、他對聽眾有多了解，以及他做了哪些假設。這些對話不但幫助他改善他的核心想法，還讓他做足萬全的準備，等到真正上場面對聽眾時，他肯定能有精彩的表現。成功！

習題 1.7：設計分鏡腳本

由於我太常講這句話了，有時都覺得自己好像跳針了：分鏡腳本是事前規劃程序中最重要的一件事！它能減少後續的反覆改進，並打造出更精準的素材。分鏡腳本是你在打造任何實體內容之前、先用低度科技的工具規劃出來的

視覺大綱。我個人偏好的工具是一疊便利貼，它兼具體積小與容易重新安排兩大優點──前者迫使我們用字精簡明確，後者則讓我們得以探索各種不同的敘述流程。我的分鏡流程分成三個步驟：腦力激盪、編輯內容（去蕪存菁）、尋求與納入回饋。

　　我們會做幾個設計分鏡腳本的練習，讓各位明白那是怎麼一回事，並見識到它的實際作法。我們要沿用習題 1.2、1.3、1.4 的情境來做練習。以下即是它的前情提要。

　　你在某個全國性的服飾零售商工作，你針對你們公司與競爭對手的顧客做了一份調查，詢問關於開學採購季的各種問題。分析資料後你不只發現你們公司的優勢，也找到一些需要改進之處──各分店的顧客滿意度不一致。你的團隊在探討各種可行辦法後，打算向上級建議投資於售貨員訓練課程。你需要獲得大家的共識認為這是正確的行動路線，並取得開發訓練課程以及授課的必要資源（預算、時間、人力）。

　　請回顧你在習題 1.3 所填寫的核心想法表單（如果你沒做，請從解答 1.3 或 1.4 中擇一參考）。請依據你中意的核心想法來完成以下步驟。

　　步驟 1：腦力激盪！ 你想要把哪些內容納入你的溝通當中？

　　步驟 2：編輯內容（去蕪存菁）！ 你想出了一大堆點子，你該如何組織它們，才能讓別人理解與認同這些想法？哪些點子可以合併？哪些是不重要且可以被捨棄的？你會在什麼時候使用這些資料？如何使用？你會在什麼時間點介紹你的核心想法？就用分鏡腳本來打造你的溝通大綱吧。（我強烈建議各位使用便利貼來進行這部分！）

　　步驟 3：尋求回饋。 找些夥伴並請他們一起完成這個習題，然後大家聚在一起討論。你們的分鏡腳本有多像？哪裡不一樣？如果你找不到夥伴陪你做這個習題，你還是可以跟某人講述你的計畫，在講完之後，你會對分鏡腳本做出哪些改變？你是否從這個過程中學到一些有趣的事？

解答1.7：設計分鏡腳本

回顧我在習題 1.3 寫下的核心想法如下：

我們必須投資於售貨員訓練課程，以改善顧客的來店購物體驗，並讓即將到來的開學採購季締造史上最佳業績！

我會根據上述情境來設計我的分鏡腳本。

步驟 1：以下是我透過腦力激盪程序所想出來的潛在主題／內容。

1. 過往的歷史脈絡（開學採購季很重要）
2. 我們想要解決的問題（以前並非以數據資料為導向）
3. 我們認為可以解決問題的各種方法
4. 我們採取的行動路線：意見調查
5. 意見調查：受訪的顧客群、一般人口統計、回應率
6. 意見調查：競爭對手的詳細資料
7. 意見調查：我們提出的問題、調查的開跑與截止日
8. 資料：自家各店不同品項的評比
9. 資料：自家各店與各區的分項明細
10. 資料：我們與對手的評比
11. 資料：對手各店與各區的分項明細
12. 好消息：我們的最強項或勝過對手處（附各分店明細）
13. 壞消息：我們的缺失或不如對手處（附各分店明細）
14. 需改進之處
15. 潛在的補救措施
16. 建議的行動路線：投資於售貨員訓練課程
17. 需要投入的資源（人力、預算）

18. 這能解決什麼問題

19. 預估時間軸

20. 必要的討論／決策

步驟 2：圖 1.7 顯示我是如何把上述清單編排成一套分鏡腳本。

圖 1.7 顯示的就是「正確」答案嗎？並不是。當你用便利貼製作分鏡腳本時，一定都能做出如此完美的分鏡圖格嗎？不大可能。你會採取不同的作法嗎？有可能。我能對這組分鏡腳本做一些改變嗎？可以。我們稍後會再回來探討如何進一步改善這組分鏡腳本，但現在請先把焦點轉往步驟 3。

步驟 3：各位對於我剛剛做的這組分鏡腳本有任何回饋嗎？你做的分鏡腳本跟我的差不多？有何不同處？如果你想把這個方法應用在你目前處理的專案

圖 1.7　開學採購季：分鏡腳本初稿

上，不妨參考職場應用部分的習題 1.23、1.24、1.25，或許能幫上你的忙。不過接下來我們還要再做幾個分鏡腳本練習。

習題 1.8：設計分鏡腳本（二）

我們要沿用習題 1.5 的情境來做練習，以下是前情提要。

想像你是本地某個動物收容所的志工，這是一個非營利的公益組織，專為流浪動物提供醫療照顧與安排民眾認養。你幫忙策劃每個月的流浪動物收養活動，今年收容所立下一個宏願，希望本年度動物認養件數能增加 20%。依照慣例，這些例行活動都是週六上午在你們社區的戶外空間（公園和綠地）舉行。不過上個月因為天候不佳，活動被迫移到本地某家寵物用品店的室內舉行。該次活動結束後，你意外發現到：與之前的活動相比，**這次的認養件數竟然增加將近一倍。**

你對於認養件數大增的原因有一些初步想法，並認為在這家供應商舉辦活動是很有價值的。你打算對未來三個月的活動推出一項試行方案，看結果能否證實你的想法是對的。為了執行此一試行方案，你預估每個月需要花五百美元印製文宣、還需要收容所的行銷志工支援三小時幫忙宣傳活動。你想在下個月的會議中請求活動委員會核准試行方案，所以你現在要好好準備你的簡報內容。

請參考你在習題 1.5 所寫下的核心想法（如果你沒寫，請參考解答 1.5 所提出的核心想法），並完成以下步驟。

步驟 1：腦力激盪！請腦力激盪你最終版本的簡報中應納入哪些必要的細節。準備紙筆或一疊便利貼，開始寫下你的想法（至少要寫 20 個）。為激發你的想像力，你不妨問自己：收容所之前曾否試過任何試行方案？活動委員會能否理解此試行方案的好處與風險？他們會贊同還是反對？你能否取得過去在社區空間辦活動時的收養件數記錄？你是否知道其他收容所曾經成功使用過此一試行方案？你要如何評量試行方案的成效？怎樣才算是成功？

　　步驟 2：編輯內容（去蕪存菁）。檢視你在步驟 1 寫下的所有想法，評估哪些潛在內容是必要的、哪些應該捨棄，然後思考該如何落實它們。你可以用分鏡腳本製作你的簡報大綱，為了加速你的編輯與排序過程，你不妨問自己：當你在步驟 1 確認過聽眾的可能反應後，你會直接從核心想法開始著手、還是會繼續增添內容？你的聽眾對於上個月的活動成功有多熟悉——大家都已經很清楚了、還是你必須溝通這個內容？有其他哪些細節是聽眾沒聽過的、因而需要多用點時間或資訊加以說明？你的聽眾會欣然採納你的提案、還是你需要花力氣說服他們？該怎麼做才能最快打動他們？

　　步驟 3：尋求回饋。找些夥伴並請他們一起完成這個習題，然後大家共同討論。你們的分鏡腳本有多像？哪裡不一樣？如果你找不到陪你做這個習題的夥伴，你還是可以跟某人講述你的計畫。在講完你的計畫後，你對分鏡腳本做了多少變更？你是否從這個過程中學到一些有趣的事？

解答1.8：設計分鏡腳本（二）

　　以下是我在習題 1.5 提出的核心想法：

> 核准我們提出的低成本試行方案，它有可能大幅提升認養率，且有利於未來的募款成果。

我會根據以上想法來製作我的分鏡腳本。

步驟 1：以下是我從腦力激盪步驟初步想到的潛在主題。

> 1. 往例：過去一向在戶外空間舉辦動物認養活動
> 2. 現況：檢視室內舉辦的好處與每月增加多少認養件數
> 3. 大綱：如何靠目前的認養件數達成年增20%的大目標
> 4. 上個月的活動改至室內舉辦的原因

5. 結果：認養件數翻倍

6. 誘因：造成上述成果的可能原因

7. 誘因：如果我們複製此一作法可望再創佳績

8. 機會：推出三個月的試行方案

9. 分析：試行方案的好處與風險

10. 必要的投資：每月需額外支付五百美元的行銷費用

11. 必要的投資：每月需額外投入三小時的志工工時

12. 其他需求：取得寵物用品店店長的同意，且需與店員溝通

13. 其他需求：規劃與布置場地的後勤支援

14. 資料：其他收容所的作法

15. 建議：核准此一試行方案

16. 討論：如何達到認養率年增20%的目標

17. 預估時間軸及預定日程

18. 如何追蹤與評估三個月試辦方案的成效

19. 對募款的影響

20. 該做的討論與決策

步驟 2：圖 1.8 顯示我如何把上述清單編輯成一組分鏡腳本。

步驟 3：各位對於我剛剛做的這組分鏡腳本有任何回饋嗎？你做的分鏡腳本跟我的差不多？有何不同處？如果你想把這個方法應用在你目前處理的專案上，不妨參考職場應用部分的習題 1.23、1.24、1.25，或許能幫上你的忙。

各位已經跟著我練習過如何縮小聽眾的範圍、提出你的核心想法，以及編排分鏡腳本，接下來要讓各位自行練習一些比較低風險的習題。

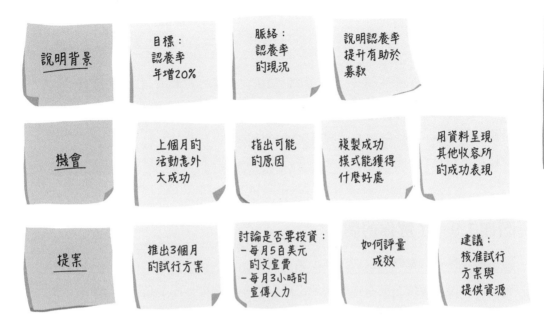

圖 1.8　動物收養試行方案：分鏡腳本草稿

> ### 自行發揮
>
> 請持續練習使用低科技工具幫助你切實了解你的聽眾，把它變成你製作簡報的例行公事，你會發現這種作法相當有建設性。我們再多做一些練習來幫忙各位養成這些好習慣吧。

習題 1.9：了解你的聽眾

假設你在一家顧問公司工作，你們獲得一位新客戶，他是某知名寵物食品製造商的行銷總監。你跟你的聽眾之間隔了一個層級：你不必與對方直接面對面，而是把分析結果呈報你的長官，再由他負責向客戶簡報、跟他們討論，他會把從客戶那裡得到的回饋或其他需求轉告你。

在這種情況下，你要如何了解你的聽眾呢？**請寫下三件事，能夠幫助你切實了解你的聽眾與他們的需求**。至於處在你跟客戶之間的直屬長官，他會是你的神幫手還是豬隊友呢？你該如何善用這種安排以趨吉避凶？為求簡報成功，還有其他必須考慮到的事情嗎？

請分別用一、兩段文字回答上述問題。

習題 1.10：縮小聽眾範圍

接下來，要練習如何縮小聽眾範圍，請各位閱讀下段敘述後，逐一回答三個問題。各位可視需要做出適當的假設。

假設你在某個區域型醫療集團工作，你跟幾位同事剛完成 XYZ 產品的四大（A、B、C、D）供應商評鑑。你們的分析檢視了各醫療院所的過往使用情況、醫師與病人的滿意度以及未來成本預估，你們將會把這些資料統整成一份簡報。

問題 1：不論是你們公司內部還是外部人士，想必有很多人對這份資料感興趣。**你能想得到哪些人會對這份資訊感興趣？請列出清單！**請設法把他們「一網打盡」，不要有「漏網之魚」。

問題 2：接下來要過濾掉一部分對象。資料顯示各醫療設施對廠商的過往使用情況大不相同，有些醫療院所會以B廠商為主要供應商、其他某些醫療設施則是以D廠商為主（以A或C為主要供應商的情況不多）；你還發現大家普遍對B廠商的滿意度最高。在此情況下，你認為**哪些潛在聽眾可能會在意這份資料？請列出清單！**新的清單會比上一張清單更長還是變短？你在得知這個新資訊後，有增添任何新的潛在聽眾嗎？

問題 3：接下來我們要再更進一步縮小聽眾的範圍。你分析了所有資料後發現，只跟一家或兩家廠商簽約是最省錢的，這意味著某些醫療院所必須更換他們過去的合作廠商。你必須做出決定、未來該怎樣做才是上策。**現在你的聽眾是誰？誰會對此資料有興趣？請寫下你的主要聽眾。**如果你必須把範圍縮小至某位決策者，此人會是誰？

習題 1.11：改善與改寫表單

核心想法的重要元素之一，就是指出聽眾的利弊得失。之前即已說過，我們在構思核心想法時，可以從正面的角度切入（如果聽眾採納你的建議而行動會獲得什麼**好處**？），也可以從反面的角度示警（如果聽眾不行動可能會承受哪些**風險**？）。兼顧正反面的思考，通常能想出最有利的作法。

閱讀下述的核心想法並回答相關問題，以練習如何確認及改寫每個想法。

核心想法 1：我們應增加誘因獎勵顧客回答電郵問卷，以獲得更優質的資料，這樣才能精準了解顧客的痛點。

(A) 這個核心想法目前是從正面還是負面的角度切入？

自行發揮

(B) 這個核心想法指出什麼好處與風險？

(C) 你如何從相反的角度改寫這個核心想法？

核心想法 2：我們公司的傳統業務路線現在已經達到高原，如果我們不重新分配資源支援新興市場，我們設定的每股盈餘肯定無法達標。

(A) 這個核心想法目前是從正面還是負面的角度切入？

(B) 這個核心想法指出什麼好處與風險？

(C) 你如何從相反的角度改寫這個核心想法？

核心想法 3：上一季的數位行銷活動如我們所預期地衝高了流量與業績；我們的行銷支出應維持目前的水準，以達今年的銷售目標。

(A) 這個核心想法目前是從正面還是負面的角度切入？

(B) 這個核心想法指出什麼好處與風險？

(C) 你如何從相反的角度改寫這個核心想法？

習題 1.12：完成核心想法表單

之前我們已經做了幾道習題（習題 1.3 與 1.5）、練習如何填寫核心想法表單，各位也看了我提供的解答。接下來的這兩道習題也很類似——我提出一個情境，然後請各位填寫核心想法表單——只不過接下來的習題我不再提供解答，而是由各位自做自評，然後再改善你的作品。

你是某大型零售商的財務長，肩負著控管公司財務體質的重責大任；你的工作內容包括分析與報告公司的財務優勢與弱點，並提出矯正弊端的措施。你率領的分析團隊剛完成第一季的財務報表，你們發現如果維持目前的營業費用

與銷售情況，那麼本會計年度公司有可能會虧損四千五百萬美元。你認為，由於近期的景氣低迷不振，想要提升銷售業績可能不容易，恐怕只能靠控制營業費用來壓低預估的虧損，所以管理階層必須立刻實施「營業費用管控措施」。你將在最近召開的董事會中提出一份用 PowerPoint 製作的季報重點摘要、連同你的建議向董事會報告。

　　你的簡報目標分成兩部分：

1. 讓董事會了解會計年度以淨虧損作結的長期意涵，以及
2. 讓負責營運的全體主管（執行長暨所有高階主管）同意立即實施「營業費用管控措施」。

　　請根據上述情境完成下一頁的核心想法表單，必要時請自行做出合理的假設。

自行發揮

核心想法表單　　　　　　　　　　storytelling ‖ıl data®

請從你手上正在處理的專案中，
挑選出必須透過數據資料溝通的個案。
仔細思考後寫下你的回答。　　　　　專案名稱：＿＿＿＿＿＿＿＿＿＿＿＿＿＿

你的聽眾是誰？

(1) 列出你要溝通的主要群組或個人　　　(3) 你的聽眾在意什麼？

　　　　　　　　　　　　　　　　　(4) 你的聽眾必須採取什麼行動？

(2) 如果你必須把範圍縮小至某個人，那會是誰？

有哪些利弊得失？

如果你的聽眾聽從你的建議採取行動，　　如果不行動，他們可能會遭遇哪些風險？
可能會獲得哪些好處？

提出你的核心想法

它們必須要能：

(1) 闡述你的獨到觀點；
(2) 表明利弊得失；
(3) 用一句話完整表達你的想法。

圖 1.12 核心想法表單

習題 1.13：完成核心想法表單（二）

我們再做一回核心想法表單練習。

想像你是某大學的學生議會裡的一員。學生議會的目標之一就是打造一個正面的校園經驗，你們是由大學部每個班級選出來的學生代表，你們將代表全體學生與教職員及學校的行政單位溝通。你已經在學生議會待了三年，並負責規劃今年即將舉行的學生代表選舉。去年的投票率比前一年低了 30%，顯示同學們參與學生議會的熱情大幅降低。你跟學生議會的另一位成員完成了與其他大學的評比研究，發現投票率最高的學校，其學生會推動改革的成效最高。你認為向全體同學推出宣傳活動，或許能提高學生自治會的知名度，進而拉抬今年選舉的投票率。你即將跟學生會會長以及財務委員會開會，屆時你將提出你的建議。

你最終的目標是爭取到一千美元的宣傳經費，目的是要讓全體同學明白為什麼大家應該出來投票。

步驟 1：請根據上述狀況，完成下一頁的核心想法表單，必要時請自行做出合理的假設（別漏了緊接在表單後的步驟 2 與 3）。

步驟 2：假設你剛得知你鎖定的那個聽眾——學生會會長——因為另有要事而不克出席這次的會議，將改由副會長代為主持會議，這下將換成副會長核准或駁回你提出的預算。在得知此一訊息後，請你回答以下問題：

(A) 你跟副會長不熟，怎樣才能更了解她？為了了解副會長的需求，請找出一件你**立刻**——在會議召開前——就能做的事、以及你在**任期剩餘期間**內能做的一件事，以利你們雙方未來的溝通。

(B) 回頭看看你寫的核心想法，你是從正面還是負面的角度著眼？在你得知新訊息後，是否會從相反的角度改寫？

核心想法表單

storytelling▮▮▮data®

請從你手上正在處理的專案中，
挑選出必須透過數據資料溝通的個案。
仔細思考後寫下你的回答。　　　　　**專案名稱：**＿＿＿＿＿＿＿＿＿＿＿＿

你的聽眾是誰？

(1) 列出你要溝通的主要群組或個人

(3) 你的聽眾在意什麼？

(4) 你的聽眾必須採取什麼行動？

(2) 如果你必須把範圍縮小至某個人，那會是誰？

有哪些利弊得失？

如果你的聽眾聽從你的建議採取行動，
可能會獲得哪些好處？

如果不行動，他們可能會遭遇哪些風險？

提出你的核心想法

它們必須要能：

(1) 闡述你的獨到觀點；
(2) 表明利弊得失；
(3) 用一句話完整表達你的想法。

自行發揮

圖 1.13 核心想法表單

步驟 3：你想請別人對你的核心想法提出回饋。你屬意的對象是兩組不同人馬：（1）你的室友或（2）學生議會的某個成員。請回答以下問題：

(A) 每一組人馬的優缺點各是什麼？

(B) 你預估這兩場對話會有什麼差異？

(C) 你最終會選擇向哪一組人請益？為什麼？

自
行
發
揮

習題1.14：如何編排簡報順序？

我們有很多方法編排想要呈現的內容，用便利貼製作分鏡腳本，能讓我們根據想要溝通的對象以及想要達成的目標，輕鬆安排與更動內容的順序。請參考圖 1.14 的便利貼（並非依照重要性排序）來回答以下問題。

問題 1：你要如何將這些元素編排成一組分鏡腳本？（從哪個議題開始？以哪個做結束？如何安排其他議題的順序？）你是依據哪些考量來決定它們的順序？

圖 1.14　**分鏡腳本的草稿**

問題 2：你在分析的過程中對資料做了某些假設，你會在規劃過程中的哪個時點加入這個假設？為什麼？

問題 3：假設你要對一群高度技術性的聽眾做簡報，你預期他們會對這份資料以及你的分析提出一堆問題與討論，這會讓你更動簡報內容的編排順序嗎？你會加入或刪除某些元素嗎？

問題 4：雖然你對資料瞭若指掌，但若要讓每個人都了解事情的全貌，必須要由你的聽眾貢獻一些重要的脈絡，這會影響你對內容的安排嗎？你會在何處以何種方式邀請聽眾提出看法？你會加入或刪除某些元素嗎？

問題 5：假設你要對高階主管做簡報，但他們給你的時間不多（可能比議程表上寫的時間更短）。這會影響你對內容的安排嗎？請說明理由。

習題 1.15：設計分鏡腳本

我們要沿用習題 1.12 的情節來做這個練習，請看以下的前情提要：

你是某大型零售商的財務長，肩負著控管公司財務體質的重責大任；你的工作內容包括分析與報告公司的財務優勢與弱點，並提出矯正弊端的措施。你率領的分析團隊剛完成第一季的財務報表，你們發現如果維持目前的營業費用與銷售情況，那麼本會計年度公司有可能會虧損四千五百萬美元。

你認為，由於近期的景氣低迷不振，想要提升銷售業績可能不容易，恐怕只能靠控制營業費用來壓低預估的虧損，所以管理階層必須立刻實施「營業費用管控措施」。你將在最近召開的董事會中提出一份用 PowerPoint 製作的季報重點摘要，連同你的建議向董事會報告。

你的簡報目標分成兩部分：

1. 讓董事會了解會計年度有可能淨虧損的長期意涵，以及
2. 讓負責營運的全體主管（執行長暨所有高階主管）同意立即實施「營業費用管控措施」。

請參考你在習題 1.12 中寫下的核心想法（如果當時你沒寫，現在就來寫一下吧！），並依據你的核心想法逐步完成以下步驟。

步驟 1：腦力激盪！首先，請腦力激盪你的最終版簡報中的內容細節。請備妥白紙或便利貼以便寫下你的想法，至少要寫出 20 個。為了激發你的想像力，你不妨問自己以下問題：這是你第一次向這群聽眾介紹你的核心想法嗎？你猜他們會認同還是反對你的想法？聽眾很熟悉你要呈現的資料──這是一份定期更新的資料，還是你必須花點時間讓他們搞懂一些不熟悉的術語或方法？你需要決策者認同你提出的建議嗎？如果是的話，你的資料中必須納入哪些能夠打動或說服他們的重點？

步驟 2：編輯內容（去蕪存菁）。認真審視你在上個步驟寫下的想法，找出哪些是必要而哪些可以捨棄，然後編製你的簡報大綱或分鏡腳本。為了優化此一程序，你不妨問自己以下的問題：當你在上個步驟確認了聽眾的可能反應後，你會用你的核心想法當作開場還是結論？聽眾常看的細節中，哪些可以捨棄不用？哪些是聽眾沒見過的細節，必須花點時間說明或提供補充資料？哪些資料是可以合併的？

步驟 3：尋求回饋。找幾位夥伴共同完成這個練習，然後大家一起討論。你們的分鏡腳本很相似嗎？差異在哪裡？如果你找不到夥伴與你一起練習，就找個人試聽你的簡報，你向對方講述你的分鏡腳本後，決定做出哪些變更？在此過程中你學到什麼有趣的事情？

習題 1.16：設計分鏡腳本（二）

我們要沿用習題 1.13 的範例來做練習，請看以下的前情提要：

想像你是某大學的學生議會裡的一員。學生議會的目標之一就是打造一個正面的校園經驗，你們是由大學部每個班級選出來的學生代表，你們將代表全體學生與教職員及學校的行政單位溝通。你已經在學生議會待了三年，並負責規劃今年即將舉行的學生代表選舉。去年的投票率比前一年低了 30%，顯示同

學們參與學生議會的熱情大幅降低。你跟學生議會的另一位成員完成了與其他大學的評比研究，發現投票率最高的學校，其學生會推動改革的成效最高。你認為向全體同學推出宣傳活動，或許能提高學生自治會的知名度，進而拉抬今年選舉的投票率。你即將跟學生會會長以及財務委員會開會，屆時你將提出你的建議。

　　你最終的目標是爭取到一千美元的宣傳經費，目的是要讓全體同學明白為什麼大家應該出來投票。

問題 1：為了這次的會議，另一位學生議會的成員製作了以下的分鏡腳本（圖 1.16），並向你尋求回饋。請你依據以下三個問題來提出你的評論：

(A) 它目前編排的順序 OK 嗎（按時間順序排列，以核心想法當作開場白，還有沒有更好的安排）？
(B) 你會把哪幾點合併？你會增加什麼內容？會刪除什麼內容？
(C) 你會如何建議對方修改他的分鏡腳本？

問題 2：現在你得知會議將改由副會長主持，並由她決定是否要核准你的一千美元廣告提案。你向別人打聽到，雖然副會長會專心聆聽簡報，但是因為她行程滿檔，所以開會時間通常很短。在得知上述重大訊息後，請重新檢視你在問題 1C 修改過的分鏡腳本，你會因為哪些因素改變排序？你會增加還是減少部分元素？

問題 3：重新檢視你在問題 1C 修改過的分鏡腳本，並回答以下問題：

(A) 你為何決定把「要求聽眾採取行動」放在目前的位置？
(B) 在編排這份分鏡腳本時，使用便利貼是否比電腦軟體更具優勢？
(C) 你從編排這份分鏡腳本學到什麼？

圖 1.16　學生會選舉的分鏡腳本

　　各位已經跟著我做了許多習題，也自己做了很多發揮，接著我們要來討論如何把這些策略應用到職場上。

職場應用

我們要來練習如何實踐這個重要的規劃程序：花點時間做好事前準備，之後就能省下很多工夫，既可減少反覆試作，又能確保你不會走錯路。你不妨拿目前正在處理的案子來進行後續的練習。

習題 1.17：了解你的聽眾

　　與人溝通時，若能設法了解你的主要聽眾、並站在他們的角度思考哪些事情很重要，將會很有幫助。即便你不認識他們，仍有很多方法可以得知什麼事情會令他們很「有感」。你能跟聽眾對話並提出問題來了解他們的需求嗎？你認識跟這些聽眾很類似的人嗎？你的同事曾對這群聽眾溝通成功或失敗了、所以能夠提供一些寶貴的意見給你參考嗎？你能大概猜出這些聽眾在乎什麼或是會被什麼事情打動？他們可能抱持什麼偏見？他們覺得你要傳達的資料重要嗎？如果是的話，他們可能會有什麼反應？誠如我們之前討論過的，你愈清楚上述問題的答案，溝通成功的機會就愈大。如果你要面對的是一群背景和興趣都不同的聽眾，你最好能打造出類似的聽眾群組，然後針對每一組設計專屬的溝通方式。若你能找到聽眾需求的重疊處，不妨從這裡展開溝通。如果你對聽眾做了些假設──這幾乎是免不了的！──務必跟一、兩位同事說明，並請他們幫忙鑑定你的假設並進行壓力測試。請他們扮演專門跟你唱反調的黑臉，這樣你才能練習如何應對。盡量預先找出到時候可能出錯的地方並做好準備，溝通成功的機率就愈高。挑出一個你必須跟某人溝通某事的案子，**看看你能採取哪些行動，以便更了解你的聽眾以及他們重視的議題**。在做這件事的過程中，你對你的聽眾做出哪些假設？要是你的假設出錯，會引發很嚴重的後果嗎？你在溝通前還能預先做好哪些準備？請把你想得到的行動寫下來，然後逐一實踐！

習題1.18：縮小聽眾範圍

我們之前曾討論過，溝通時最好能設定一個特定對象，因為這樣我們才能鎖定目標並預做準備。下面的練習能幫助各位思考如何縮小聽眾的範圍。

步驟 1：找一個你需要用資料跟別人溝通的專案，這是什麼案子？

步驟 2：首先請撒下一張大網：**把所有可能感興趣的聽眾全部寫下來！**你能想到多少個？

步驟 3：你已經把可能的對象全都「一網打盡」了嗎？我敢打賭還有「漏網之魚」，再努力想想看，你是否還能再加進一些人。

步驟 4：接下來，我們要縮小聽眾的範圍；閱讀以下問題，並逐一寫下可能對此感興趣的聽眾。

(A) 你從這份資料找到哪些重要發現？哪些聽眾可能對此感興趣？

(B) 你建議採取哪些行動？誰需要採取這些行動？

(C) 我們此刻正處於什麼時機──現在該做什麼？

(D) 誰是決策者（或決策小組）？

(E) 基於以上各點，誰（哪些人）會是你的主要溝通對象？

職場應用

習題1.19：如何鼓勵聽眾行動

當我們為了解釋某事而與人溝通時，多半都會要求我們的聽眾採取某個行動，但你的表達方式並不是直接對聽眾說：「我們發現了 X，所以你們該做 Y。」這麼單刀直入，而應更細緻些。事實上，有很多細微差異會影響我們的話要講得多明白，在某些情況下，我們甚至需要聽眾提供一些資訊，來幫忙決定哪種行動路線才適當。還有一些個案，我們會想要讓聽眾自行想出下一步的行動。但不論是哪一種情況，身為溝通者的我們，必須很清楚該採取什麼行動。

找一個你需要向別人溝通某件事的專案，把對方看了你的資料後**可以採取**的行動逐一寫下，你想要他們採取的主要行動是什麼？請具體說明——你可以對你的聽眾講出下面這句話：

「**在看完我的資料／聽完我的簡報之後，各位應該**＿＿＿＿＿＿＿＿＿。」

如果你不知道該怎麼說比較好，不妨參考以下這些能激勵聽眾採取行動的語詞：

接受／同意／核准／展開／相信／編列預算／購買／支持／改變／合作／著手／考慮／持續／貢獻／打造／辯論／決定／捍衛／渴求／下決心／付出／區別／討論／分配／捨棄／行動／認同／鼓勵／授權／從事／建立／檢查／促成／了解／形成／釋放／實施／納入／增加／影響／投資／鼓舞／保持／明白／學習／喜歡／維持／發動／前進／合作／支付／說服／計畫／取得／推動／追求／重新分配／接收／建議／重新考慮／減少／反省／記住／報告／反應／再利用／推翻／審視／確保／分享／轉移／支援／簡化／起步／嘗試／理解／確認／驗證

習題 1.20：完成核心想法表單

確定你需要以數據驅動方式來溝通的專案，反思並填寫以下內容。你可以從 storytellingwithdata.com/letspractice/bigidea 下載核心想法的新工作表。

職
場
應
用

核心想法表單

storytelling data®

請從你手上正在處理的專案中，
挑選出必須透過數據資料溝通的個案。
仔細思考後寫下你的回答。

專案名稱：＿＿＿＿＿＿＿＿＿＿

你的聽眾是誰？

(1) 列出你要溝通的主要群組或個人

(3) 你的聽眾在意什麼？

(4) 你的聽眾必須採取什麼行動？

(2) 如果你必須把範圍縮小至某個人，那會是誰？

有哪些利弊得失？

如果你的聽眾聽從你的建議採取行動，
可能會獲得哪些好處？

如果不行動，他們可能會遭遇哪些風險？

提出你的核心想法

它們必須要能：

(1) 闡述你的獨到觀點；
(2) 表明利弊得失；
(3) 用一句話完整表達你的想法。

職場應用

圖 1.20　核心想法表單

習題 1.21：改善與改寫表單

在你精心建構你的核心想法後，接下來的重頭戲就是把它說給別人聽。

拿著你寫好的核心想法表單，花十分鐘說給你的夥伴聽。如果他們不熟悉核心想法概念，請他們先閱讀《Google 必修的圖表簡報術》的相關章節，或直接把核心想法的三大要素告訴他們（要能闡述你的獨到觀點；要表明利弊得失；要能用一句話完整表達你的想法）。請你的夥伴把他們的想法據實以告，這樣你才能把你想要傳達給聽眾的訊息修改到盡善盡美。請他們不必顧忌盡情發問，這不僅能讓他們了解你想要溝通的內容，還能幫助你釐清思緒。

把你的想法念給夥伴聽，並讓你們的對話順其自然地展開與進行，如果你覺得卡住了，請思考以下這些問題。

- 你的整體目標是什麼？怎樣才算溝通成功？
- 你的目標聽眾是誰？
- 你使用了聽眾不熟悉或是需要加以說明的特殊用語（艱深的語詞、專業術語、英文縮寫）嗎？
- 你建議的行動很明確嗎？
- 你是從自己還是聽眾的觀點來提出這些核心想法？如果你是從自己的觀點出發，該如何改從聽眾的觀點探討？
- 此事涉及哪些利弊得失？它們能否打動你的聽眾？如果不行，你該如何改寫？一般人面對利弊得失的反應多半是「那不重要吧」——為何你的聽眾需要在乎？什麼事情與他們息息相關？
- 是否有其他字眼或說法更容易傳達你的重點？
- 你的夥伴能否用他們自己的話把你的重點複述一遍？
- 請你的夥伴不斷追問你「為什麼」——直到你能夠有條不紊地說明你的核心想法，並且把你的核心想法做出最精確的定義。

　　跟你的夥伴討論與對話後，修改你的核心想法；如果還有讓你覺得不夠明確之處，抑或你更喜歡另一種觀點，那就再找一位新夥伴陪你重新練習一遍。

　　各位可以參考第九章的習題 9.7，學習如何當個引言人、帶領大家進行正式的討論。接下來我們要探討如何用核心想法表單來完成你們團隊負責的專案。

習題 1.22：團隊一起提出核心想法

　　你所屬的團隊是否正在處理某個專案？這裡有個很棒的習題，能讓每個成員都就定位，全體一起努力朝著相同的目標邁進。

1. 發給每人一張核心想法表單（可從 storytellingwithdata.com/letspractice/bigidea 下載），並請他們針對手上這個專案，各自完成一份核心想法表單。
2. 準備一間有白板的會議室，或是開啟一份共享文件，並寫下每個人的核心想法，請每個人大聲念出他的核心想法。
3. 討論。大家提出的核心想法有何共同點？有人在狀況外嗎？哪些語詞或段落最能表達出你們想要溝通的內容？
4. 擷取各個表單中的想法，彙整成一份總表，並視需要增添及改善內容。

　　這個練習不僅有助於確保每位成員都在狀況內，而且能在全體成員中建立共識，因為他們會看到自己提出的核心想法如何融入總表中。它還能讓成員展開精彩對話，幫助每個人都搞清楚團隊必須達成的目標、並且充滿信心。

職場應用

習題1.23：設計分鏡腳本

接下來要練習設計分鏡腳本的第一個步驟：腦力激盪。就拿你正在處理的某個簡報專案來做練習吧。首先，備妥一疊便利貼與一支筆；找個安靜的工作空間，裡頭最好有一面白板或一張沒有任何雜物的大桌子。設好鬧鐘便開始行動，看看十分鐘後你在便利貼上寫出多少個想法。每張小紙片都記載著一個有可能被放進最終簡報裡的點子。想到什麼就寫下來——在這個階段提出的任何想法並無好壞之分。此時也無需理會各個想法的先後順序或是否互相牴觸。只要看你在一段時間內能夠想出多少個點子就行。

祕訣：先搞懂你的資料，再用這個低科技的方法幫忙，以確認你想要傳達什麼訊息。在你寫完核心想法表單後，你還必須尋求回饋，並視需要改善你的核心想法，這個習題才算圓滿完成（參見習題 1.20 與 1.21）。

如果鬧鐘響起時，你仍有好多想法堆在腦中還沒寫下來，請自動延長時間。等你完成這個習題後，請進行下個習題。

習題1.24：編排簡報順序

各位已順利完成習題 1.23——把腦中的想法寫在便利貼上，現在要開始思考如何把它們組織成一個完整的架構，以便把這些想法精準傳達給別人。在編排的過程中，你若想到更棒的論點或主題，請立刻寫在便利貼上。你打算如何把這些想法去蕪存菁，並且組織成一個完整的架構？

請逐一檢視每張便利貼的內容並思考：這有助於傳達我的核心想法嗎？如果你找不到保留它的理由，就斷然捨棄它吧。

當你思考該如何編排這些想法的順序時，請用以下的特定問題當作判斷的標準：

- 你會如何把這些想法呈現給你的聽眾：現場簡報／電話簡報／網路研討會，還是郵寄給對方並由他們自行消化吸收這些資料？

職
場
應
用

- 什麼樣的順序能夠把你的內容成功傳達給聽眾？把你想要他們採取的行動當作開場白，然後再帶出你的內容，還是你會採用別的方式？
- 你會多快回答聽眾的「那不重要吧」質疑？你會一早就揭開謎底，還是「好酒沉甕底」？
- 你在聽眾心中已經擁有一定的可信度，還是需要設法建立？如果是後者，你打算怎麼做？
- 你的作品中做了哪些假設？你該在何時用何種方法告知聽眾？要是你的假設是錯誤的該怎麼辦？它會大大改變你傳達的訊息嗎？
- 你需要聽眾提供資訊嗎？在哪裡以何種方式獲得是最好的？
- 資料該在什麼時間點提出？資料符合聽眾的期待，還是背道而馳？你會在何時把哪些資料或案例整合進來？
- 你如何與聽眾站在同一陣線，取得他們的認同，並促使他們採取行動？

正確的溝通路徑不只一條，上述問題的答案能夠幫助你針對既有的情況做通盤的考量。如果有些無關緊要的資料或內容你實在無法割捨，就讓它們退居幕後——看是要把它們放在附錄，或是安排個不起眼的龍套角色，集中火力在你想要溝通的重要訊息即可。

我們會在第六課進一步探討簡報內容的排序策略，此時暫不多做贅述；接著我們就來看看習題 1.25 吧。

職場應用

習題 1.25：尋求回饋

在完成你的分鏡腳本後，把它說給別人聽。這麼做有兩個好處：其一，光是從頭到尾講一遍就很有幫助，因為這會逼你把整個思考過程說出來，還能幫助你想出別的方法。其二，與別人分享有可能導引出新的觀點或想法，幫助你改善你的分鏡腳本。

分享的方式很自由，沒有限制：寫好你的分鏡腳本後，就把它說給別人聽，過程中會自然而然出現疑問與對話。如果你覺得卡住了，或是找不到夥伴陪你練習，你不妨問自己以下的問題：

- 你會怎樣向你的聽眾簡報？你會讓他們自行消化吸收這些資料，或是你會親自（或由別人）在現場簡報？
- 簡報的順序和流程是否流暢？
- 你的核心想法是什麼？你會在何時介紹它出場？
- 聽眾對你提出的內容全都很感興趣嗎？
- 如果其中有聽眾不大感興趣、但你必須提到的內容，你要如何引起他們的注意？
- 哪些地方有可能會出錯？你該如何預做準備？
- 你要如何從一個主題或想法順利銜接到下一個？
- 有任何內容應當增添嗎？刪除？改變排序？

職場應用

如果此時需要請利害關係人或主管提出意見回饋，別遲疑趕緊做吧！這可是個早期檢查的好時機——以確認你的方向是正確的，如果走偏了就要趕緊修正回來——免得冤枉花了大把時間後再重來。

當你花了時間摸清楚你要溝通的對象，認真打造主要訊息，而且還替你的內容設計了分鏡腳本，你的攻擊計畫就算是備妥了。這不但能幫你省下後續反覆試作的工夫，而且還能幫助你端出更精準的溝通內容。經過上述這些前置作業打造出來的素材通常會比較精簡，讓你有更多時間打造高品質的內容：幻燈片搭配圖表，我們要留待下一課再來討論這部分。

習題1.26：一起討論集思廣益

請找一位夥伴或是一組人與你一起討論以下這些問題。

1. 你需要定期跟哪些聽眾溝通？這些聽眾有何共通點？有何不同處？當你用資料溝通時，如何把聽眾的需求納入考量？

2. 當你用資料溝通時，是否需面對不同類型的聽眾？其中的主要群組是什麼樣的人？你是否需要同時對所有聽眾進行溝通？為了有效溝通，是否有任何方法可以縮小聽眾的範圍？你如何讓自己做好萬全的準備？別人是否有相關的經驗或學習能夠分享？

3. 本課傳授的核心想法，能讓各位練習把訊息精簡成一個完整的句子，你覺得本課提供的相關練習成效如何？在什麼情況下花時間打造核心想法是有意義的？你曾在職場上試過這麼做嗎？你覺得有幫助嗎？你有遇到任何挑戰嗎？

4. 為什麼便利貼是製作分鏡腳本最好用的工具？你是否有其他更好用或想要推薦的方法來規劃你的溝通內容？

5. 關於有效溝通的規劃程序，你發現《Google 必修的圖表簡報術》或本書中的哪個祕訣或練習最有用？你採用了哪個策略？成功了嗎？未來你會把學到的哪些東西付諸實踐？

6. 本課的課程是否有你不認同或是覺得無法適用於你的團隊或組織？為什麼？其他人認同／不認同你的想法？

7. 關於有效溝通的規劃程序，有哪些事情你認為你的工作小組或團隊應當採取不同的作法？你預測這麼做可能會遇到什麼挑戰？你打算如何克服它們？

8. 關於本課提出的策略，你會給自己或你的團隊設定哪些具體的目標？你會要求自己（或你的團隊）負起什麼樣的責任？你會向誰尋求回饋？

職場應用

選對有效的視覺元素

等你充分理解脈絡，並用簡單的工具規劃好你的溝通方式之後，接下來你就會問：用什麼方式展示我的資料最有效？這就是第二課要探討的主題。

說到該如何將資料視覺化，其實「正確」答案不只一個；任何資料都有無數種圖表可以呈現，所以你必須重複修正——你可先用 A 法檢視，接著改用 B 法看看，或許再拿 C 法試試——最終就會找到一個最佳觀點，它能幫助我們做出讓聽眾因為恍然大悟而發出「啊哈」驚嘆聲的厲害圖表。

由於我們鼓勵各位嘗試各種不同的展現方式，因此本課特別安排一些習題，教大家製作多種不同類型的圖表、並評估它們的效益，這將能幫助我們了解各種圖表的優點與侷限。這一課除了會介紹最常用的圖表——線型圖與條狀圖——之外，也將檢視《Google 必修的圖表簡報術》介紹過的圖表之優缺點。趕緊來學習如何**選對有效的視覺元素**吧！

但首先，我們要來複習《Google 必修的圖表簡報術》第二課的重點。

首先，讓我們複習
有條理，很重要

SWD 該書的 第2課

純文字

有資料也不一定
要用圖表！

表格

我想表達的
重點是什麼？

通常會有效率
更高的方法

有資料也不一定
要用圖表！

熱區圖

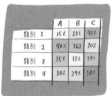

我們一眼就會
看到最深色與
最淺色的資料，
但其餘部分
就沒那麼顯眼

適合：開始探討
數字與決定進一步探討處

散布圖

可同時將資料
在兩個座標軸上轉換，
以看出其間的關係

線型圖
(折線圖)

準則：連結各點而成的線
必須是有意義的！
最適合用來展現
連續性的資料，例如時間

斜線圖

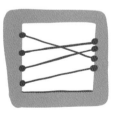

名稱很響亮，
但說穿了
不過就是幾條
連結兩點而成的
直線所組成的圖

適合用來凸顯時間軸
線上兩點的變化差異
／不同團體間的差異

條狀圖

極適合
類別型資料
(categorical data)

基準線相同的資料,
一眼就能看出
其高低

準則:
條狀圖一定要有
零基線, 絕無例外!

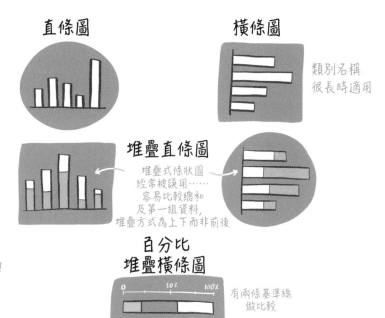

直條圖

橫條圖

類別名稱
很長時適用

堆疊直條圖

堆疊式條狀圖
經常被誤用……
容易比較總和
及第一組資料,
堆疊方式為上下而非前後

百分比
堆疊橫條圖

0　　50%　　100%

有兩條基準線
做比較

瀑布圖

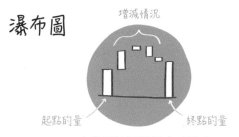

增減情況

起點的量

終點的量

通常用於財務報表以顯示
實際開支與預算的差異

區域圖

(又名鬆餅圖)

畫分成小方格
很重要, 因為
我們常會高估
區域的大小

適於呈現規模差異
甚大的資料, 或是
當作圓餅圖的替代方案

老師示範

2.1 改善這個表格

2.2 把資料視覺化！

2.3 先試畫草圖

2.4 用工具重複修正

2.5 如何呈現這些資料？

2.6 繪製氣象圖表

2.7 評論

2.8 這張圖哪裡有問題？

自行發揮

2.9 先試畫草圖

2.10 用工具反覆修改

2.11 改善這張圖

2.12 你會選用哪種圖表？

2.13 這張圖哪裡有問題？

2.14 資料視覺化與反覆修改

2.15 借鏡別人的範例

2.16 參加每月大挑戰

職場應用

2.17 畫圖找答案

2.18 用工具反覆修改

2.19 思考這些問題

2.20 大聲演練

2.21 聽取他人的意見回饋

2.22 打造一座資料視覺化圖書館

2.23 借鏡別人的作品

2.24 一起討論集思廣益

老師示範

我們要從基本的表格開始練習，並探索：資料視覺化如何幫助我們更快看懂發生了什麼事；不同的視覺呈現會令我們辨認出新的事物；資料視覺化時要「因材施作」，做出適當的設計抉擇。

老師示範

習題2.1：改善這個表格

當我們剛開始合計資料時，往往會把它們放進一張表格裡。表格讓我們可以掃視欄與列、閱讀資料，以及比較數字。請看以下這個範例，思考我們該如何改善它，進而將它涵蓋的資料視覺化。圖 2.1a 顯示的是近年各種新客群的明細表，請完成以下的步驟。

新客群明細表

層級	客戶數	戶數佔比	營收金額（百萬美元）	營收佔比
A	77	7.08%	$4.68	25%
A+	19	1.75%	$3.93	21%
B	338	31.07%	$5.98	32%
C	425	39.06%	$2.81	15%
D	24	2.21%	$0.37	2%

圖 2.1a　原始表格

步驟 1：檢視圖 2.1a 裡的各項資料，你觀察到哪些重點？你在詮釋這些資料時，需要做出任何假設嗎？你對這些資料有任何疑問嗎？

步驟 2：仔細思考圖 2.1a 的表格配置，我們假設曾有人告訴你，資訊一定要用表格溝通，對於這些資料的呈現方式，或是此表格的整體設計，你是否想做出任何改變？下載這些資料並打造一個更棒的表格。

步驟 3：假設你想要表達的重點是各個客群的分布狀況，以及它們對營收的貢獻——而且你可以自由改變簡報方式（不一定要用表格呈現），你會如何把這些資料視覺化呢？請自行選用適當的工具來製作圖表。

解答2.1：改善這個表格

步驟 1：我一看到這個表格，就開始由左欄讀到右欄、由上列讀到下列。我觀察到戶數最多的是 B 與 C 級客戶，但是為數不多的 A 與 A+ 級客戶，卻對營收頗有貢獻。但我搞不懂表格的排序是否正確：在我看來，A+ 級的客戶不是該排在 A 級客戶前面嗎？（是因為按字母排序造成的嗎？）

我希望表格的最下方會有一欄「總計」，否則我會忍不住自行加總。其實就是在我計算總和的過程中，我發現到其他幾個更大的問題。表格的第三欄（戶數佔比）——我擅自認定為是指佔客戶總數的百分比——總計只有81.16%；而最後一欄（營收百分比）——我擅自認定為是指佔總營收的百分比——總計也只有95%。所以我現在不大確定是否有必要增加「其他」一欄。

當我仔細閱讀數字時，會覺得「戶數佔比」這一欄，似乎沒必要寫到小數點後兩位。在呈現這種資料時，請仔細考慮你要提供多精確的細節；雖然我一再強調不是只有一種「正確」的作法，但最好還是避免顯示到小數點後太多位，因為這麼「精確」會讓數字變得很難記住與詮釋，何況計較 7.08% 與7.09% 的差異有意義嗎？就本範例的數字規模與差異來說，我會將第四欄以外的數字全部四捨五入到整數。至於第四欄的營收佔比，因為我們已經將數字概算至百萬美元，要是再四捨五入到整數，恐怕就看不出其間的重大差異，所以我會將它們四捨五入至小數點後一位。

圖 2.1b 是改掉上述缺點後的表格。

步驟 2：其實此一表格還可以再改得更好。好的設計會自動淡入背景，並以合理的方式讓觀眾一眼就看到重點——數字。我很反對每隔一行就加陰影，但是我大力推薦用留白（以及淺色框線）來區隔欄與列。說到留白，我在製作

新客群明細表

層級	客戶數	戶數佔比	營收金額（百萬美元）	營收佔比
A+	19	2%	$3.9	21%
A	77	7%	$4.7	25%
B	338	31%	$6.0	32%
C	425	39%	$2.8	15%
D	24	2%	$0.4	2%
其他	205	19%	$0.9	5%
總計	1,088	100%	$18.7	100%

圖 2.1b　微幅調整後的新表格

圖表時，通常會選擇把文字靠左或靠右對齊，避免置中對齊（因為這會造成文字懸空，以及鋸齒狀的邊緣，看起來不整齊）。但如果是製作表格，有時候我就會選擇把文字置中對齊，因為這樣各欄位之間會自然產生間隔（表格還有另一種常見的作法，就是把數字或小數點靠右對齊，因為這樣一眼就可看出它們的相對大小）。我還會把客戶數與戶數佔比合併使用同一個標題（但數字與百分比分開呈現），營收與營收佔比同樣比照辦理；這麼做有兩個好處，其一：去除多餘的標題，並提供更多空間表明該欄的內容；其二：使欄位變窄，整張表格不會太大。此外我還應用了兩個小撇步：配合人眼的「之」字型看圖路徑，以及刻意吸引觀眾的目光。

　　配合人眼的「之」字型閱讀路徑：若沒有其他視覺提示，觀眾通常會從頁面或螢幕的左上方開始閱讀，並以「之」字型移動眼球吸收資訊。因此，在設計表格或圖表時，請把最重要的資料放在上方與左側——前提當然是用這種方式呈現整個資料是合理的。換言之，如果還有超級類別或資料必須一起納入考量時，請用合理的方式安排它們的順序。就拿本案例來說，我會從最上方的客群（其實應該是 A+ 級）開始看起，愈往下的客戶層級愈低。由左往右的安排算是差強人意，我把客群的分布與佔比放在相鄰的位置，因為它們是相關的。如果營收數字比客戶資料更重要，那麼我就會把跟營收有關的兩欄向左移。不過我還有別的方法強調這些資料，接下來我們就來討論這點。

　　刻意吸引觀眾的目光。當我們用圖表向別人說明或分析事情時,必須精心構思如何吸引觀眾的注意。在製作表格時,同樣也可以利用不同的資訊層級來吸引觀眾的目光;尤其是當你受制於某些因素、以致無法把最重要的資訊放在畫面的左側與上方時,這種作法就能幫上你的忙。你可以標明資訊的相對重要性,來引導觀眾的注意。請回顧圖 2.1b:你的目光會被吸引到哪裡?我最先看到的是第一列的欄位標題,包括客群、客戶數等等,但這些根本不是資料!所以我不會浪費墨水在這上頭,而會刻意採取某些步驟——例如添點顏色,或是替某個儲存格╱欄╱列加上框線——即可將觀眾的目光引導至我想要他們注意的資料。

　　如果我想要觀眾比較的重點,是不同客群對營收的貢獻,那我就會用熱區圖(利用顏色的深淺標明相對價值)來凸顯這兩個欄位。請看圖 2.1c。

新客群明細表

層級	客戶		營收	
	數	比率	百萬元	比率
A+	19	2%	$3.9	21%
A	77	7%	$4.7	25%
B	338	31%	$6.0	32%
C	425	39%	$2.8	15%
D	24	2%	$0.4	2%
其他	205	19%	$0.9	5%
總計	1,088	100%	$18.7	100%

圖 2.1c 熱區圖

　　另一種作法則是用橫條圖取代熱區圖,請看圖 2.1d,此法用來引導觀眾注意這兩個欄位相當有效,而且還能看出這兩個欄位的分布差異。不過這麼一來要具體評比某個客群的客戶佔比與營收佔比就會比較困難,因為它們並不在相同的基準線上。訣竅:如果你是用 Excel 作圖,它裡面會有內建的「設定格式化的條件」功能可供選用,讓你可以輕鬆地在表格內加入熱區圖或條狀圖。

新客群明細表

層級	客戶		營收	
	數	比率	百萬元	比率
A+	19		$3.9	
A	77		$4.7	
B	338		$6.0	
C	425		$2.8	
D	24		$0.4	
其他	205		$0.9	
總計	1,088	100%	$18.7	100%

圖 2.1d　附橫條的表格

　　步驟 3：如果想要更進一步，我們不妨聚焦於圖 2.1d 裡的橫條，並檢視可以把它們製作成哪些圖表。當我聽到「佔總數的百分比」之類的名詞時，就會聯想到整體的各個部分——進而聯想到圓餅圖。以本範例而言，我們對於各個客群的佔比以及營收的佔比很感興趣，所以我們可以把它們繪製成兩個圓餅圖，請見圖 2.1e。

新客群明細表

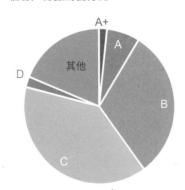

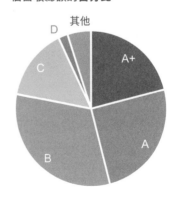

圖 2.1e　一組圓餅圖

我不大喜歡使用圓餅圖——我甚至曾經開玩笑說，天底下只有一樣東西比圓餅圖更糟糕：兩個圓餅圖！

但如果你想要呈現的資料，它們在整體中所佔的比例差異很大時，其實非常適合用圓餅圖。我個人之所以不喜歡圓餅圖，是因為它無法比較細微的差異。這得歸咎於人眼的目測能力有限，所以當各區塊的大小差不多時，就很難看出哪個比較大、也無法比較它們差多少；如果你想要呈現的比較很重要，最好使用別種圖。

以本例來說，我們想要觀眾比較左右兩圖上各個區塊所佔的大小，但這並不容易，除了前述人眼無法精準目測區塊大小的原因之外，由於各區塊在左右兩圖的位置不一，就更難進行比較了。一般而言，你最好把你想要觀眾相比較的事物儘量靠近，並且放在同一條基準線上對齊，這樣他們才容易比較。

我們就仿照圖 2.1d 的樣式，把資料放在相同的基準線上對齊，再來比較它們的大小吧，請見圖 2.1f。

圖 2.1f 讓我們很容易就能比較各個客群在總客戶數中所佔的百分比，以及它們在營收中的佔比。如果我想比較各個客群對營收的貢獻高低，我必須把它們放在相同的基準線上，所以我決定把左右兩張圖合為一體，請看圖 2.1g。

新客群明細表

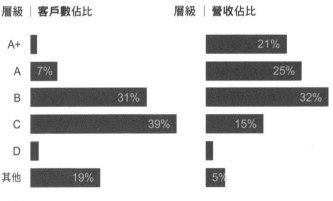

圖 2.1f 兩張橫條圖

新客群明細表

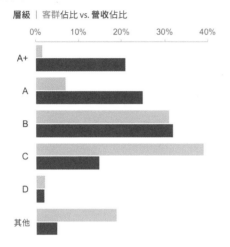

圖 2.1g 包含兩組資料的橫條圖

　　圖 2.1g 的安排能讓觀眾輕鬆看出：某個客群在總客戶數中所佔的比例，以及該客群貢獻的營收佔總營收的比例。這些元素不僅最接近彼此，而且還對齊同一條基準線，問題解決啦！

　　我們還可以將此圖翻轉成直條圖，請看圖 2.1h。

新客群明細表

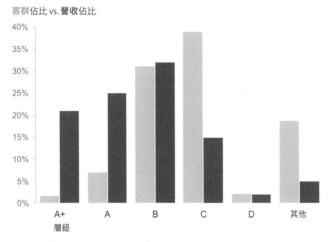

圖 2.1h 直條圖

　　當我們這樣呈現資料時，觀眾的目光會落在兩兩成對的同組資料的頂端，並且自動比較各組之間、以及它們跟基準線的相對關係，再多畫幾條線就能更加凸顯出觀眾在比較什麼，請看圖 2.1i。

　　現在線已經畫好了，我們不再需要那些直條，圖 2.1j 便是去除直條後的新圖。

新客群明細表

客群佔比 vs. 營收佔比

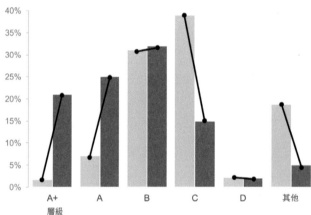

圖 2.1i　再多畫幾條線吧

新客群明細表

客群佔比 vs. 營收佔比

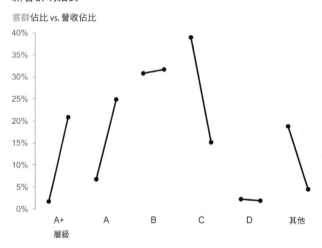

圖 2.1j　去除直條後的新圖

接下來，我會按照客群佔比，由高而低依序排列這些線條，並在資料點直接放上標籤，結果便成了圖 2.1k 的斜線圖。

斜線圖說穿了不過就是只有兩個點的線型圖罷了。把某個客群的客戶數佔比以及它的營收貢獻度佔比這兩個點連起來，我們便可快速看到這兩組量尺的差異何在。例如客群 C 以及其他客群的營收佔比，跟它們的客戶數佔比顯然低很多（從斜線朝下即可得知）；反之，客群 A+ 與 A 所貢獻的營收佔比，跟它們的客戶數佔比，顯然高出一大截。換言之，雖然客群 A+ 與 A 的客戶數佔比很小（兩者合計僅佔 9%），但貢獻的營收佔比卻將近 50%！

截至目前為止，我們看了呈現這個資料的數種圖表。各位對於哪種圖表的效果很棒、哪些效果不佳，想必也有自己的一番評價。但我所列舉的例子只是其中一部分而已，我還可以加上點狀圖，或是用圖表呈現每個客戶平均貢獻了多少營收。但重點是，我們通常不必嘗試每一種觀點，才能找出一個有效的圖表。雖說絕對值與總數佔比都很重要，但表格說不定是呈現這些資料最簡單的方法。其實如果我們能夠把比較重點縮小至特定的一、兩個，或是鎖定想要強調某個特定重點，就足以幫助我們選出一個有效的方法。這個練習的目的就是要大家明白，任何一種資料都有很多種呈現方式，重複修正不同的資料呈現方

新客群明細表

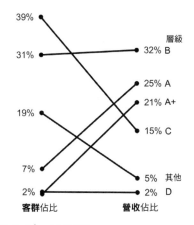

圖 2.1k 斜線圖

式，能讓我們更容易（或更不容易）看到不同的事物。所以請各位給自己多一些時間，多多練習與重複修正吧。

習題2.2：把資料視覺化！

　　我們來檢視另一種表格。下表顯示的是某公司在每年舉辦的回饋社會活動中、捐贈的愛心餐食的數目。各位先看一下表格裡的資料，看出其中的有趣之處了嗎？

歷年捐贈的愛心餐份數表

活動年度	賑餐數量
2010	40,139
2011	127,020
2012	168,193
2013	153,115
2014	202,102
2015	232,897
2016	277,912
2017	205,350
2018	233,389
2019	232,797

圖 2.2a　歷年捐贈的愛心餐份數表

　　請注意製作這樣的表格需要花多少工夫。重點是，我們一看到表格就會用讀的，而這麼做——雖然用表格呈現這些數字看似很容易理解——但其實挺耗腦力！當我掃視這些數字時，我看到 2011 年的數字較 2010 年大幅躍升，2014 年也比 2013 年增加甚多。各位或許也看出來了，但我不確定各位是否跟我一樣，是從表格的上方開始看起，接著便從第二欄由上往下看——並逐一比較新年度的數字跟前一年有何不同。

　　請各位跟著我一起練習，用更容易理解的方式呈現這些資料，以減輕觀眾需要耗費的腦力。下載這些資料，然後選擇你喜歡的工具將它們視覺化吧。

步驟 1：用**熱區圖**來呈現第二欄的數值。

步驟 2：製作一個**條狀圖**。

步驟 3：製作一個**線型圖**。

步驟 4：**在上述三種圖表中，你最喜歡哪一個？**是否還有別種圖表能夠更有效地呈現這些資料？

解答2.2：把資料視覺化！

其實不管我們用哪種視覺元素來呈現圖 2.2a 的資料，幾乎都會比原本用表格呈現的方式更讓人一目了然。接著我們就要來檢視幾種能讓觀眾更快看懂的圖表。

步驟 1：首先，我們就來試作用顏色變化凸顯資料的**熱區圖**吧。坊間的繪圖軟體多半都有內建功能，讓使用者輕鬆完工。你可選擇要用的顏色以及上色的方式。比方說吧，我是用 Excel 製作圖 2.2b，並使用它的設定格式化的條件功能來呈現第二欄的數值。我設定了三色刻度的格式化條件：包括最小的數值為白色，第 50 百分位數為淺綠色，最大值則為深綠色。在某些情況下，你可以附加一個圖例來說明如何解讀這些顏色。但這裡我只想讓大家有個一般性的概念：顏色愈深代表數值愈大。顏色的深淺對應數值的大小，這樣的安排完全符合人眼視物的天性。

在圖 2.2b，我可能首先會注意到 2010 年提供的愛心餐點數量極少——因為這格是全白的——居然是下一格數字的三分之一還不到！而且我也很快就發現 2016 年的供餐數是最多的，即便我根本還沒看到格子內的實際數字，因為顏色的相對強度可以幫助我更快解讀它的相對定量值。說到這點，我要提醒各位，人眼很擅長辨別色差很大的色調，但是差異小的色調就很難分辨了。所以如果其他較淺的綠色格子中、有值得進一步探究的資料，那我們就較難快速掌握，因此我可能需要找到另一種更適當的方式來呈現這份資料。

歷年捐贈的愛心餐份數表

活動年度	賑餐數量
2010	40,139
2011	127,020
2012	168,193
2013	153,115
2014	202,102
2015	232,897
2016	277,912
2017	205,350
2018	233,389
2019	232,797

圖 2.2b　用顏色變化顯示數值的表格

　　步驟 2：圖 2.2c 改用**直條圖**來呈現資料。我決定保留 Y 軸當作參考，我們幾乎一眼就能比較各個直條的大小。我把軟體預設的直條加粗，使它們之間的縫隙變小，這樣能更容易從每個直條的頂端比較出它們的大小，我認為用直

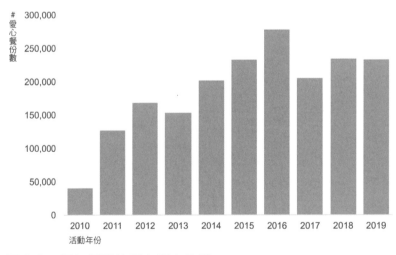

圖 2.2c　歷年捐贈的愛心餐直條圖

條圖呈現這份資料是個好主意。

　　雖然 X 軸的確有個連續變項（時間），但我們可以把它分類為年份，這樣我們不但可以一次檢視某個特定年度，而且又能明確區別每個年度。

　　步驟 3：我們還可以用線型圖來呈現資料。在圖 2.2d 這個試作圖中，我決定刪除 Y 軸，只標示起點與終點的資料點，這樣觀眾一眼就能看出 2010 年與 2019 年的送餐數，但其他各個年度的送餐數就要靠觀眾自行目測估計。如果你認為觀眾可能會對其中某些數字感興趣（例如數字最大的 2016 年），你可以在這些資料點加上標記與標籤。當我刪除 Y 軸時，我通常會把副標題的空間拿來放上軸標題。以本案為例，可能有人會認為，既然標題都已註明「歷年捐贈的愛心餐」，何必多此一舉再加上「愛心餐份數」；我這麼做只是為了讓觀眾確知自己看的內容，別人不認同也無妨。我在這個習題選用了綠色，主要是為了向大家說明——雖然我一向選用藍色——各位可以自由選用任何顏色來製作你的圖表。我們將會在第四章的習題中討論更多關於顏色選擇的技巧。

歷年捐贈的愛心餐份數表
#愛心餐份數

232,797

40,139

2010　2011　2012　2013　2014　2015　2016　2017　2018　2019
活動年份

圖 2.2d　**線型圖**

不論是製作熱區圖／直條圖／線型圖，每個人都會根據自己的偏好做出各種選擇，這點完全是 OK 的。不論是此處還是本書中的其他範例，全都只是要說明「一張好圖勝過千言萬語」的道理。我們將會在第五章進一步討論設計面向的主題。

步驟 4：上述三個圖表哪個是我的最愛？當我仔細回顧後，我對這個問題的答案就連自己也感到意外。剛開始製圖時，我以為我會最喜歡線型圖，因為它的圖面最簡潔且使用的墨水量最少。但如果把三個圖放在一起評比，並把有限的情境也納入考量的話，我最偏愛的其實是條狀圖（例如圖 2.2c）。如果每一年的愛心活動都有一個明確的起點與終點，那麼我就會提供此一分割圖片。話雖如此，我真的認為線型圖更容易看出整體的趨勢。再者，如果我真的想在圖中附上一些文字說明相關脈絡，我也會選擇線型圖，因為它有較多空間容納文字敘述。

解答 2.1 再次顯示，把資料視覺化的方法極多，絕對不會只有一種正確答案。就算只有兩個人挑戰同一個資料視覺化，他們也可能選擇截然不同的呈現方法。最重要的是，你要很清楚自己想要呈現哪些重點，從而選擇能夠讓觀眾對重點一目了然的視覺元素。

習題 2.3：先試畫草圖

說到把資料視覺化，人人皆可取得的最佳工具莫過於白紙了。每當我缺乏靈感、想不出充滿創意的解答時，我就會拿出一張紙並且開始畫圖。就算你不是藝術家，只要願意拿起筆作畫、肯定能有所收穫。當我們用紙筆畫圖時，就能擺脫工具的束縛與侷限（不會被工具牽著鼻子走），也比較不會對完成的作品難以割捨（要放棄花了大把時間用電腦做出來的圖表，真的會心痛）。而且一般人看到空白紙張，都會忍不住想要在上面寫寫畫畫，因此有助於激發我們的創意火花。

廢話不多說，我們趕緊用這個重要工具——白紙——來練習吧。請看圖2.3a，它顯示的是每個月的工時需求，以及實際的產能，雖然目前是用橫條圖呈現，但要呈現此一資料的方式肯定不只這一種，對吧？沒錯！

請各位現在就去拿一張白紙，並且設定鬧鐘在十分鐘後響起，看看你能畫出多少種不同的圖表？開始畫吧！（不必非常詳細，簡單畫出一個大概的形式即可。）當鬧鐘響起時，逐一檢視你的成果，你最喜歡哪個圖？為什麼？

解答2.3：先試畫草圖

十分鐘後，白紙已經被我畫的六個草圖填滿，請看圖 2.3b。

從左上方的草圖開始看起，我只是把原本的橫條圖改成直條圖，好讓月份能夠沿著 X 軸由左至右依序排列，以符合人類天生的視覺習性。至於右上的第二張草圖，則是把條狀圖改成線型圖，我發現這樣更容易看出兩者間的差距。

圖 2.3a 試畫草圖！

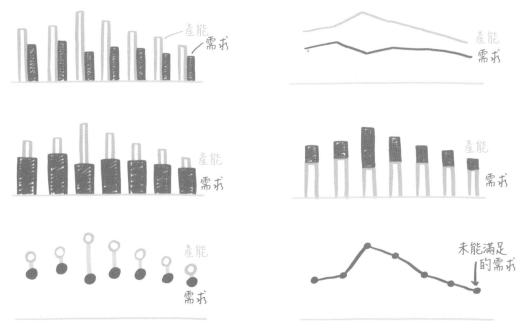

圖 2.3b 我畫在白紙上的六種草圖

但我想再試試其他形式的條狀圖，所以我在第三張草圖（中左）把需求變細、並放到產能的後面，希望能清楚呈現出我們該再加把勁。中右圖則從相反的觀點來呈現資料，我用堆疊直條圖來凸顯未能滿足的需求（請注意，唯有需求全都大於或等於產能時，才能使用這種圖）。下左圖則是把分別代表需求與產能的直條改成用點呈現，然後將它們連起來，好讓觀眾看到兩者之間的差距（只要清楚標明需求與產能，例如用不同的顏色標示，那麼即便需求低於產能，這張圖也不受影響）。位於下右的最後一張草圖，呈現的是需求未滿足的趨勢；雖然這張圖完全看不出需求與產能的規模大小，不過此圖仍不失為有效的──端視我們想要溝通的目標而定。

　　若問我個人最喜歡哪張圖，假如需求永遠高於產能，那麼我的答案會是中右的堆疊直條圖，但我認為上述每一種圖其實都可能行得通。呈現此一資料的

方法還有很多種，各位不妨拿你畫的圖跟我畫的圖比一比，它們是差不多還是差很大？在這一堆圖表當中（我的加上你的），你最喜歡哪一個呢？

　　我們要繼續用這份資料來試作圖表，看看哪一個草圖值得用工具繪製出來！接下來進入習題 2.4 囉。

習題2.4：用工具重複修正

　　請仔細思考我們在習題 2.3 所畫的草圖，選出其中一個（多的話更棒！），下載資料，並用你的工具製成圖表吧。

解答2.4：用工具重複修正

　　我這人十分勤快，所以我把所有的手繪草圖全部用 Excel 製成圖表。請看圖 2.4a 至 2.4f。

　　基本條狀圖。首先是基本的條狀圖（或稱柱狀圖），請看圖 2.4a，我刻意

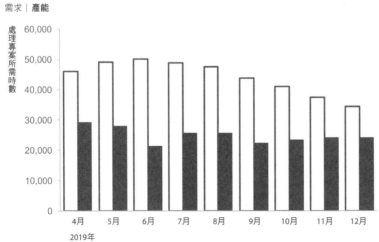

圖 2.4a　基本條狀圖

老師示範

把產能填滿藍色、需求則柱體中空只留外框,以便凸顯出兩者之間的差距。但我不喜歡這個圖——至少喜歡的程度不如手繪草圖,我原本以為把需求只留外框的作法很棒,沒想到加上旁邊的留白看起來卻很刺眼。而且我還發現,此圖是六個圖表中,最難讓觀眾注意到需求與產能之間的差距,然而這卻是這份資料的重點之一。因此我決定在副標題的空間放上圖例,當我找不到一個適當的空間直接放置資料標籤時,我就會這麼做。另外一個替代方案則是把標籤放在第一組或最後一組直條上,並把它們當作我的圖例。

　　線型圖。與條狀圖相較,線型圖算是一種比較簡潔的設計,因為它使用的墨水量較少。我選擇在線的末端加註標籤(還加上了資料標籤),以避免觀眾搞不清楚哪條線代表的是需求或產能,也不必讓視線在圖例與資料之間來回穿梭。我很喜歡線型圖讓觀眾能聚焦於需求或產能,而且輕鬆就能比較兩者,因為我們很容易看出兩者之間的差距,以及哪裡的差距變大與哪裡變小。我特意把產能線加粗,好讓觀眾先看到此線,然後才看到規模更大的需求線,請看圖2.4b。

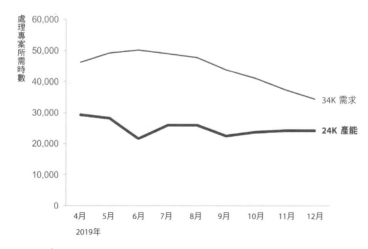

圖 2.4b　線型圖

　　重疊式直條圖。我又回頭用條狀圖製作圖 2.4c，不過我採取了一種比較罕見的作法：讓兩個長條前後重疊。我刻意把產能弄得稍微透明，以顯示需求是從零基線開始，而非從產能上方起算。

　　這張試作圖的效果優於我的預期，但我不難想像還是有人會覺得困惑或不喜歡，因為它跟一般的直條圖「長得不一樣」。如果我想採用這張圖，我會先請一小群人試看、並聽聽他們的想法比較保險。

　　堆疊直條圖。在這張圖中，我依舊讓產能排在前方，但是把後方的直條改成「未滿足的需求」，這麼一來我就可以把它們堆疊在產能的上方。而且把強調的重點換成「未滿足的需求」，並標上深藍色，產能則用淺灰色呈現，我還挺喜歡這樣的安排。

　　點型圖。這又是個會令觀眾出乎意料的安排。雖然我個人覺得這麼做很恰當，但我必須承認，那是因為我花了很多時間熟悉這些資料，所以我當然覺得自己做的每種圖表都是 OK 的。但聽眾未必像我那麼清楚這些資料，所以我還是應該尋求別人的意見回饋才是保險的作法。

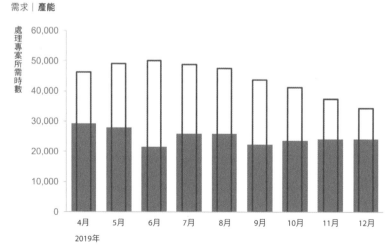

每月的工時需求與產能
需求│產能

圖 2.4c　重疊直條圖

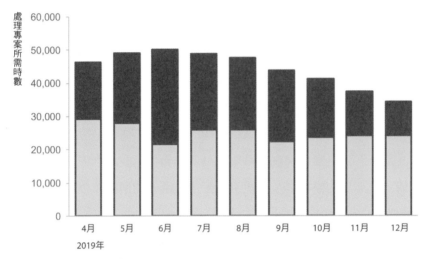

圖 2.4d　堆疊直條圖

每月的工時需求與產能

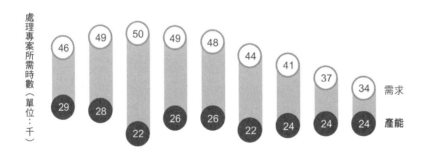

圖 2.4e　點型圖

雖然我不確定自己是否真心喜歡這張圖，但我對於自己居然能用 Excel 製作出此圖而感到自豪。這些圓圈其實是兩組線型圖（一是需求、另一是產能）上的資料標記，但我刻意不秀出實際的線條，並把資料標記放大——這樣我就可以在圓圈裡放入數字。至於連結兩點之間的陰影區域，代表未滿足的需求，它們其實是堆疊在產能直條圖上方的另一組長條圖（這裡我也刻意不顯示產能這組長條圖）。我所謂的把 Excel 發揮到淋漓盡致就像這樣！

　　畫出差距。我的最後一張圖是用簡單的折線圖呈現未滿足的需求（需求減產能）。這是我最不喜歡的一張圖（跟基本條狀圖一樣不得我的歡心），因為從兩組資料變成只呈現兩者的差距，讓人覺得好像有太多脈絡被省略了，請看圖 2.4f。

　　你用工具製作出來的圖表成效如何？這當中你最喜歡哪種圖？原因是什麼？

　　在缺少任何脈絡的情況下，我會選擇圖 2.4d 的堆疊直條圖，因為它讓觀眾很容易看出這段期間內的產能始終無法應付需求，以及短缺情況逐漸縮小的趨勢。

每月的工時需求與產能

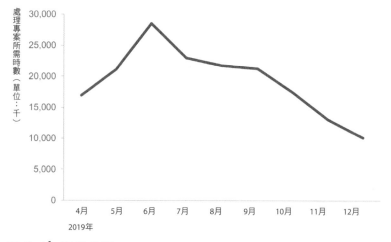

圖 2.4f **畫出差距**

我們將會在第六課繼續討論此案例的擴大應用。

習題2.5：如何呈現這些資料？

下表顯示的是某公司為期一年的儲備幹部培訓計畫的流失率。請各位先花點時間熟悉其內容，然後回答以下的問題。

年度別	流失率
2019	9.1%
2018	8.2%
2017	4.5%
2016	12.3%
2015	5.6%
2014	15.1%
2013	7.0%
2012	1.0%
2011	2.0%
2010	9.7%
平均	7.5%

圖 2.5a 培訓員工流失率

問題 1：你能想出多少種方法來呈現此一資料？請用紙筆或繪圖工具畫出來。

問題 2：你會如何呈現流失率的平均值？

問題 3：在你創作的圖表中你最喜歡哪一個？原因是什麼？

解答2.5：如何呈現這些資料？

問題 1 與 2：呈現這份資料的方法有很多種，端視你要溝通的對象與想傳達的目標而定。我想出了六種圖表，而且每一種都納入了平均值，我們就來逐一檢視與討論吧。

純文字。手上有數據不代表一定要用上圖表！若是數據只有一、兩個，純文字說不定是最適合的溝通方式。比方說吧，我可以把上述資料濃縮成一

句話：「此一計畫在過去十年的平均流失率是 7.5%。」但這麼一來聽眾將無從得知歷年來的數字起伏，或是比較的基礎，就某些案例而言，這樣的表達算是過度簡化。如果我想強調流失率的起伏，那我會這麼說：「過去十年間的流失率介於 1% 至 15%，2019 年則是 9.1%。」如果我知道大家比較關注近期的資料，那我會這樣說：「近幾年此計畫的流失率持續攀升，從 2017 年的4.5% 上升至 2019 年的 9.1%。」

　　每次當你在製作圖表時，一定要想出用一句話來回答「那又怎樣？」的問題（習題 6.2、6.7、6.11、7.5 及 7.6 就會要求你這麼做）。你可能會發現光用那句話就可以溝通，根本不需要製作任何圖表。但是如果你有更多資料需要溝通，仔細思考什麼樣的脈絡會有幫助，以及你要如何將之視覺化。我們就來看看傳達這份資料的幾種方法吧。

　　點型圖。我可以用點型圖來呈現各年度（X 軸）的流失率（Y 軸），再加上一條線來代表平均值，這樣觀眾很輕鬆就能看出各個年度的流失率是高於還是低於平均值。請看圖 2.5b。

　　線型圖。我把前述點型圖的各點連成一條折線，這樣觀眾更容易看出流失率的逐年演變情況，請看圖 2.5c。我仍使用虛線代表流失率的平均值，但是為

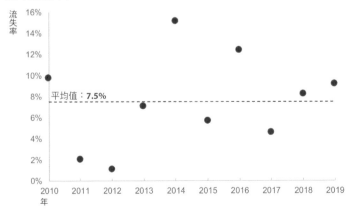

圖 2.5b 點型圖

老師示範

了更加呼應新的圖片配置，我把標籤移到虛線的末端，也把資料標記和標籤都放在最後一個資料點。這樣的安排能讓觀眾更容易比較出最新年度的流失率與歷年的平均值相差多少。

我還試做了第二個線型圖，這次我用陰影區當作平均值，請看圖 2.5d。雖然我偏好圖 2.5c 的呈現方式，但我想這種表達方式說不定很適合呈現別種資料。

歷年的流失率

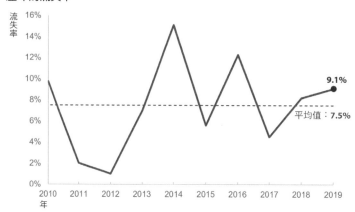

圖 2.5c 線型圖

歷年的流失率

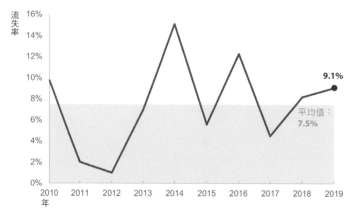

圖 2.5d 線型圖+陰影區代表平均值

　　區域圖。在嘗試過用陰影區呈現平均值後，我決定反向操作，改回用虛線表示平均值，用區域圖呈現流失率，請看圖 2.5e。我用淡藍色虛線代表平均值，它不僅能凸顯出背景的留白，還能凸顯它與流失率重疊的區域。我在每一張圖都用不同的方式標示平均值——主要是配合可用的空間與圖的形狀。當你用不同的觀點呈現資料，就可能像這樣跟著修改其他設計。

　　我並不喜歡這張圖，它耗費了不少墨水，還會讓觀眾誤以為虛線下方的區塊很重要，其實根本不是這麼回事。所以我很少使用區域圖。

　　條狀圖。最後，我嘗試用直條圖來呈現這份資料，請看圖 2.5f。我仍用虛線代表平均值，並配合整體的圖面配置，把標籤移到圖的左邊。

　　問題 3：**我最愛哪個圖？**我很滿意這個直條圖，但我最愛的還是圖 2.5c 的線型圖。連結各點成線，既能讓觀眾輕鬆看出歷年來的流失率發展趨勢，而且也很容易跟平均值做比較。它既不會耗費大量墨水，而且還讓我有充裕的空間加上一些註解（如果必要的話）。

歷年的流失率

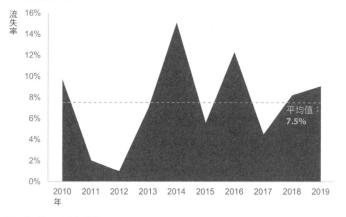

圖 2.5e　區域圖

歷年的流失率

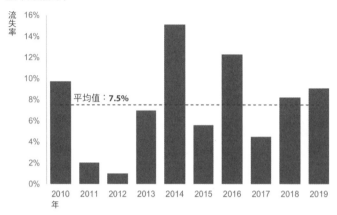

圖 2.5f 直條圖

習題2.6：繪製氣象圖表

　　我很愛用條狀圖，它們堪稱一目了然──對於放在同一個基準線上的東西，我們的眼睛和大腦很快就能看出它們的高低，而條狀圖就具有這樣的特性。我們只要比較各長條與基準線以及它們彼此之間的相對高度，就能看出哪個長條最高以及高出多少。再加上大家對於條狀圖都很熟悉，這對於溝通是一大利多：由於大多數都已經知道如何看條狀圖，不必再浪費腦力弄懂如何看圖，而可專心思考如何運用這些資料。

　　請看圖 2.6a，它顯示的是未來六天的每日最高溫（以華氏度數顯示）預報。

　　問題 1：假設你打算週日下午去公園，你預估週日的高溫會是幾度？

　　問題 2：你要為小孩準備下週的衣服，你不確定該為他們準備夾克還是大衣，你預估下週三的高溫會是幾度？

　　問題 3：你從這張圖觀察到其他哪些資訊？

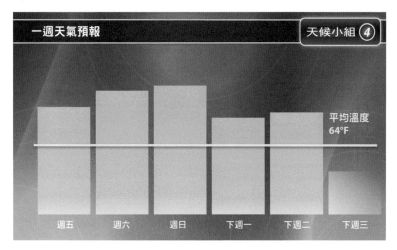

圖 2.6a　天氣預報圖

解答2.6：繪製氣象圖表

雖然乍看之下，週日的氣溫約為華氏 90 多度，下週三則僅有華氏 40 多度，但實際情況並非如此，請大家跟著我再仔細瞧瞧。

週日的氣溫其實是 74°F，而下週三則是 58°F，為什麼會這樣？那是因為原圖 2.6a 的 Y 軸起點居然不是 0°F 而是 50°F，使得觀眾無法正確判讀每一天的氣溫。請看圖 2.6b，它替原圖加上了 Y 軸與資料標籤。

我們就來改造這張圖吧！首先，把 Y 軸改為從零開始；圖 2.6c 顯示的是兩張併列的條狀圖，請注意觀眾閱讀這兩張圖後，會產生多麼不一樣的詮釋。

左邊的圖會令觀眾覺得每天的高溫與一週的平均溫度差異很大，但右圖就會覺得溫差還好。身為家長的你，看了左右兩張圖後，在考慮週三該讓孩子穿多厚的外套時，可能會做出相當不同的決定！

雖說把資料視覺化並沒有固定的規則，不過我們從剛才的範例中，的確看到了一條必須遵守的鐵律：條狀圖必須有一條零基準線。這是因為人眼會從每個長條的終端，來比較它們與基準線之間的距離，以及彼此之間的長短；所以

老師示範

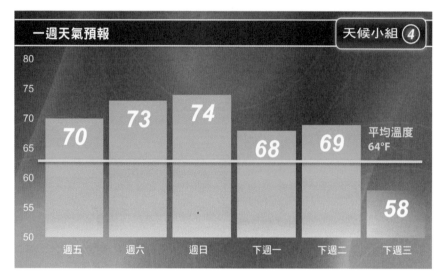

圖 2.6b 條狀圖一定要有零基準線！

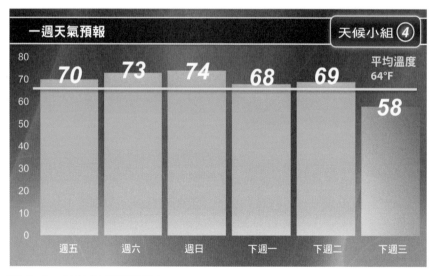

圖 2.6c 請比較這兩張圖

我們必須知道每個長條的完整脈絡才不會誤判。

這條鐵律是牢不可破、毫無例外的。

不過話又說回來，此一鐵律並不能適用於所有圖表。以條狀圖來說，因為我們會根據長條的終端來判斷它們與基準線以及彼此之間的相對關係，所以你不可以切斷或縮放長條。但若是點狀圖（散布圖或點圖），我們會把焦點放在各點在空間中的相對位置，至於線型圖（折線圖、斜線圖），我們看的是連結各資料點的線之相對斜率。從數學的角度來說，當我們縮放時，相對位置和斜率是不變的。不過你還是想把脈絡納入考量，避免過度縮放，使得小小的變化或差異看起來變得很大。但有時候這種情況是避免不了的，所以如果你發現自己必須改變座標軸來強調這一點，請考慮使用點狀圖或線型圖，不要用條狀圖。

說到這點，我曾聽過有人質疑天氣圖用零基準線沒道理，因為氣溫可能為負數，所以用零度做為基準線沒意義（尤其是使用華氏刻度時）。若是短期的天氣預報（例如本例），有一條零基準線的條狀圖可以讓我們準確判斷每天的預報溫度；但如果我們討論的是長期的氣候狀況，例如全球氣溫的一兩度變化——那麼使用零基準線的條狀圖的確很難看出來。但其實重點不在於基準線是否必須為零，而是條狀圖根本不適合用來呈現這些資訊。我們可以改用線型圖，或是呈現氣溫的變化而非絕對數值，以便讓觀眾注意到那些微小但是有意義的差異。總之，簡報者思考的重點應在於，我們究竟想要讓觀眾看到什麼，然後選擇一個適當的視覺工具來達到目的。

習題 2.7：評論

對於之前在習題 2.6 的解答中提過的點型圖，我要讓大家看一個範例，並指出它不夠理想之處。

請看圖 2.7a，它顯示的是銀行業在一段期間內的某種指數。假設你在這家名為 Financial Savings 的銀行（以下簡稱本行）工作。

圖 2.7a 銀行業指數

問題 1：你對於此圖有何疑問？

問題 2：如果讓你來設計這個圖表，你會做哪些改變？你會如何將此資料視覺化？

解答 2.7：評論

問題 1：這張圖讓人看得一頭霧水！我的第一個疑問是：此圖究竟是在評量什麼指數？如果它評量的是指顧客滿意度，那麼指數愈高愈好，但如果它評量的其實是行員的出錯度呢？觀眾對此資料會做出截然不同的解讀。

我的第二個疑問是：有必要把全部的點都標示出來嗎？我們從圖的上方得知：紅點代表本行、黃點代表業界的平均值（選這麼鮮豔的顏色也很怪，我猜可能是因它們特別顯眼吧），所以我假設每一種顏色的點代表某家銀行的平均值（我的第三個疑問：我的假設正確嗎？）。我的第四個疑問：我們可不可以只呈現本行與業界的平均值？當你考慮捨棄某些資料時，一定要想清楚這麼

做會喪失哪些脈絡；就本範例而言，只呈現業界的平均值，我們就無法了解其他同業的個別情況。資料究竟該如何取捨，端視你的溝通目標而定。我的第五個疑問是，2019 年的那個紅圈想要強調什麼。我能理解它背後的思考過程：作者想要觀眾「請注意這裡」，於是便畫了個紅圈。不過這麼一來形成兩項挑戰，其一：這張圖裡充斥著五顏六色的點在爭搶觀眾的注意，他們未必會注意到這個紅圈。其二，就算他們看到這個紅圈，也不會立刻明白它的意涵。我的最後一個疑問是：這個圖究竟想表達什麼？它說了什麼故事？

　　問題 2：我們暫且擱置上述疑問，先來想想該如何重新設計這個資料的呈現方式。原來這張圖評量的是分行滿意度，所以數字愈高愈好；接著我會假設，我們最在乎的是本行跟業界平均值的比較。光是做出這樣的決定，我便可以刪除一堆沒必要的資料，只呈現本行以及業界平均值的資料點。由於此圖顯示的是一段期間內的資料，其實我們可以用點型圖來呈現，但我會選擇使用線型圖，因為它能讓觀眾更容易看出一段期間內的變化，以及線條間的相互關係，從而凸顯出值得注意的狀況：如果其中一條線一直位在另一條線的上方，可看出兩者的差距；或是看出其中一條線在何處超越另外一條線。這攸關我們該如何回答觀眾提出的「那又怎樣？」的質疑。

　　圖 2.7b 是我修改後的圖。

　　去除不必要的資料並將原圖改成線型圖，幫助我們聚焦於資料本身。其次，我直接註明標題和標籤，這樣觀眾就不必自行猜測或費心找尋如何解讀資料。我用標題空間來回答「那又怎樣？」這個問題。如果我知道是什麼原因造成本行與業界的滿意度起伏，那麼在現場簡報或開會時，我就可以分別從兩條趨勢線互比，或是各個時間點（各年度的平均值）互比的觀點，把聽眾的注意力引導至相關的脈絡上。反之，如果我無法現場「導覽」，必須由觀眾自行閱讀圖表，那麼我會直接把文字標註在圖上，說明是什麼原因造成滿意度的起伏。我們之後會在第四章深入探討更多運用了這些策略的範例。

　　接著我們要來改造另一張圖。

老師示範

分行滿意度指數

五年來本行的滿意度首度低於業界平均值

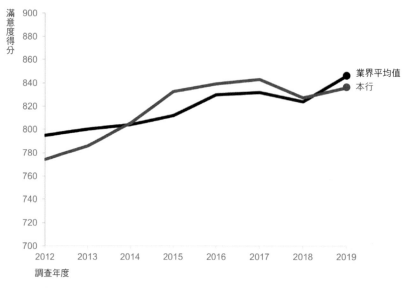

圖 2.7b 修改過的圖

習題2.8：這張圖哪裡有問題？

　　雖然製圖者總想著要設計出讓人一目了然的圖表，可惜有時候偏偏弄巧成拙，在無意間做出讓人看不懂的爛圖表。接著我就以實例來說明這種事與願違的狀況以及改進之道。

　　再以另一個銀行業務為例。請想像你是消費信貸風險管理部門的分析師，這個工作的內容是：有一部分貸款人無法如期還款，造成貸款逾期。未清償的貸款會經歷不同的逾期程度：逾期 30 天、60 天……等到逾期長達 180 天時，它們就會被歸類為逾期放款（簡稱呆帳）。到這個階段的逾期放款，儘管銀行多次採取催繳行動，很多人還是沒清償，這筆錢就成了銀行的損失，銀行必須儲備一筆錢來支應這些潛在的損失（呆帳準備）。

　　看完以上的簡單敘述後，我們就來談談要處理的資料吧。上級交代你要製作一份圖表，來說明銀行在一段期間內的呆帳總額與呆帳準備金。請看圖

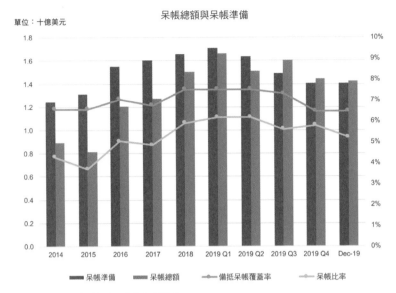

圖 2.8a　這張圖哪裡有問題？

2.8a，請寫下你在閱讀此圖時，你的目光是如何移動的。什麼地方令你感到困惑？你要如何改善？

解答2.8：這張圖哪裡有問題？

　　為了看懂這張圖，我的目光必須在圖中的直條、折線以及圖下方的圖例之間來回打量，思考該如何解讀這些資料。我先掃視那兩條 Y 軸，想弄懂它們代表什麼意思，經過一番折騰，我才弄清楚那兩條線──備抵呆帳覆蓋率與呆帳比率──必須搭配圖右的第二個 Y 軸一起看。條狀圖──呆帳準備與呆帳──則須搭配圖左的第一條 Y 軸一起看。這樣的安排似乎太複雜了。

　　先說備抵呆帳覆蓋率與呆帳比率：我不確定它的分母是多少，我會假設分母是放款總額──但我希望製圖者能清楚說明這點，而不是讓人瞎猜！我也不確定為什麼要加上這兩條線──它們並未增加任何新的資訊。除非有更多脈絡，否則我決定把重點放在呆帳總額，而非呆帳比率，以免徒增觀眾的困

惑。這麼做還有一個附帶好處──刪除第二條 Y 軸（基本上我完全不推薦雙 Y軸；至於取代第二條 Y 軸的替代方案，請參考《Google 必修的圖解簡報術》第二章）。

現在來討論 X 軸，我發現它有個大問題：**時間的間隔不一致**。我原以為 X軸從左到右的單位皆是年，但是我逐一閱讀每一個標籤後才發現（可能有人根本沒注意）：從 2018 年以後，它的時間間隔變成季，而且 2019 年的 12 月更是「自成一格」，這樣的安排可不妙！

其實我可以理解當初製圖者是怎麼想的：之所以要特別凸顯 2019 年 12月，有可能是因為它是最近期的一個月份；至於 2018 年以後改為按季顯示，也是想讓觀眾更精確（例如季、月）了解近年的趨勢。

有時候我們的確會因為資料遺失，或是發生某些事情，而不得不屈就於時間間隔不一致的情況，但我們必須明確標示讓觀眾知情。同一個直條或折線的時間單位不宜變來變去、忽年忽月，因為這樣很容易造成不正確的解讀與錯誤的觀察。

我們有幾個替代方案來解決此一挑戰。如果我們擁有全部季度的資料，那麼我會選擇呈現各季的資料，但由於資料眾多，用條狀圖會看起來太擠。況且我們既然已打算刪除備抵呆帳覆蓋率與呆帳比率那兩條線，這時就可以把呆帳準備與呆帳的資料，從原本的直條圖改成折線圖。如果我們無法或不想呈現每一季的資料、並放在同一張圖裡，那麼第一種替代方案是：將 X 軸的標籤從季度改為年度，但需排除 2019 年，以免跟它四個季度的分項明細重複。

至於另一個替代方案，則是把資料分兩張圖呈現：第一張顯示 2014 至2019 各年度的狀況，第二張則只呈現 2019 年各個季度的狀況，這樣它們可以擁有各自的標題，讓觀眾一看就知道兩者的時間單位是不一樣的。我還會適當壓縮第二張圖的規模，讓觀眾一看就知道，此圖的期間比較短。圖 2.8b 即是修改後的圖。

在本範例中，我選擇直接註明資料，這樣觀眾能夠直接比較呆帳與呆帳準備的總額，而不必從座標軸自行估算。而且我把金額標示到小數點後兩位，

圖 2.8b　修改後的圖

以免發生兩個不同高度的點卻顯示相同金額的狀況（例如呆帳準備線上的第三點與第四點，兩者的高度明明不一樣，但若只顯示到小數點後一位，都會是1.6B，徒增觀眾的困擾），而且我們很容易就能看出 2019 年各季度間微小但意義相當重要的差異。我還用陰影區來顯示左圖的最後一個資料點（2019）、與右圖的 2019 年各季明細資料是相關的。用這種方式來呈現資料是很重要的，這樣可以確保這兩張圖的 Y 軸最小與最大值是相同的，並讓觀眾可以根據它們的相對高度，來比較季度與年度的資料點。

　　在這張修改後的圖中，我刪掉了原圖中許多需要費心觀察的事物，好讓觀眾能聚焦於資料，而不是忙於理解圖表。觀眾還能看到呆帳與呆帳準備之間的差距逐年縮小，以及兩者皆在 2018 年上揚、皆在 2019 年下降。呆帳金額在2019 年首度突破呆帳準備，再對照右圖的季度明細，顯示呆帳金額在第三季與第四季超過呆帳準備，這是個警訊，我們可能要採取某些行動！

　　各位已經跟著我做了好幾道習題，現在該試著自行解決問題囉。

自行發揮

趕緊拿出紙筆來！利用本節提供的習題，先試畫草圖，然後利用工具重複修正，並且改善不夠理想的圖表。

記住：各位可從 *storytellingwithdata.com/letspractice/downloads* 下載範例中的資料。

習題2.9：先試畫草圖

就如習題 2.3 所示，當我們在思考該如何呈現資料時，紙筆其實是最棒的輔助工具之一，快用這些重要的幫手來練習吧！

下表所顯示的資訊，是某公司業務團隊完成一筆交易平均所需時間（按天數計），請各位仔細觀察並熟悉相關資料。

備妥紙筆，把鬧鐘設定在十分鐘後響起，你能想出多少種圖表來呈現此資訊？開始畫下它們吧！（只需畫出各種圖表的大致樣貌即可。）當鬧鐘響起時，看看你畫的草圖，你最喜歡哪張圖？為什麼？

你在畫草圖的過程中，曾對上述資料做出哪些假設？你希望獲得哪些額外的脈絡？

成交所需時間（天數）

產品類別	直接銷售	間接銷售	總數
A	83	145	128
B	54	131	127
C	89	122	107
D	90	129	118

圖 2.9a 完成交易的平均天數

習題2.10：用工具反覆修改

步驟 1：檢視你在習題 2.9 畫的草圖，選出其中一個（如果你願意多做幾個當然更好！），下載資料，並用你的工具製作圖表。

步驟 2：完成圖表後，暫停並思考以下問題。

問題 1：先試畫草圖有何幫助？

問題 2：在畫草圖的過程中，有令你感到不愉快或沮喪的地方嗎？

問題 3：用工具實際製作出來的圖表，跟你畫的草圖一樣嗎？

問題 4：你預見未來會繼續採用這個方法（先畫出幾種可能方案，然後再用工具製作圖表）？在什麼情況下使用？

請用幾句話簡單說明你的想法。

自行發揮

習題2.11：改善這張圖

想像你在一家區域型的健康中心工作，你們最近推出一項流感疫苗衛教暨行政專案，你負責評鑑旗下各分院的實施成效。

你們取得相關的資料儀表板，你的同事從中抽出圖 2.11 這張圖表，請你花點時間研究圖 2.11 後，回答以下問題。

問題 1：此一資料是如何分類的？還有別種分類方法嗎？在什麼情況下你會更動資料的排列順序？

問題 2：原圖用一條水平線顯示平均值，對此你有什麼看法？你會用別種方式呈現平均值嗎？

問題 3：如果你們訂定一個接種目標——你會如何放入圖表裡？假設目標是 10%，你會如何呈現它？假設目標改成 25%，這會改變你要呈現的內容或是呈現的方式嗎？

問題 4：這張圖中含有一份表格，你覺得這樣的安排有效嗎？在圖表中附加一份表格，有何優缺點？就本範例而言，你會保留還是刪除表格？

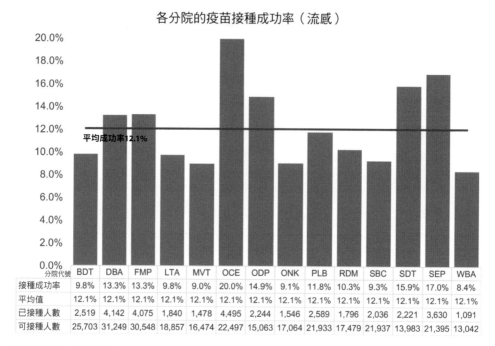

各分院的疫苗接種成功率（流感）

分院代號	BDT	DBA	FMP	LTA	MVT	OCE	ODP	ONK	PLB	RDM	SBC	SDT	SEP	WBA
接種成功率	9.8%	13.3%	13.3%	9.8%	9.0%	20.0%	14.9%	9.1%	11.8%	10.3%	9.3%	15.9%	17.0%	8.4%
平均值	12.1%	12.1%	12.1%	12.1%	12.1%	12.1%	12.1%	12.1%	12.1%	12.1%	12.1%	12.1%	12.1%	12.1%
已接種人數	2,519	4,142	4,075	1,840	1,478	4,495	2,244	1,546	2,589	1,796	2,036	2,221	3,630	1,091
可接種人數	25,703	31,249	30,548	18,857	16,474	22,497	15,063	17,064	21,933	17,479	21,937	13,983	21,395	13,042

圖 2.11　原圖表

問題 5：此圖目前顯示的是已接種疫苗的比例。如果你想聚焦於機會——尚未接種疫苗的比例——你要如何將它視覺化？

問題 6：如果是你來呈現此一資訊，你會做成什麼樣的圖表？下載相關資訊，然後用你偏好的工具製作出你理想的圖表。

習題2.12：你會選用哪種圖表？

任何一組資料都有多種方法製成圖表呈現，而且不同的觀點能讓我們看到不同的事物，我們就用一個範例來說明吧。

你打算把你所做的員工調查資料視覺化，其中一個調查項目是了解員工對於「我打算在此工作一年」的反應，你想要顯示今年的反應跟去年相比有何不同。圖 2.12a 至 2.12d 就是從四種不同的觀點來呈現相同的資料。請花點時間

方案 A：**圓餅圖**

「我打算在此工作一年」

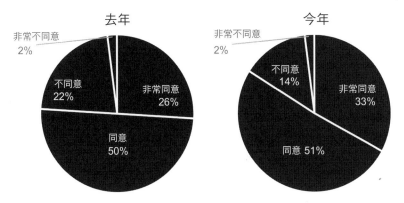

圖 2.12a　圓餅圖

方案 B：**直條圖**

「我打算在此工作一年」

去年 ｜ 今年

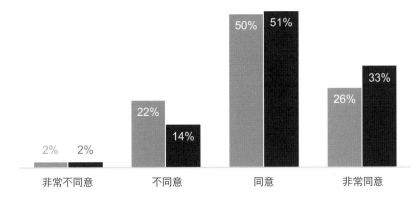

圖 2.12b　直條圖

自行發揮

方案 C：**分向堆疊直條圖**

「我打算在此工作一年」

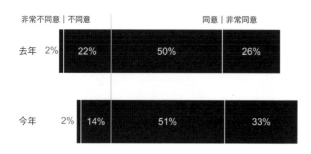

圖 2.12c 分向堆疊直條圖

方案 D：**斜線圖**

「我打算在此工作一年」

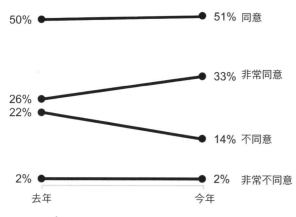

圖 2.12d 斜線圖

仔細檢視每張圖，然後回答下述問題。

問題 1：你對每種圖的喜好如何？你很容易看到或比較哪些資料？

問題 2：要呈現此一既定觀點的困難是什麼？有需要留意哪些限制或其他

的考量嗎？

　　問題 3：如果由你負責溝通這份資料，你會採用哪個方案？為什麼？

　　問題 4：找位朋友或同事一起討論以上各種方案，他們是否認同你偏好的那種圖表，還是他們另有偏好？你們的討論是否凸顯出任何有趣的事情是你之前沒有考慮到的？

習題2.13：這張圖哪裡有問題？

　　請看圖 2.13，它顯示的是某電郵問卷調查的回應率與完成率。

　　步驟 1：請列出此圖三個不盡理想之處，是什麼讓它變得不容易解讀？

　　步驟 2：針對你列出的這三點，請說明你會如何解決它們。

　　步驟 3：下載資料，然後運用你剛擬定的策略來修改此圖。

自行發揮

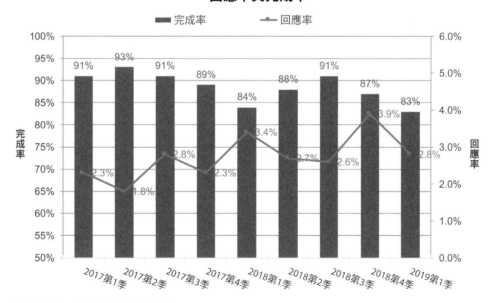

圖 2.13　這張圖哪裡問題？

習題2.14：資料視覺化與反覆修改

在看了這麼多範例之後，各位想必已經發現，設計得宜的圖表，能讓觀眾忍不住發出「啊哈，原來如此」的讚嘆聲。不過要做出厲害的圖表，通常需要反覆試作──從各種角度檢視資料──才能看出資料的「眉角」，以及我們想要強調的重點，並想出一個觀眾能夠理解的方式。所以現在我們要來練習資料的視覺化與重複修正。

假設你在一家醫療器材公司工作，你眼前的這份資料顯示的是，病人使用某種醫材時的疼痛程度，請看圖 2.14。

病人宣稱的疼痛程度

疼痛程度	電源	
	開	關
改善	58%	36%
沒變	32%	45%
更痛	10%	19%
總計	100%	100%

圖 2.14 資料視覺化與重複修正

步驟 1：請寫下：你能想出多少種把這份資料視覺化的方法？哪些圖表能派上用場？列出愈多種愈好。

步驟 2：從你剛才寫下的清單中，至少選出其中四種不同的觀點，並製成圖表（用紙筆畫或用工具製作皆可）。

步驟 3：回答以下相關問題：

問題 1：你對每個圖表的喜好度？哪種圖讓觀眾最容易做比較？

問題 2：對於每種圖表，你必須留意哪些限制或考量？

問題 3：若是由你來溝通這份資料，你會選用哪種圖表？

習題2.15：借鏡別人的範例

我們能從別人製作的圖表學到很多東西——包括很棒的跟沒那麼棒的。當你看到一個很厲害的圖表時，請深思：它厲害的點在哪？你能從中學到什麼、並應用到你自己的作品中？當你看到一個不夠理想的圖表時，照樣深思：哪裡做得不好，你該如何避免犯下同樣的錯誤。我們就來練習從範例學習吧。

從媒體上找來一個高明的圖表以及一個不夠理想的圖表，並回答以下的問題：

問題 1：你認為這個圖表高明的地方在哪？請一一寫下。

問題 2：你對這個圖表有何不滿？是什麼侷限它的效果？你會如何改善？

問題 3：你從上述過程學到什麼心得，並且能夠指引你未來的作品？

習題2.16：參加每月大挑戰

最棒的學習法就是做中學。#SWD 挑戰是一項每月舉辦的例行性活動：讓我們的部落格讀者有機會練習與活用資料視覺化與說故事的技巧。各位當然也能參加！請把它當成一個能夠嘗試新點子的安全空間：放心嘗試各種新的工具、技巧或方法。我們鼓勵所有人來參加這個活動，不論什麼背景、經驗與工具都歡迎。

我們會在每個月的月初於官網上 storytellingwithdata.com 公布當月的新主題。參加者需在限定的時間內找尋資料與製作圖表，以及分享他們的作品和相關評論。從往例來看，活動的焦點在於嘗試不同的圖表類型，但有時候我們也會改為挑戰製圖訣竅，或是嘗試某種特定的主題。我們的用意是讓大家能夠開心練習與精進技巧，並跟大家分享你的作品。

在截止日前上傳的所有作品，日後會在 storytellingwithdata.com/SWDchallenge 中的重點回顧（recap post）分享。

自行發揮

歡迎各位上 storytellingwithdata.com/SWDchallenge 挑幾個相關的習題試試身手：

- **參加！**你可實際參與活動，或是挑選過去的案例，精進你的資料視覺化技巧。你可以自行參加，也可攜伴或組隊參加，把你們的作品放在社群媒體上分享，加註 #SWDchallenge 標籤即可。
- **模仿！**從檔案中挑選某一期的重點回顧，並參考上傳的作品，選一個你喜歡的圖表，然後試著用你的工具重製，你是否打算用不同方式呈現某些面向？
- **評論！**從檔案中挑選某一期的重點回顧，並參考上傳的作品，選出三件你認為效果很棒的作品，並說明它們成功的地方。你能否歸納出一些技巧，並應用到你自己的作品上。再選出三件你認為不理想的作品，並思考你打算如何改正那些缺失。你能否歸納出一個常見的挑戰，並說明你會如何避免它們出現在自己的作品中。
- **自辦圖表大挑戰！**找一群朋友和同事，從你們過去的挑戰中選出一個充當題目（或自行設計一個），並邀請大家來挑戰：每個人必須在規定的時間內，找出資料並製成圖表，然後跟大家分享你的作品。大家集思廣益一起討論，讓每個人都有機會展示他們的成品，並聽取其他人的回饋。檢視你們從這次活動中學到什麼心得，並將它們應用在未來的工作中（各位可以參考習題 9.4，了解如何透過這種有趣的活動，建立一個樂於提出與尋求意見的文化）。

自行發揮

職場應用

接下來，我們要探索如何將我們從這一章學到的各種技巧應用於職場，包括向自己提問，以及如何向其他人尋求意見回饋。

挑選一個你想挑戰的專案，並完成以下的練習！

習題2.17：畫圖找答案

找一個你正在處理且必須用圖表與人溝通的專案，備妥紙筆，把鬧鐘設定在十分鐘後響起，看你能夠畫出多少種方法有效呈現你的資料。

當鬧鐘響起時，放下紙筆。用客觀的態度逐一檢視你剛剛畫的草圖，你最喜歡其中哪個（些）觀點？原因是什麼？

把你剛剛畫的草圖秀給別人看，告訴對方你想要傳達的重點是什麼，然後請對方選出他最喜歡的那個（些）觀點，並說明原因。如果你覺得你的思路不通完全沒有靈感，或是你想要用一種嶄新的方式表達，但你自己力有未逮，不妨邀請一兩位很有創意的同事，請他們跟你到一間有白板的會議室。把你想要表達的內容說明給他們聽，並開始試畫各種圖表，然後逐一討論每個模式的優劣：哪個效果最好？缺少了什麼？哪個（些）方式值得製成實際的圖表？你能自己完成任務嗎，如果不行，哪個人能幫你實現你的想法？

習題2.18：用工具反覆修改

給自己足夠的時間和彈性、從不同的觀點呈現你的資料，這樣你才能了解與兼顧重要細節，並判定用哪種方法呈現資料才能讓聽眾一聽就懂。

拿出一些你想要視覺化的資料，用你最愛的製圖軟體，嘗試各種不同的視覺元素。把鬧鐘設在 30 分鐘後響起，看你能用多少種方法呈現這些資料。

職場應用

當鬧鐘響起時，客觀評估每種作法：它們各有哪些優缺點？你要如何幫助觀眾一眼就看到你想表達的重點？哪個（些）版本能夠達到前述目標？如果你不確定，直接跳到習題 2.21，那裡提供了一些訣竅，教你如何向別人尋求有用的回饋。

習題2.19：思考這些問題

你對於自己製作的圖表，肯定覺得一針見血淺顯易懂，那是因為你很熟悉這些資料，所以你很清楚該看哪些資料，以及哪些資料是重要的，但你要溝通的目標對象未必如此。所以在你完成圖表後，你要透過以下問題，確認你的圖表是否有必要修正改進。

- **你想讓大家看到什麼？** 你想用資料使聽眾採取什麼行動？你做的圖表能達到此目的嗎？聽眾最容易看到哪些重點資訊？最容易做出哪些比較？即便你秀出這些資料，哪些事情仍舊比較難做到？

- **這些資料有多重要？** 這是個人人關心的重大議題，抑或只是會略感興趣的普通議題？此事有何利弊得失？需要多精確的圖表？需要做到多完美？簡單的圖表就可以？

- **你的聽眾是誰？** 你呈現的資料，是聽眾早已熟悉、所以他們會欣然接受？還是前所未聞、並且挑戰他們根深柢固的觀念？你的聽眾會期待你用某種方式呈現這些資料？你會按照聽眾的期待來呈現這些資料，還是你打算採用新的手法，各有何優缺點？你如何預期聽眾可能會有哪些質疑，並做好萬全的準備？

- **你的聽眾熟悉這種圖表嗎？** 選用聽眾不大熟悉的圖表，你就是自找麻煩：你必須讓他們專心聽你說明如何解讀這個圖表，或是讓他們一直盯著圖表直到自己看懂為止。你特意選用聽眾不熟悉的圖表，是因為這個觀點能讓他們更輕鬆看懂資料嗎？還是因為這種圖表能創造一種新的見

解，而那是常見圖表所辦不到的？請深思：你希望聽眾的腦力是用來搞

懂如何解讀這個圖表，還是用來理解資料？

- **你將如何提出資訊？**你會透過現場簡報向聽眾說明資料、解釋相關脈

  絡，並且回答提問？還是你會把資料傳送給大家、然後由他們自行搞

  懂？如果是後者，你必須採取面面俱到的措施，讓大家清楚理解這個圖

  表的內容、該如何閱讀，以及你希望他們獲得哪些心得。

習題2.20：大聲演練

等你的圖表或投影片製作完成後，便要開始練習大聲介紹。如果你將在

會議或現場簡報中呈現這些資料，並模擬現場實況：把你的圖表作品放上大螢

幕，然後逐一說明並與聽眾討論。即便你是把資料傳送給對方、並由他們自行

理解吸收，也請像面對大眾般高聲演練數遍，這麼做肯定能讓你獲益匪淺。

首先，介紹閱讀此圖表的方法、它呈現的內容，以及 XY 座標軸各自代表

什麼意義。接著說明你的資料，以及聽眾可以看到哪些重點。在這個大聲說明

的過程中，你說不定會發現哪些地方需要改進，例如你發現自己說到「這點不

重要」或是「別管那點」，就表示你可以把這些內容放入背景（有些案例甚至

可以直接刪除）。同理，當你聽到自己提醒大家注意某些重點，就該想到：能

否改良你的設計，或是用視覺提示讓觀眾一目了然。

如果你是在現場展示資料，大聲演練就更有助於屆時做出最棒的簡報。一

開始你先自己一人演練，等到你覺得滿意時，就找朋友充當「臨演」，在他面

前大聲簡報，然後請對方提供回饋。習題 2.21 會提供一些向別人尋求回饋的

小訣竅。

還想知道更多大聲演練的好處嗎？請收聽 SWD 的播客（storytelling

withdata.com/podcast）。

職場應用

習題2.21：聽取他人的意見回饋

你製作了一張圖表，而且自己覺得非常滿意。但問題是，你對於自己的工作當然很熟悉，況且這圖表也是你自己做的，你當然會覺得它好棒一看就懂，但別人——你的聽眾——也是這樣想嗎？

另一方面，你在製圖工具中做了好幾份不同觀點的圖表，你其實不大確定，究竟哪個圖表的溝通效果會是最棒的？

不論是哪種情況，我都建議各位要聽取其他人的意見回饋。

在你完成圖表或是將資料視覺化之後，趕緊找位可靠的朋友或同事來幫忙測試效果。找完全外行的人亦無妨，請對方說明他在看過資料後的思考過程，包括：

- 他們注意的重點是什麼？
- 他們有哪些疑問？
- 他們觀察到哪些重點？

這些意見能幫助你了解，你製作的這份圖表是否達到它設定的目標，即使它未能奏效，你也知道該如何改進。你可以向對方請教，或是跟對方討論你的設計選擇，以便了解哪些作法很有效，哪些地方對於不大熟悉這些資料的人可能沒那麼淺顯易懂。請各種不同背景的人提供回饋說不定很有助益：想想是否該向跟你完全不同角色的人請益。

還有，留意對方最初的面部表情：人要感知其身體反應需經過一毫秒，如果你注意到對方有皺眉或抿嘴——任何一些面部表情的蛛絲馬跡——這都是感覺不大對勁的線索，請再改善你的圖表。如果人們要費一番工夫才能看懂你的圖表，先別怪他們笨，有可能是你的圖表太難懂。想想該如何改善：把標題或標籤弄得更清楚明確？別讓一堆顏色搞得眼花撩亂、分散焦點？或者乾脆改用別種更適合的圖表？

關於如何尋求有效的意見回饋，各位還可參考習題 9.3。

習題2.22：打造一座資料視覺化圖書館

把你在職場上製作與使用的範例收集起來，並打造一座資料視覺化圖書館，你可以自己獨力完成，或是與你的團隊或整個組織分工合作。妥善規劃內容編排（例如按圖表種類／主題／工具分類），以方便大家搜尋取用。提供可下載檔案，讓其他人能夠看到圖表是如何製作的，並可修改後應用在他們自己的工作上。各位還可納入從媒體或部落格或 SWDchallenge 看到的優秀範例。

把這件事當成你們的團隊目標，為了維持這股熱度，可定期舉辦友誼賽，大家可以提名自己或是同事製作的好作品參賽。評選出每個月或每一季的最佳作品，並將它們放入圖書館內。這將會成為靈感的持續來源：如果某人覺得腦袋被卡住了，不妨到圖書館裡看看，說不定就會找到好點子。它同時也是新進人員的寶庫，他們可以快速得知這個工作環境的最佳資料視覺化作品，從而有助於他們對自己的作品設定正確的期待。

習題2.23：借鏡別人的作品

說到如何選對有效的視覺元素，或是如何從別人的創作中找到靈感，坊間有很多資源可供取用。要做出厲害的圖表，想要做出高明的圖表，除了靠自己多做練習、尋求意見以及重複修正之外，其實還可以探索下述的網路資源，幫你找出能夠滿足特定需求的圖表：

- **圖表選擇器 Chart Chooser**（Juice Analytics，labs. Juiceanalytics. com/chartchooser）。請利用他們的篩選器幫你找到最符合你需求的圖表，下載成 Excel 或 PowerPoint 模板，然後套入你自己的資料。

職場應用

- 圖表工具目錄 The Chartmaker Directory（Visualizing Data, chartmaker.visualisingdata.com），探索它的二維矩陣型，找到合適的圖表類型與製作工具，點擊實心圓點還可看到解答教材與範例。
- 圖表參考手冊 Graphic Continuum（PolicyViz, policyviz.com/?s=graphic+continuum），它提供了六大類、90 多種圖表可供參考。
- 互動式圖表選擇器 Interactive Chart Chooser（Depict Data Studio, depictdatastudio.com/charts），請利用篩選器探索此工具。

各位亦可瀏覽以下網站，從他們的圖表庫中參考別人的作品來汲取靈感。請仔細思考每個圖表的成功（或失敗）因素，並引用（或避開）在你自己的作品中：

- Information Is Beautiful Awards（informationisbeautifulawards.com），此獎每年會精選出令人讚嘆的資訊視覺化、資訊圖表、互動式圖表以及資訊藝術作品，它的檔案中擁有數千個作品可供參考借鏡。
- Reddit: Data Is Beautiful（reddit.com/r/dataisbeautiful），此處提供了各種資料視覺化作品：圖、圖表與地圖。
- Tableau Public Gallery（public.tableau.com/s/gallery），各位可在這裡看到眾人發布在網路上、用 Tableau Public 製作的資料視覺化作品，並利用下拉式選單參考 Greatest Hits Galley。
- The R Graph Gallery（r-graph-gallery.com），想尋求靈感或協助嗎？你可在此看到數千個用 R 軟體製作的圖表。
- Xenographics（xeno.graphics），此處存放了許多新穎、創新與實驗性的視覺化作品，不但能激發靈感，還能讓你遠離圖表恐懼症。

習題2.24：一起討論集思廣益

請跟你的夥伴或團隊一起討論以下這些跟本課內容及習題有關的問題。

1. 我們吸收表格內容的方式跟圖表相比有何不同？用表格來呈現資料有何優缺點？在何種情況下應該使用表格？什麼情況則應避免？

2. 用圖表呈現資料時，常需考慮：該用 Y 軸加上標題和標籤，或是省略 Y 軸直接標示資料。你在做上述抉擇時，應該把哪些情況納入考量？

3. 用圖表呈現資料時，何時可以有條非零基準線？

4. 為什麼紙會是製作圖表資料的好幫手？要求你用紙筆畫草圖的習題對你有幫助嗎？未來你會繼續使用這種低科技工具嗎？請說明原因。

5. 用不同方式呈現同一組資料的目的是什麼？為什麼反覆嘗試並從不同觀點呈現你的資料很重要？未來你會在什麼情況下花時間這麼做？何時不應這麼做？

6. 《Google 必修的圖表簡報術》與本書所採用的範例，大都是基本型的圖表：很多線型圖與條狀圖。何時該採用較為新奇或罕見的圖表？採用聽眾前所未見的圖表，有何優缺點？你能採取哪些步驟以確保溝通成功？

7. 你的團隊或組織過去一直使用某種圖表來呈現資料、但你認為應該要改變？你要如何推動此一改變？你預期會遭遇哪些抗拒或反彈？你要如何解決？

8. 關於本章介紹的各種製圖策略，你會對你自己或你的團隊設下什麼目標？你如何確保你自己或你的團隊能做到？你會如何尋求回饋？

職場應用

拔掉干擾閱讀的雜草

我們放進圖表或投影片裡（或是含有圖表的頁面）的每個元素，都會增加聽眾的認知負荷——因為它們全都需要耗費腦力處理。所以簡報者對於放進交流內容的視覺元素，必須精挑細選，並刪除資訊價值不足以抵銷空間成本的「雜訊」。這堂課要教各位一個簡單但影響卻很大的技巧：如何找出並刪除沒必要出現在圖表裡的雜訊。我們將會練習多道習題，讓各位見識與體會去蕪存菁的強大威力。

趕緊來學習如何**拔掉干擾閱讀的雜草**！

但首先，我們要來複習《Google必修的圖表簡報術》第三課的重點。

該書的 第3課

首先, 讓我們複習

拔掉干擾閱讀的雜草

雜訊 徒占空間但無助於理解的視覺元素

認知負荷　學習新知所需耗費的腦力

我們放進頁面或 螢幕的每個元素, 都會增加聽眾的 認知負荷

所以我們要避免 放入無法提供資訊 的元素

缺乏 視覺秩序

(另一種雜訊)

善用對齊與留白

打造出俐落的 水平與垂直線條 避免將元素斜置

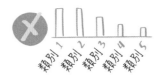

類別 1
類別 2
類別 3
類別 4
類別 5

類別 1
類別 2
類別 3
類別 4
類別 5

未經深思熟慮
的對比

鮮明的對比是一種訊號，
指示聽眾該注意何處

不要放進太多不同的元素，
否則看不出重點

格式塔的
視覺法則

描述人類如何與視覺刺激互動，
從而認知周遭事物的規律

我們可利用這些原則，幫忙找出並去除**雜訊**

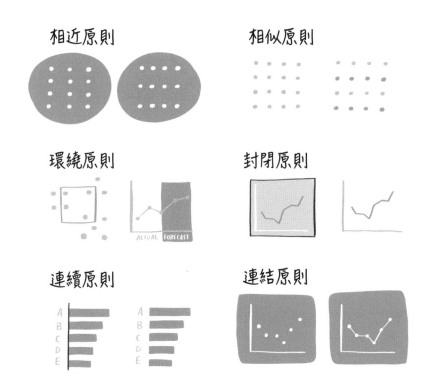

相近原則　　　　　　　相似原則

環繞原則　　　　　　　封閉原則

連續原則　　　　　　　連結原則

老師示範

3.1
此圖用了哪些格式塔視覺法則？

3.2
文字的呈現方式

3.3
善用對齊與留白

3.4
去除雜訊！

自行發揮

3.5
此圖用了哪些格式塔視覺法則？

3.6
找出一個你心儀的優質圖表

3.7
善用對齊與留白

3.8
去除雜訊！

3.9
去除雜訊！（二）

3.10
去除雜訊！（三）

職場應用

3.11
用紙筆開始練習

3.12
再想想：那個元素真的非放不可？

3.13
一起討論集思廣益

老師示範

我們先來熟悉格式塔的視覺法則，然後再探索如何運用這些法則將資料去蕪存菁，並做出聽眾更容易理解的圖表。

習題3.1：此圖用了哪些格式塔視覺法則？

格式塔的視覺法則指的是，人類如何與視覺刺激互動，並找出身邊世界的規律，《Google 必修的圖表簡報術》介紹了六種法則：相近（proximity）、相似（similarity）、環繞（enclosure）、封閉（closure）、連續（continuity）與連結（connection）。我們可以應用這些原則，凸顯出不同元素間的關係，使圖表更淺顯易懂，讓看的人不需費神思考（沒聽過上述原則且未讀過《Google 必修的圖表簡報術》的人，可透過這道習題的解題過程得知其細節）。

請各位仔細看下面這張圖表，它描繪的是某類藥品在一段期間內的實際與預估市場規模（按銷售總額計算），**你能看出此圖應用了哪些格式塔視覺原則嗎？各是以何種方式用在哪裡呢？**

解答3.1：此圖用了哪些格式塔視覺法則？

我在圖 3.1 應用了每一種原則，請看以下的逐一說明。

相近原則：相近原則用在好幾處。Y 軸的標題與標籤的距離相近，暗示觀眾必須一起理解那些元素。資料標籤緊鄰著數據標記，明確顯示出兩者的關係。

相似原則：圖表上方的部分文字，與其說明的對應數據，使用了相同的顏色（橘色與藍色），便是應用了相似原則。

老師示範

一段期間內的市場規模

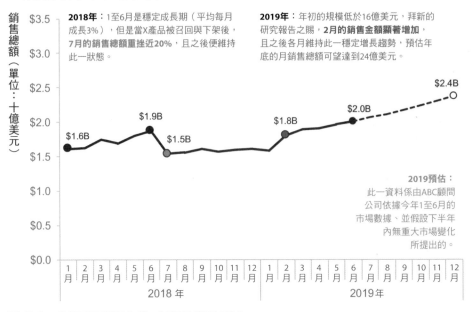

圖 3.1　此圖用了哪些格式塔視覺法則？

　　環繞原則：圖表右側的淺灰色陰影區，應用了環繞原則，既可區隔預估數據與過往的實際數據，又可將這段虛線與底部的文字說明包圍在一起，讓觀眾獲知更多的細節。還有 X 軸上的 2018 與 2019 年的折線，同樣也應用了環繞原則。

　　封閉原則：整張圖表應用了封閉原則。我並未在圖表周圍加上邊框，因為沒必要——封閉原則指出，我們會把一組獨立的元素（例如本圖中的折線與文字框），看成自己認得的形狀。而折線和文字框則被視為是整體的一部分。

　　連續原則：圖右側代表預估數據的虛線，應用了連續原則。這既凸顯出此線段的與眾不同，但仍可把它「視為」一條線。由於虛線本身會增加雜訊（它們是由好多個破折號構成，而非一條實線），所以我會建議只用來描述不確定的事物，本案例即是如此。

　　連結原則：折線圖本身應用了連結原則。我們把全部的月數據點連起來，讓觀眾更容易看出整體的趨勢。而代表金額的垂直 Y 軸與代表時間的水平 X 軸，同樣也應用了連結原則。圖中可能還應用了我並未直接提及的原則，在上述我提到的原則中，各位辨認出多少個？未來你會如何應用類似的策略呢？接下來我們還會透過數道習題，繼續檢視各種格式塔視覺原則的應用情況。

　　《Google 必修的圖表簡報術》第三課還介紹了對比、對齊以及保留留白等設計元素，它們都可有效提升圖表的溝通效果，我們稍後會再深入探討。

　　但現在我們要先來看看如何應用格式塔原則，讓觀眾一眼就能看到文字與其說明的對應數據。

習題3.2：文字的呈現方式

　　當我們要用圖表向別人說明某件事時，通常會做出一組圖文並茂的投影片。我經常遇到客戶將文字與圖表擺放在不同的頁面上，或是文字放在頂端、下面搭配一兩張圖表。其實文字與圖表是相輔相成的：文字幫忙說明某件事的來龍去脈，圖表則協助觀眾看到該件事的樣貌。

　　當設計者未貼心安排圖文的配置時，往往會對聽眾造成挑戰：當他們閱讀文字敘述時，必須自行從圖表中找出對應的數據資料。換言之，觀眾必須自己搞懂文字與圖表之間的關係。

　　千萬別讓你的聽眾這麼費力：這是你該做的事！

　　我們就來練習如何應用格式塔的視覺法則，清楚引導觀眾看到互相搭配的文字與圖表。請看以下的圖表，**我們可以應用哪些格式塔原則，將右側的文字適當連結左邊的圖表？**請寫下你的想法，並用畫圖或文字敘述的方式，說明你要如何應用各個原則。並請想像，如果是你來說明這份資料，你會怎麼做呢？

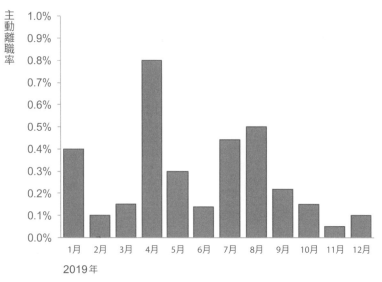

2019年每月主動離職率

重點：

4月公司改組，雖然
未裁撤任何職位，
但許多人選擇離職。

夏季的主動離職率
通常比較高，因為
基層員工常會辭職
回到學校繼續進修。

11及12月的主動
離職率通常比較低，
因為節日多的關係。

圖 3.2a　如何適當呈現文字與圖表？

解答3.2：文字的呈現方式

當觀眾在閱讀文字說明時，因為缺少視覺提示，所以不知道該參照圖表的哪個地方，以印證文字所言不虛。他們必須自行閱讀、動腦思考，並從圖表上搜尋。圖 3.2a 算是一個相當單純的範例──只要花點時間，觀眾是有辦法自己搞懂資訊的。但我不想麻煩觀眾自己「搞懂」資料；我想設計出盡可能不讓觀眾費神就能看懂的視覺資訊。所以我會應用格式塔的視覺法則，幫我適當呈現文字與圖表。

我用了其中四種原則幫我達到上述目的：相近、相似、環繞以及連結原則。接著我就來說明每個原則的應用方式。

相近原則：我把文字擺放在它所說明的數據資料附近，但要留意別干擾到觀眾閱讀資料的能力，請看圖 3.2b。

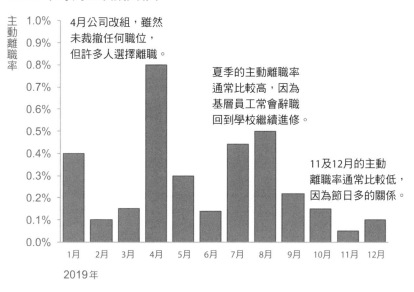

2019年每月主動離職率

4月公司改組，雖然未裁撤任何職位，但許多人選擇離職。

夏季的主動離職率通常比較高，因為基層員工常會辭職回到學校繼續進修。

11及12月的主動離職率通常比較低，因為節日多的關係。

2019年

圖 3.2b　**相近原則**

　　我運用了相近原則，將文字擺放在它所敘述的資料附近，幫觀眾省下一些工夫。不過觀眾仍需做出一些假設，或是閱讀 X 軸，才能確認文字敘述指的是哪些數據點。如果我們想要更快讓觀眾找到文字所對應的數據點，我們可以設法突出那些數據點。請看圖 3.2c。

　　在圖 3.2c 中，我把值得注意的直條加深顏色，也把文字敘述中的重點用粗體標示，讓觀眾一看就明白兩者間的關聯。不過各位要注意，把文字敘述直接放進圖表中時，有可能較難看懂數據資料的含義，或是形成干擾閱讀的雜訊，抑或是空間不夠、無法把文字敘述直接放在圖表中。遇到上述情況，不妨採用以下的解決方式。

　　相似原則。我們可以把文字放在右側，並應用顏色的相似性來顯示文字與圖表的關聯。請看圖 3.2d。

　　當我在看圖 3.2d 時，我的目光會上下左右來回打量。我會先從圖的左上

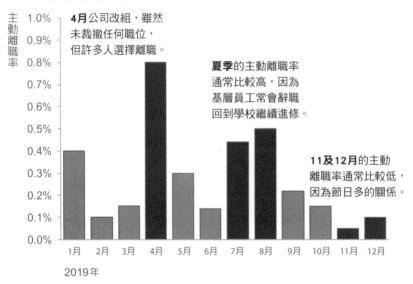

圖 3.2c　相近原則並強調重點

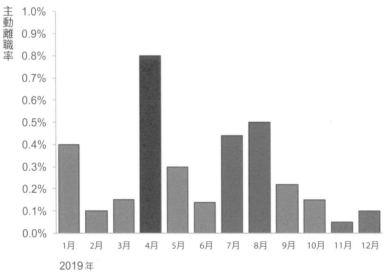

圖 3.2d　相似原則

方看起，接著目光掃視到右邊，並在紅色的直條上暫停，然後移往右側第一個區塊的文字並看到用紅色標註的「4 月」。接著我會往下閱讀第二個區塊內的文字，當我看到用橘色標註的「夏季」時，我的目光會瞄向左邊的橘色長條。最後，我的視線會暫停在藍色的直條，並閱讀右邊的文字敘述。這樣的瀏覽順序對我來說是很自然的，所以我頗常應用相似原則。不過我們再來看看其他的選項。

環繞原則：我們可以把文字與其描述的資料包圍起來，請看圖 3.2e。

我在圖 3.2e 刻意用淺灰色的陰影區將數據點與文字連結起來，但如果圖的形狀不同，此法的效果恐怕不會這麼好。比方說吧，如果九月的離職率為0.8%，這麼做就可能造成混淆，因為它會同時跨越第一及第二個陰影區，使得觀眾誤以為其中一個陰影區的文字是在描述它，但其實兩者皆與它無關。

雖然我喜歡這個圖的樣子，但是若跟應用了相似原則的圖 3.2d 相比，它其實還有另外一個缺點：缺少幫助我們談論此一資料的視覺提示。假設我是在

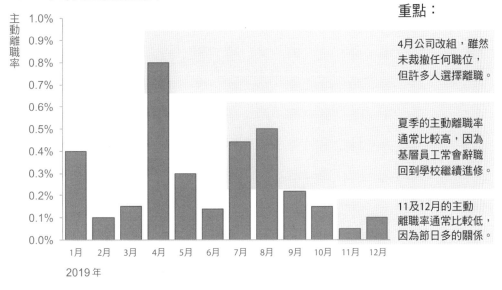

圖 3.2e　環繞原則

老師示範

現場簡報這份資料，我若能對聽眾說：「請看紅色的直條，它顯示……」或是「藍色的直條代表……」，會有利於溝通。所以我決定在陰影區加上顏色，以彌補此一缺點，請看圖 3.2f。

我還可以再更進一步，把陰影區的文字重點與相對應的直條圖都加上相同的顏色，這便是應用了相似原則。請看圖 3.2g。

連結原則：我們還可以實際上把文字與資料連結起來，讓兩者的關聯一目了然，請看圖 3.2h。

拜資料的配置以及各個直條高低不同之賜，讓此法產生不錯的效果。當你只需用幾條線水平連結文字與資料時，就能製作出最俐落的圖表（但若用斜線連結，畫面會顯得混亂，如果你非用斜線不可，我建議你不如改採相似原則）。使用這些連結線的目的是提供參考，所以淺色的細線即可，以免分散觀眾的注意。

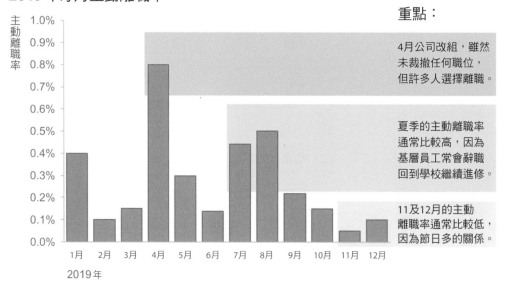

圖 3.2f 環繞原則加顏色區隔

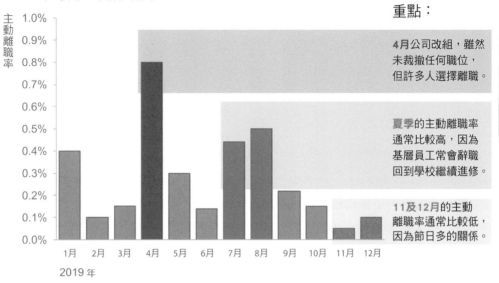

圖 3.2g 環繞原則加相似原則

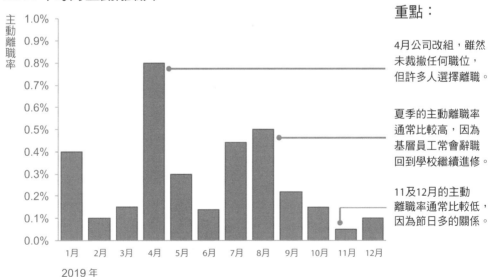

圖 3.2h 連結原則

老師示範

不過圖 3.2h 還不夠完善,觀眾必須閱讀中段的文字敘述,才會知道它所指的資料還包含 7 月;最末段也有相同的情況,文字敘述涵蓋的資料包含 12 月在內。若想減輕觀眾的負擔,只要再加上相似原則即可,請看圖 3.2i。

圖 3.2i 同時應用連結原則與相似原則,清楚表明文字敘述所對應的圖表資料。

在以上各組改造圖中,應用了相似原則的圖 3.2d 是我的最愛,至於圖 3.2i 則以些微差距屈居第二。各位肯定也想出很多好方法,你我的方法是差不多還是差很大呢?在讀完我的解說之後,你仍決定採用原本選擇的溝通方式嗎?

我要再次強調:正確答案不只一個。每個人都可以選擇自己偏好的方法,最重要的是,盡量減輕觀眾的認知負荷。當你要同時呈現文字與數據資料時,務必要讓觀眾在閱讀文字時,清楚知道他該看哪個資料做為印證;當他觀看數據資料時,又能快速對應到提供細節說明的文字敘述,格式塔視覺法則能夠幫助各位達到這個目標。

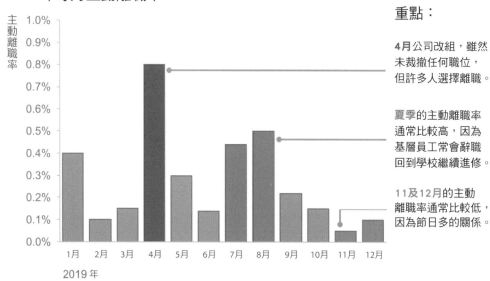

圖 3.2i 連結原則加相似原則

習題3.3：善用對齊與留白

前兩道習題讓各位見識到，格式塔的視覺法則能幫助我們架構出有效的圖表，但去除礙眼的視覺雜訊也是很重要的。當頁面上的元素沒有對齊、又缺少留白時，看起來就顯得雜亂無章。對齊與留白的概念跟整理凌亂的房間很像：把每樣東西放到正確的位置，奇蹟就出現了——一模一樣的東西現在看起來變得整齊又順眼了。

我們來做一個快速的習題，看看我們該如何把整理房間的概念應用在圖表上。對齊與留白這兩個看似不大重要的元素，其實對於視覺設計的整體外觀與感覺影響很大，而且還能讓觀眾輕鬆吸收我們要傳達的訊息。

請看圖 3.3a，這張投影片顯示的是 X 藥品透過 A、B、C 三種宣傳方案，各爭取到多少百分比的醫師開立處方箋。位於斜線左側的是「舊用戶」（之前便曾開立過此藥的醫師），右側則是「新用戶」（第一次開立此藥的醫師）。

請各位想想看：**你要如何運用對齊與留白來改善這張圖？你還想做出其他的改變嗎？**（此刻各位只要聚焦於如何更妥善地安排整個頁面的配置，不需煩惱哪種圖表才是呈現此一資訊的最佳方式。）請把它們寫下來。

解答3.3：善用對齊與留白

圖 3.3a 看起來很不用心，讓人感覺只是把所有元素隨便放進投影片裡。其實只消花個幾分鐘，做些對齊與留白的簡單變化，就能讓整個畫面看起來整齊有序，也讓資訊更容易吸收。

首先，我們來討論對齊。目前投影片上的文字全都是置中對齊，但我個人會避免這麼做，因為這會讓文字看起來懸在空中。再者，把分成好幾列的文字置中對齊時，會形成鋸齒狀的邊緣，看起來就很不整齊。所以我個人偏好使用靠左或靠右對齊的文字框，讓所有元素形成整齊的垂直或水平線條。此一作法形同應用了格式塔的封閉原則——靠左對齊後形成的框線，幫忙把投影片的所有元素合為一體，不再「各自為政」。因此我把投影片頂端的重點、圖表的

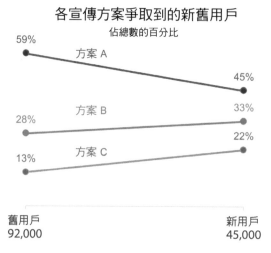

X藥去年獲得4萬5千名新用戶

各宣傳方案對新舊用戶的影響力不同

各宣傳方案爭取到的新舊用戶

佔總數的百分比

59%

方案 A

45%

方案 B

33%

28%

22%

13%

方案 C

舊用戶
92,000

新用戶
45,000

雖然A方案吸引到最多客戶，但是它們吸引新用戶的能耐不及舊用戶。

B方案與C方案引進的新用戶比例皆高於舊用戶。

我們要如何利用這項資料規劃未來的宣傳策略？

圖 3.3a 我們要如何善用對齊與留白？

標題以及左側的 X 軸標籤（舊用戶，92,000）全都靠左對齊。我還把原本位在圖表內的舊用戶資料標籤往左移、把新用戶的資料標籤往右移。我也把原本放在圖表中間的 ABC 宣傳方案移到右側，讓它們與右側的三個資料標籤並列（究竟要把它們與左側或右側的資料標籤並列，端看我想要觀眾的注意力放在哪一邊而定）。最後，我把圖右側的文字敘述也全都靠左對齊。

我把大多數的文字都靠左對齊（唯一的例外是 X 軸上的新用戶與 45,000 標籤，我把它們靠右對齊，以便打造出右側的邊框）。應選擇靠左還是靠右對齊（選擇置中對齊的情況頗為罕見），要看頁面上其他元素的配置而定。重點是要打造出整齊俐落的垂直或水平線條。有時候把文字靠右對齊也行得通，而且各位將會在本書中看到不少例子。針對這一題，我也試過把文字靠右對齊，但是這麼一來卻在頁面的中間產生了鋸齒狀的留白，讓我覺得很礙眼，所以最後我選擇把文字靠左對齊。

　　我也做了一些跟留白有關的改變，我把圖表標題往上移，讓它跟圖之間產生一些空間。我還把圖的寬度變小，目的有二：其一，騰出空間把一些資料標籤擺放到右側；其二，讓上述標籤與右側的文字框之間有些空間。不過在這個區域裡最大（且最容易做到）的改變，可能要算把右側的文字之間加上行距，這樣比較容易閱讀也更美觀些。

　　圖 3.3b 即是改良後的模樣。

　　比較前後兩圖，你對於改良後的圖 3.3b 與原本的圖 3.3a 相比有何感想？我個人頗喜歡圖 3.3b 呈現的井然有序，這是原圖所欠缺的。

　　各位的改善方式可能與我的作法不盡相同，這是 OK 的。重點是：使用對齊與留白時要多用點心思，因為這些小地方的影響力其實很大！

　　我們將會在第五課練習更多道習題，屆時各位就會明白，用心留意視覺設計的細節，可是好處多多喔。

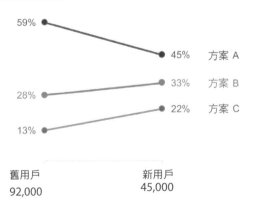

圖 3.3b　對齊與留白改善頁面的配置

習題3.4：去除雜訊！

資料視覺化的雜訊，往往來自非必要的圖表元素：例如邊框、格線、數據標記。這些雜訊會使圖表顯得過度複雜，並使觀眾耗費更多工夫搞懂自己正在看的是什麼資料。其實只要拿掉這些不必要的元素，資料就能更加一目了然。我們趕快來探討去除雜訊的好處吧。

請看圖 3.4a，它呈現的是一段期間內直接與間接銷售、各需要多少天才能完成交易。

你能去除哪些視覺元素？你打算做出哪些改變，好讓這個圖表所呈現的內容或是它的呈現方式，能減輕觀眾的認知負荷？請花點時間好好思考，然後寫下你想做的改變。

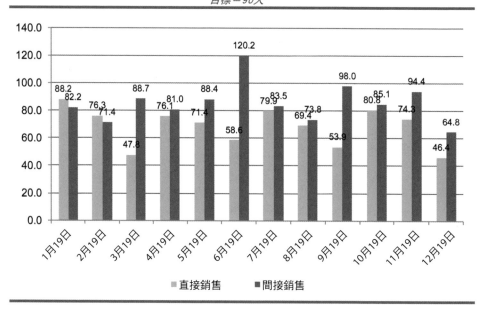

圖 3.4a 練習去除雜訊！

解答3.4：去除雜訊！

我一共找出 15 個想要修改的地方，如果你列出的數目少於此數，請回頭把原圖再多看「幾眼」，嘗試能否找出更多需要修改的地方，然後再看我的解答。

準備好了嗎？請看我會怎麼做——一步一步來——並了解每個動作背後的思考過程。

1. **去除粗線**。介於標題與圖之間的那條粗橫線以及底部的邊框都是多餘的。封閉原則業已揭示：這張圖屬於一份完整的資料——那些邊框根本是多此一舉。只需用留白將標題與圖表跟其他元素分隔開來即可。

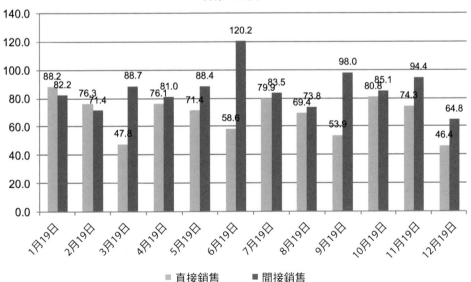

圖 3.4b　去除粗線

2. **去除格線**。格線是沒必要的！光是去除邊框與格線，就讓資料變得更加清晰易讀，請看圖 3.4c。

老師示範

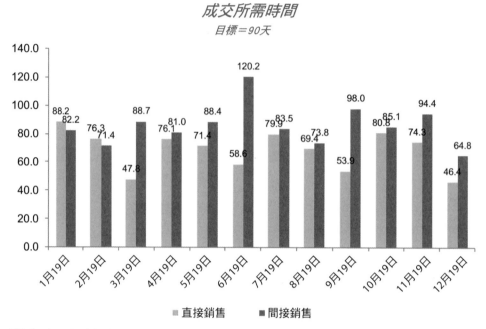

圖 3.4c 去除格線

3. **去除 Y 軸標籤上的尾隨零**（trailing zeros）。尾隨零是我最討厭的東西之一！小數點後面的零完全沒提供任何資訊──立刻去除它們。我還打算更改 Y 軸的間隔天數，雖然以本圖的數字規模而言，每隔 20 天就加個註記還算合理，但因為我們描繪的是天數，所以一開始我打算每隔 30 天（約一個月）就加個註記；但如此一來 Y 軸會顯得太稀疏，所以我決定每 15 天標記一格，並替 Y 軸加上標題，以方便觀眾理解。我個人偏好直接幫座標軸加標題，這樣觀眾才不會心存疑惑，或是必須自己做些假設。

4. **改掉 X 軸的文字斜置**。把英文字斜置看起來就覺得雜亂，研究業已證實把英文字斜置不如水平置放好讀（把英文字直放就更難閱讀了）。如果你在交流時很在意資料的轉換效率──我個人就很重視這點──請盡可能將英文字水平置放。

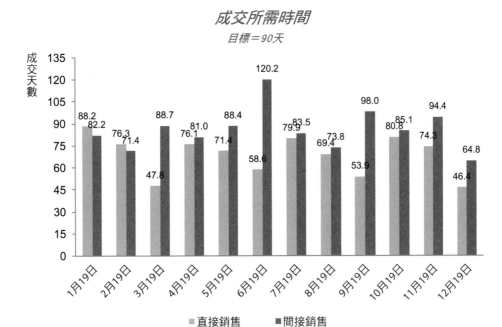

圖 3.4d　去除 Y 軸標籤上的尾隨零

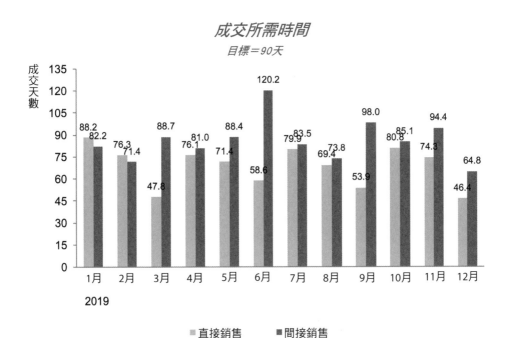

圖 3.4e　改掉 X 軸的文字斜置

文字斜置的情況通常出現在 X 軸，因為要替每個日期都重複標上年度──這種作法既多餘又耗空間，結果不得不將日期斜置。要避免前述狀況，可使用月份的縮寫當作 X 軸的主要標籤，然後把年度當作 X 軸標籤的超類別（supercategory），或是把年度當作軸標題。這裡我直接把年度（2019）當作 X 軸的標題，明確交代日期的範圍。

5. **把直條加粗！**還有一種情況也會令我覺得很礙眼：直條的間隙比直條的寬度還大。我的改造方式是把直條加粗，這點恰好呼應格式塔的連結原則，當直條間的距離縮小後，我的眼睛便開始打量著把各個直條連結成一條線（如果你的清單上也寫了把直條圖改成線型圖，那就跟我的想法不謀而合──稍後我們就會提到啦！）。

6. **把資料標籤放進直條裡。**現在直條已經被加粗了，所以有足夠的空間可讓我把資料標籤放進直條裡。我在這裡使出一個迷惑視覺的障眼法。請

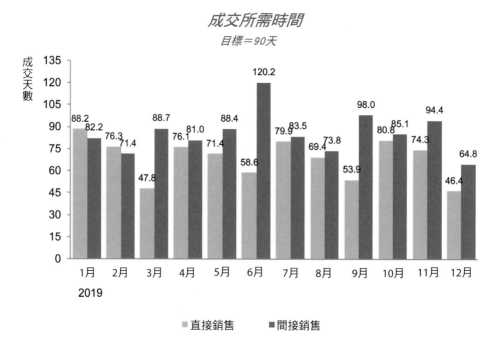

圖 3.4f **把直條加粗！**

各位回顧前一個試作圖（圖 3.4f），資料標籤被放在直條外，使得它
們看起來像是兩個不相干的元素。但現在直條既已加粗，便有足夠的空
間把兩者合為一體。把兩個原本各自獨立的元素變成一個單一元素，看
似減輕了觀眾的認知負荷，但實際上我們並未刪除任何一個數據資料。
其次本例的原圖，把每個資料標籤都顯示到小數點後一位，但其實以本
案例的數字規模而言，根本沒必要搞得那麼複雜（很多人都誤以為小數
點後的位數愈多，就代表數字愈精確）。把資料標籤四捨五入至整數位
還有一個附帶的好處：放進直條裡的標籤看起來很俐落，不會顯得擁
擠。我還把標籤反白（而非原本的黑色），這純粹是出於個人的偏好，
我很喜歡白色標籤顯現在藍綠直條上所形成的對比，如圖 3.4g。

7. **移除資料標籤。** 在上一個步驟，我把資料標籤改為四捨五入至整數位，
並把它們放進直條裡。不過我們既然已經對 Y 軸加上標籤，就沒必要

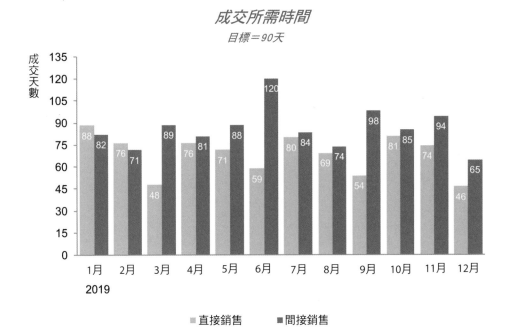

圖 3.4g　**把資料標籤放進直條裡**

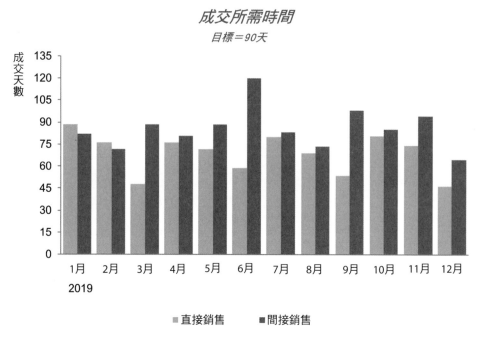

圖 3.4h　刪除資料標籤

　　再逐一標示每個數據點——這根本是多此一舉。我們在繪製資料時，經常需要決定是否保留座標軸，或是刪除軸、直接標記資料點？你應該根據特定數值的重要程度，來決定是否要呈現詳細的數據。如果你認為聽眾必須知道，11 月的直銷成交天數是 74 天，但 12 月僅花了 46 天，那麼你就該直接標示數據，並省略 Y 軸的標籤。反之，如果你希望聽眾將焦點放在資料的形式或是整體的趨勢或關係，那麼我會建議你保留座標軸，避免讓圖表上有多餘的資訊。

　　就本案例而言，我會假設呈現資料的概況與整體趨勢較為重要，所以我選擇保留 Y 軸，並全數刪除直條裡的資料標籤。

8. **改成線型圖**。如果你一直感到狐疑：「既然要呈現一段期間內的資料，不是該用線型圖才對嗎？」我完全認同你的想法，接著就來看看，把直條圖換成線型圖的效果如何。這不但減少了墨水量，而且整個設計感覺

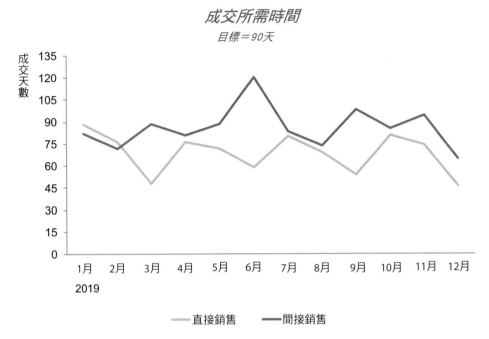

成交所需時間
目標＝90天

成交天數

135
120
105
90
75
60
45
30
15
0

1月 2月 3月 4月 5月 6月 7月 8月 9月 10月 11月 12月

2019

—— 直接銷售　　—— 間接銷售

圖 3.4i 改成線型圖

更簡潔俐落。從減輕認知負荷的觀點來看，改成線型圖十分正確：用兩條線一口氣換掉二十四根直條，真是太「划算」了。

9. **直接加上資料標籤**。請回顧圖 3.4i，並找出圖例。你可能花了點時間搜尋才能找到它，對吧？既然我們已經刪掉好幾項可能產生認知負荷的元素，照理它應該變得比較顯眼才對。身為資訊設計師的我們，必須貼心地設想觀眾的各種需求，這樣他們才不必費神猜想自己看的是什麼資料。

　我們可以應用格式塔的相近原則，把標籤直接標記在它們所描繪的資料旁邊，這麼一來觀眾不必搜尋圖例就知道如何解讀資料。

10. **資料標籤與所述資料改用同色**。除了應用相近原理——把資料標籤放在它們所敘述的資料旁邊，我們還可應用相似原則，把資料標籤的顏色改成跟資料一樣，這樣就形成了另一個視覺提示，讓觀眾一看就知道這兩者是有關聯的。

老師示範

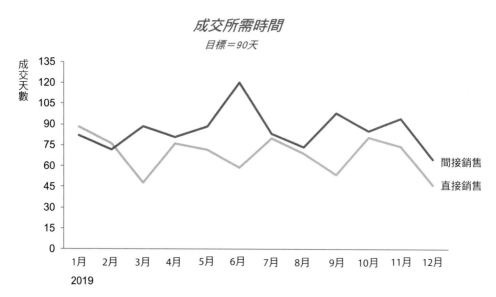

圖 3.4j　直接加上資料標籤

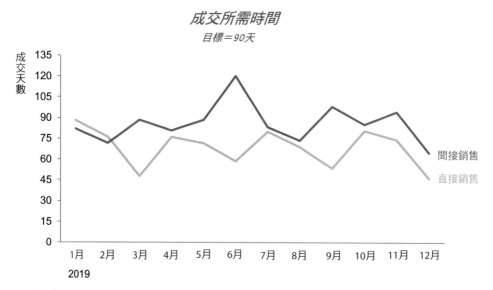

圖 3.4k　標籤與資料使用相同顏色

11. **標題移至左側最上方**。在沒有其他視覺提示時,觀眾會從頁面或螢幕或圖表的左上角開始看起,並以「之」字型的路徑瀏覽資訊。因此,我偏好把標題、軸標題、標籤、圖例,放在畫面的左側最上方。這麼一來觀眾在實際看到資料之前,會先看到該如何讀這份資料的指示。誠如我們在習題 3.3 所討論過的,我一向避免把文字全部置中對齊,因為這會讓文字看起來高掛在空中(請回顧圖 3.4k 的圖表標題位置)。其次,當文字敘述有好幾行時,置中對齊會產生鋸齒狀的邊緣,看起來很不整齊。所以我除了把標題移到圖的左側最上方,也把它從斜體改正,因為斜置元素不易閱讀,所以是不必要的設計。

12. **拿掉圖表標題的顏色**。截至目前為止,此範例的標題一直是藍色,各位有沒有發現到,這會令你不自覺地把它跟間接銷售的趨勢線連結起來?那是格式塔的相似原則在作祟:我們會不自覺地把相同顏色的事物看成是有關聯的。所以我會去掉標題的顏色(後續我們會探討相反的作法,為了應用格式塔的相似原則,幫標題加上某些顏色)。

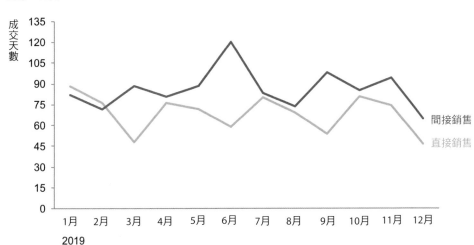

圖 3.4l **把標題移至左側最上方**

老師示範

成交所需時間

目標＝90天

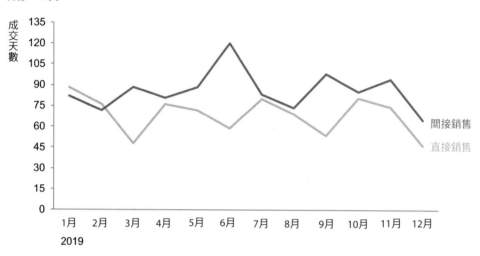

圖 3.4m　去掉圖表標題的顏色

13. **把目標放進圖中**。原圖中的副標題指出，我們設定的目標是在九十天內成交，如果我們想呈現資料與目標的關係（我們是超越目標？未達標？），何不直接把目標放進圖表中，這樣觀眾一眼就能看出端倪。

14. **找出目標線的最佳呈現方式**。上一個圖中的目標線相當顯眼，但我們要來嘗試一些不同的觀點。這是個很好的案例，讓各位了解在製作圖表的過程，應給自己足夠的時間，反覆嘗試各種不同的表達觀點，從而找到溝通效果最棒的圖表。我個人很喜歡用虛線來表示目標或終點，但如果線條太粗的話，反倒會喧賓奪主。但是把線變細，又太不起眼——所以要精心設計，既能讓觀眾很容易就看到目標線，但又不會過度「搶鏡頭」。我也喜歡把字數較短的英文字用大寫表示，例如 GOAL，因為這樣既顯眼又可打造出好看的長方形（如果是寫成 Goal，因為四個字母的高度不一致，看起來就沒那麼整齊俐落）。

我們來看最後一個試作版本的放大圖。

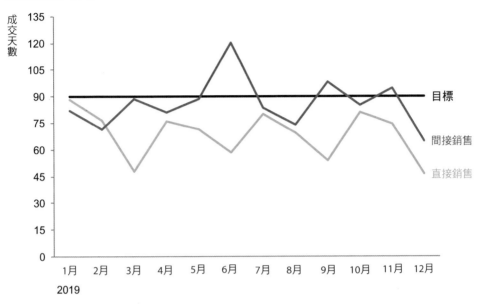

圖 3.4n　把目標放進圖中

反覆試作目標線

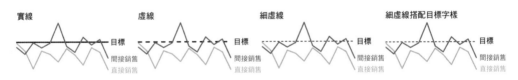

圖 3.4o　找出目標線的最佳呈現方式

15. **去掉顏色**。其實這個圖裡的兩條折線區隔相當明顯,我們根本沒必要刻意用顏色來區分它們,所以我決定把全圖改成灰色,等我們需要抓住觀眾的注意時再把顏色放回來——下一步再那麼做吧。

　　匯集聽眾的注意力。關於去除視覺資料裡的雜訊,至此我們算是向前跨出了一大步,但去除雜訊的最終目的,其實是要引導觀眾的注意力放在我們想要

老師示範

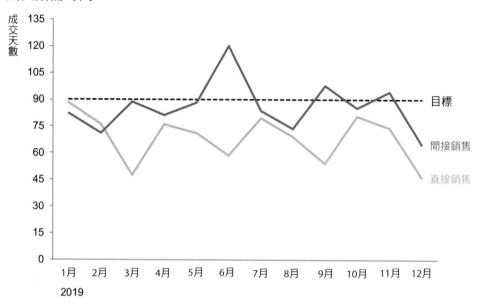

成交所需時間

圖 3.4p 我最愛的目標線版本

傳達的訊息上。我在前一個圖，把所有的資訊全都淡入背景——讓整張圖都變成灰色。這麼一來我不得不仔細思考，我該在**何處用什麼方式**引導觀眾注意這份資料的重點。我們姑且假設我們想要觀眾注意間接銷售的變化，請看圖3.4r。

我特意把圖表的標題重點，與間接銷售的趨勢線使用相同的顏色，凸顯出兩者的關係。乍看之下這似乎跟原圖一樣，都使用藍色來標示圖表標題與間接銷售的趨勢線，但其實兩者並不能相提並論，因為這裡的作法是經過思考的刻意安排。當觀眾讀了「**間接銷售的年度起伏**」的標題後，即可在看圖前就知道自己看的是什麼資料。再者，如果我們換個角度，從可搜尋性的觀點來看，即便只是瞄一眼，藍的文字與折線便立刻吸引我的注意，而且我很快便明白此一資料的重點：每個月的間接銷售成交天數是不同的。

把注意力引導至別處。只要運用相同的策略，特別標註某些資料點，就可把觀眾的注意焦點轉移到別的地方，請看圖 3.4s。

老
師
示
範

成交所需時間

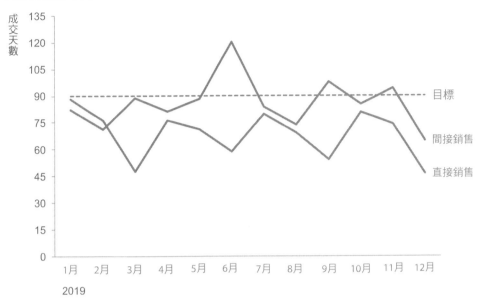

圖 3.4q　去掉顏色

成交所需時間：**間接銷售的年度起伏**

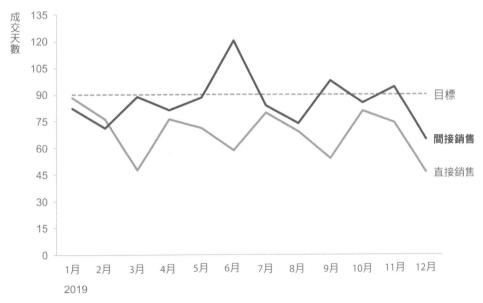

圖 3.4r　聚集注意力

老師示範

添點顏色更吸睛。我打算把上個例子做更進一步的發揮：再加入另一種顏色。為了避免紅綠色盲者看不到，我通常不會用「綠色」來代表「好」、用「紅色」來代表「壞」，而是用鮮橘色代替紅色，因為兩者皆會讓觀眾產生負面的聯想，而且鮮橘色比其他顏色更為搶眼（至於選用這種藍色，是為了配合客戶的品牌管理）。

把聽眾的注意力匯聚到另一個重點。接下來我們並不打算強調未達標的狀況，而是希望觀眾注意另外一個重點：不論是間接還是直接銷售，我們大多數時候都是達標的。我們可以用文字和顏色呈現出此點，本案例是在折線的尾端加上標記與資料標籤，這樣觀眾一眼就能看出這一年來間接與直接銷售的優勝劣敗，以及兩者在 12 月的成交天數各是多少天。

我們會在第四課介紹更多引導聽眾注意力的策略。

接下來，我們要讓各位自行發揮囉。

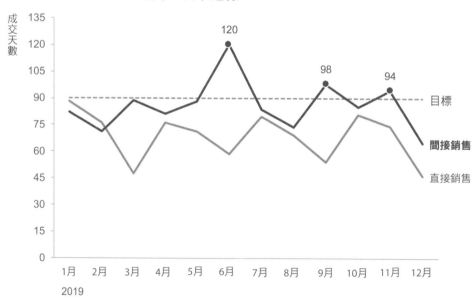

成交所需時間：間接銷售三次未達標

圖 3.4s 把注意力引導至別處

老師示範

成交所需時間：間接銷售三次未達標

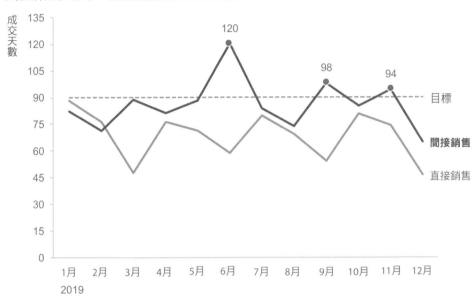

圖 3.4t **添點顏色更吸睛**

成交所需時間：大多數時候皆達標

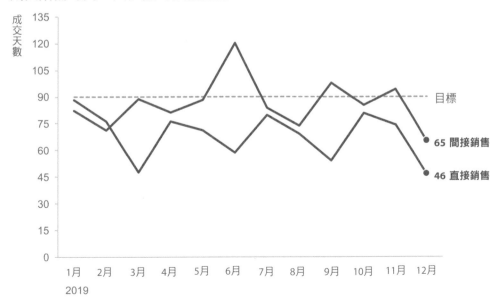

圖 3.4u **把注意力匯聚到另一個重點**

自行發揮

累積小小的變更，就能產生大大的影響——減輕聽眾的認知負荷，讓視覺化的資訊更容易理解。我們要繼續練習如何找出雜訊並加以去除。

習題3.5：此圖用了哪些格式塔視覺法則？

我們從之前的數則習題已經見識到，格式塔的視覺法則能夠幫助我們編排資料、找出雜訊並加以去除，以及用多種方式凸顯相關元素的關係。請各位試著運用我們介紹過的六種原則——相近、相似、環繞、封閉、連續、連結——來改善下述圖表。**請問圖 3.5 用了哪些格式塔視覺法則？**用在何處？如何使用？每種原則各產生什麼樣的效果？

荷包佔有率（wallet share）的成長類型

成長類型	客戶數	增加佔有率的商機（單位：百萬美元）	維持佔有率的商機（單位：百萬美元）
快速成長型	407	$1.20	$16.50
成長型	1,275	$8.10	$101.20
穩定型	**3,785**	**$34.40**	**$306.30**
下跌型	**1,467**	**$6.50**	**$107.20**
快速下跌型	623	$0.40	$27.70
總計	7,557	$50.60	$558.90

穩定與下跌佔總數的百分比

69%　　**81%**　　**74%**

全部客戶數　　增加佔有率的商機　　維持佔有率的商機

圖 3.5　此圖用了哪幾種格式塔原則？

習題3.6：找出一個你心儀的優質圖表

　　找出一個你認為溝通效果極佳的圖表，你可以從自己的作品中、別人的作品、媒體、我們的官網或是其他來源中尋找。**這個圖表是否使用了任何一種格式塔原則？我敢打賭一定有。請指出它用了哪些原則？如何使用？請把它們列舉出來！**每個原則各產生了哪些效果？它還有其他哪些優點？它能溝通成功的原因何在？請參考以下的重點摘要，並用一兩段文字回答上述問題。

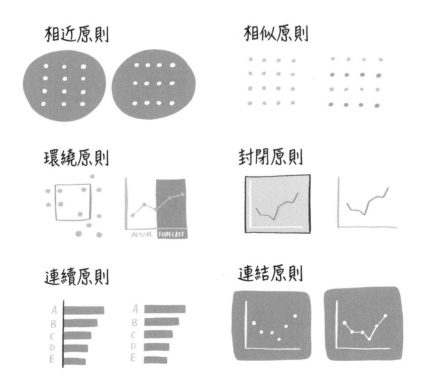

自行發揮

格式塔的
視覺法則

描述人類如何與視覺刺激互動，
從而認知周遭事物的規律

我們可利用這些原則，幫忙找出並去除**雜訊**

相近原則　　　　　　　相似原則

環繞原則　　　　　　　封閉原則

連續原則　　　　　　　連結原則

習題3.7：善用對齊與留白

對齊與留白這兩個視覺設計的元素，如果運用得當，觀眾並不會意識到它們的存在；但如果沒有安排妥當，就會令圖表看起來雜亂無章，或是沒有留意細節，使得觀眾無法聚焦於我們的資料和訊息。請看圖 3.7，它顯示的是某食品廠針對旗下不同飲料產品線擴充所做的消費者好惡研究，請完成以下步驟。

步驟 1：你會建議做出哪些具體的改變，以期有效運用對齊與留白，請寫下你的建議。**步驟 2**：請回顧本章先前教過的其他課程（善用格式塔視覺法則、去除雜訊、使用對比）。你會建議去除哪些雜訊以改善此圖？**步驟 3**：下載資料，並做出你建議的那些改變；或是把資料輸入你偏好的工具，並運用對齊與留白技巧打造出一個零雜訊的視覺圖表。

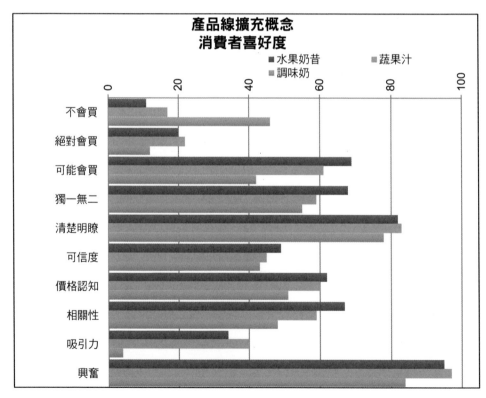

圖 3.7 如何運用留白與對齊改善此圖？

習題3.8：去除雜訊！

　　我們從之前的範例已經見識到，找出圖表中不須存在的雜訊並予以去除，是很有價值的：每拿掉一項元素，我們的資料就會更突出，而且釋放出空間讓我們放入真正重要的事物。所以接下來我們還要繼續練習去蕪存菁的重要技巧，請各位透過以下的習題，試著找出不同類型的雜訊。請看圖 3.8，它呈現的是一段期間內的顧客滿意度，**你能去除哪些非必要的視覺元素？你還會做出哪些改變，以減輕觀眾的認知負荷？**寫下你打算將此圖表去蕪存菁的種種改變吧。請下載資料，並把你剛剛寫下的改善計畫付諸實行，或是把這些資料輸入你偏好的工具，並打造出一張零雜訊的視覺圖表吧。

自行發揮

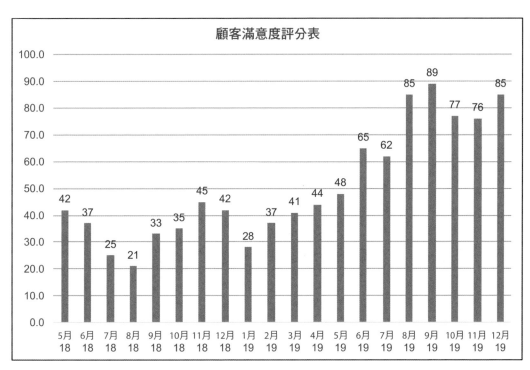

圖 3.8　去除圖表雜訊！

習題3.9：去除雜訊！（二）

雜訊有好多種不同形式，我們再來看另外一種需要去除雜訊的圖表。

請看圖 3.9，它顯示的是某全國連鎖汽車經銷商每月賣出的車輛數，**你能去除哪些非必要的視覺元素？你還會做出哪些改變，以減輕觀眾的認知負荷？**寫下你打算將此圖表去蕪存菁的種種改變吧。

請下載資料，並把你剛剛寫下的改善計畫付諸實行，或是把這些資料輸入你偏好的工具，並打造出一張零雜訊的視覺圖表吧。

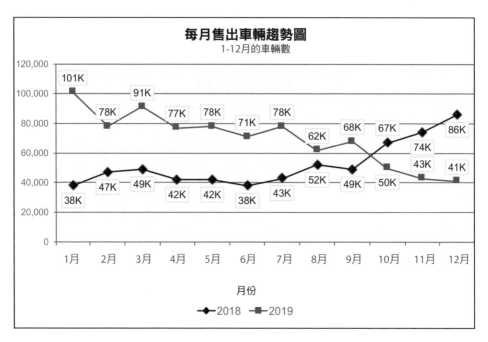

圖 3.9 **去除圖表雜訊！**

習題3.10：去除雜訊！（三）

請看圖 3.10，它顯示的是顧客使用某家銀行各項自動付款機制的情況（以

自行發揮

百分比呈現），**你能去除哪些非必要的視覺元素？**你還會做出哪些改變，以減輕觀眾的認知負荷？寫下你打算將此圖表去蕪存菁的種種改變吧。請下載資料，並把你剛剛寫下的改善計畫付諸實行，或是把這些資料輸入你偏好的工具，並打造出一張零雜訊的視覺圖表吧。

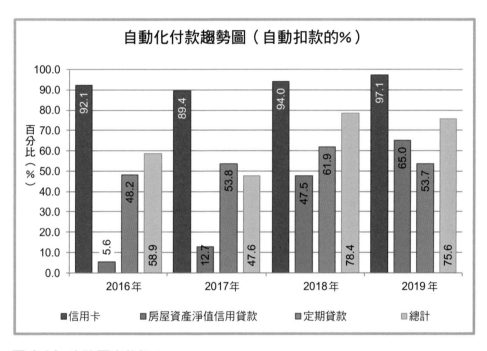

圖 3.10 **去除圖表雜訊！**

職場應用

再看幾個可以立即應用在職場上的小訣竅，並思考一些問題後，我們就要結束這一課了。記得：千萬別讓圖表中的非必要元素毀了你的溝通成效！

習題 3.11：用紙筆開始練習

　　相信很多人都沒想到，造成圖表中出現雜訊的「幫兇」，竟然是我們使用的工具。當我們用原子筆或鉛筆手工繪圖時，一筆一畫都要耗費力氣，所以我們比較不會「畫蛇添足」，換言之，手工繪圖時比較不會把無意義的元素放進我們的設計裡。就像我曾在第二課建議大家用紙筆來進行腦力激盪，並反覆試做不同觀點的圖表，用手工繪圖去除雜訊同樣好處多多。請找出某個你必須向別人溝通資料的專案，花點時間理解與熟悉你要溝通的資料，**拿出一張白紙來試畫你的草圖吧**。仔細思考你是否加入了任何非必要的元素，等你在紙上做出正確的圖表後，再選擇適當的工具或專家來落實你的想法吧。

習題 3.12：再想想：那個元素真的非放不可？

　　當我們花費時間和精力完成某樣東西後，往往很難用客觀的眼光看待它，並決定該刪除哪些東西。所以在完成圖表後最好能暫停一下，並問自己以下這些問題。你也可以拿某個定期報告中的圖表，練習如何找到與去除雜訊。

- **你能去除哪些視覺雜訊？** 你的資料或訊息中，含有任何非必要且會令人失焦的元素？邊框與格線通常都可以去除。圖表有必要搞得那麼複雜

嗎？你該如何簡化？哪些作法好像有用？你要如何補救？你可以做出哪些改變以減輕認知負荷？

- **你能精簡多餘的資訊？**清楚的標題和標籤的確很重要，但是沒必要的資訊就該刪掉。比方說吧，座標軸或資料標籤通常擇一使用即可，不必兩者皆備。雖然讓聽眾知道計量的單位很重要，但是沒必要每個資料點都註明。用對標題有助於資料的精簡。

- **你呈現的資訊都是必要的嗎？**逐一檢視圖表或簡報中的每個資料，確認是否為必要資訊。在你動手刪除任何資料之前，先想好這麼做可能造成哪些脈絡跟著喪失。還有，仔細思考：該呈現什麼樣的時間架構？比較的重點是什麼？它們都一樣重要嗎？呈現什麼樣的頻率才合理——有時候把每天的例行資料整併成周報表，或是把每個月的例行資料整併成季報表，不但可以達到簡化資料的效果，還能讓觀眾更容易看到整體的趨勢。

- **哪些元素可以淡入背景？**圖表或頁面上的所有元素並非同等重要，你可以利用灰色把不具資訊價值的元素淡入背景，並運用鮮明的對比來引導觀眾的注意。

- **尋求回饋。**找位同事來看你的圖表，請對方盡量提問，你則有問必答。如果你要對方「別管這個」，或是對方一直問一些你覺得你已經交代得很清楚的事情，那麼你的圖表恐怕需要再回鍋修改，把一些次要元素淡入背景或是全數刪除。做些更動後再找另外一位同事來複審，根據你獲得的回饋重複修改你的圖表，讓你的作品從 A 進步到 A+。

職場應用

習題3.13：一起討論集思廣益

以下是與本課程及習題有關的問題，請與一位夥伴或小組一起討論。

1. 辨識並去除雜訊的重要性何在？你會去除簡報中哪些常見的雜訊類型？何時不必花時間去除雜訊？

2. 說到格式塔視覺法則，你偏好運用其中哪些原則？你會怎麼做？其中是否有你覺得行不通的？或是你不清楚該怎麼用的？

3. 你使用的圖表應用程式，是否經常把某些雜訊加入你的視覺作品？你如何精簡你的去除雜訊程序以提升該工具的效率？

4. 我們看過好幾個範例，是用直條圖來顯示一段時間內的資料，從去除雜訊的觀點來看，如果改用線型圖來呈現會有什麼好處？何時該這麼做？在哪些情境你會使用直條圖？

5. 你從這一課中學習到哪些有用的訣竅與策略，而且未來會應用於你的作品中？你會在何處使用？要如何運用？哪些情況你絕對不會用？

6. 善用對齊、留白與對比：只是為了要讓圖表看起來更漂亮，還是有其他好處？留意這些細節重要嗎？你會怎麼做？

7. 你能想到雜訊也能派上用場的情況嗎？何時？為什麼？

8. 對於本課介紹的各種策略，你會為你自己以及你的團隊設定什麼樣的具體目標？你如何確保自己或團隊達到這個目標？你會向誰尋求回饋？

職場應用

把聽眾的注意力
吸過來

　　你想要聽眾看哪裡？這是個簡單的問題，也是我們在製作圖表與附資料的投影片時，必須仔細考量的重要問題。我們可以在圖表中採取某些安排，讓聽眾清楚他們該注意哪些資料、並用正確的順序觀看。本課要教大家如何善用前注意特徵（preattentive attributes）——例如顏色、大小，以及頁面位置——來引導聽眾的目光。每個人在觀看資料時，未必會看到相同的事物，但我們可以透過精心安排的設計，幫助聽眾聚焦在正確的訊息上。我們就來學習如何**吸引聽眾的注意力吧**！

　　但我們要先來複習《Google 必修的圖解簡報術》第四課的重點摘要。

SWD
該書的
第4課

首先, 讓我們複習
把聽眾的注意力吸過來

用大腦
看東西

簡化的視覺流程運作圖

大腦的
三種記憶

視像記憶✳   短期記憶   長期記憶

超短期——
一眨眼間就被
送進短期記憶區

✳對前注意特徵
特別有反應！

同一時間
只能保留約4大塊的
視覺資訊

事物若是沒被遺忘
就會被送進
長期記憶區

我們想讓資訊
進入聽眾的
長期記憶

故事能幫上忙,
稍後會更深入討論

前注意特徵

打造資訊的視覺階層, 發出請看這裡的訊號,
能幫助聽眾快速吸收資訊

方向   形狀   線長   線寬

大小   彎曲   添加標記   環繞

色彩   濃度   空間位置   動作

請留意

有助記憶的特定特徵

大小　相對大小表明相對重要性

色影　是吸引注意力最有用的工具，但需謹慎適量使用

空間位置　若無其他視覺提示，我們會從圖的左上方開始看資料、並以「之」字型的路線移動視線

由此開始看

順應人眼看東西的天性，把重要資訊放在圖表的左上方、或是明確指示聽眾觀看資料的正確順序。

你的目光落在何處？

用一個小測驗檢查你的前注意特徵是否運用得當

閉上眼睛　再次看向你的圖表或投影片　記錄你的目光落在何處

這是你的聽眾可能會注視的地方

認真評估後做出必要的修改

老師示範

4.1
你的目光
被引向何處？

4.2
重點請
看這裡…

4.3
各種
吸睛方法

4.4
把所有資料
視覺化

自行發揮

4.5
你的目光
被引向何處？

4.6
表格資料的
吸睛方式

4.7
引導注意力
的各種方法

4.8
條狀圖的
聚焦方式

職場應用

4.9
你的目光
被引向何處？

4.10
善用各種
吸睛工具

4.11
該凸顯
的重點

4.12
一起討論
集思廣益

老師示範

我們先從觀看圖片開始練習，以了解什麼東西會吸引我們的注意。接著練習運用相似原理吸引聽眾的注意，在圖表中採取適當的安排，把聽眾的目光引導至我們想要他們注意的地方。

習題4.1：你的目光被引向何處？

我常用「目光落在哪裡？」的簡單測試，幫忙確認我是否成功引導聽眾的注意力。方法很簡單：完成圖表或投影片後，閉上眼睛或望向別處，接著回頭看看你的圖表或投影片，並寫下一開始你的目光落在何處，這裡很可能就是你的聽眾會注視的地方。你可以用這個方法測試自己是否成功引導聽眾的注意，如果情況不理想，就趕緊做調整。

我們就用下述幾張圖片來練習「目光落在哪裡？」的測試，並討論我們的圖表該如何引導聽眾的注意。

測試的方法很簡單：閉眼片刻，然後張開眼睛看圖片，留意你的目光最先落在哪裡。你認為原因是什麼？你能從這個練習歸納出什麼心得？請用幾句話或一段短文，寫下你看每張圖片的感想。

解答4.1：你的目光被引向何處？

我很愛做這個測驗，因為它讓我們看到環境中的哪些事物會吸引我們的注意，而我們又能從這些觀察產生什麼心得。接下來我要逐一講述我的測試結果，以及我聯想到的一些點子，恰好可以在我們溝通資料時應用於相似的層面。

圖 4.1a：我第一眼看到的是右方的限速標誌，原因有好幾個：這個標誌的面板比照片中的其他元素都大；寫在白底上的粗黑色數字格外顯眼；標誌上

圖 4.1a 你的目光被引向何處？

圖 4.1b 你的目光被引向何處？

圖 4.1c　你的目光被引向何處？

圖 4.1d　你的目光被引向何處？

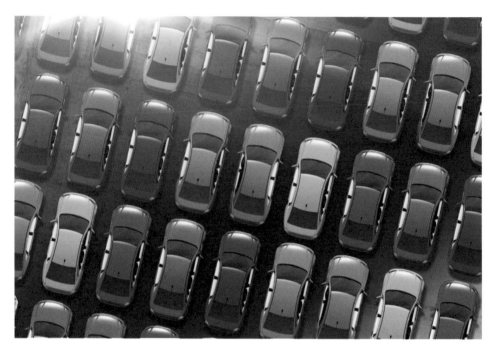

圖 4.1e 你的目光被引向何處？

的紅色非常醒目，因為它與背景截然不同，而且我們老早就被灌輸看到紅色要提高警覺的觀念；不過對於紅綠色盲者來說，紅色恐怕無法產生相同的效果。所以各位用圖表做簡報時，不妨多準備一些引導聽眾注意的訊號，以確保每位聽眾都能看到你想要呈現的事物。最後一個原因則是，這個標誌的外緣有一圈白色，將它與背景分隔開來。

我們一起來想想，如何把大小、字體、顏色、環繞之類的元素，巧妙應用於圖表本身以及附有圖表的頁面，引導聽眾注意相關重點，並提示資料的相對重要性。

圖 4.1b：我第一眼看到的是夕陽，接著是汽車，然後又回到夕陽。當我盯著太陽時，我的眼角餘光會瞄到汽車；如果我把焦點移到汽車，我也可以從眼角餘光瞄到太陽。這點提醒了我，當我們同時強調圖表中的好幾樣東西時，要留意它所產生的張力。

圖 4.1c：我第一眼看到的是左側（皇后區、布朗克斯區）的標誌，原因有好幾個：跟圖中其他某些模糊的元素相比，它顯得較為清晰；由於陽光照在這個標誌上，使它看起來很顯眼；它比其他標誌大些；它的面積大、字數卻相對較少，所以留白比其他標誌多，在熱鬧的背景中顯得突出。在所有的交通標誌當中，它是第一個出現在我眼前的，接著我的目光會向右移。還有，會凸顯標誌的前注意特徵包括：粗體、字母全部大寫、箭頭、顏色（黃色）。說到顏色，往史丹頓島的路標上用黃色標示的「出口專用車道」（EXIT ONLY），也是很搶眼的。這張圖片裡充斥著一大堆事物，所以要讓每個人第一眼都看到相同的東西，其實是有難度的，不過這也讓我們學到一些東西。

當我們把資料視覺化時，如何引導聽眾的目光呢？使重要元素保持清晰易見；想要強調一群相似事物中的某個重點，設法讓它「鶴立雞群」；把比較重要的事物加大（重要性相同的事物就讓它們的大小一致）。總之你的版面配置需按照你想要聽眾注意的方式來設計。

圖 4.1d：我第一眼看到的是黃色的車，請各位回顧圖 4.1d 再做一次測試，並留意你第一眼看向何處？接下來你的目光移往何處？我第一眼看到的是車子，接著我的目光沿著道路移到左方。其他人或許第一眼也看到車子，但接下來卻有可能順著彎道一路望向右方，但有趣的是，我們都沒有看左上方或右下方的樹木。

當我們在製作圖表或投影片時，千萬別讓觀眾的注意力偏離你想要他們注視的事物。

圖 4.1e：對於這張五顏六色的圖片，我的目光在藍色、黃色與紅色之間來回穿梭。對於想要滿足所有顧客需求的汽車經銷商，五彩繽紛的顏色是件好事，但對於資料的視覺化卻是大忌。一口氣呈現這麼多種顏色，反倒會喪失顏色這個前注意特徵的潛在價值。使用這麼多顏色，我們很難打造出充分的對比來集中觀眾的注意力；適量使用色彩才是引導觀眾目光最有效的方法之一，不信請看圖 4.1f。

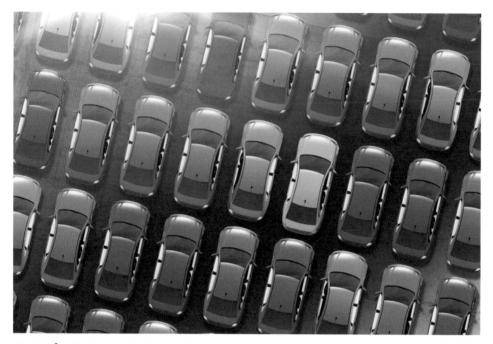

圖 4.1f　你的目光被引向何處？

習題4.2：重點請看這裡……

　　我們要繼續探索如何吸引聽眾的注意力，以及如何善用我們從習題 4.1 學到的吸睛技巧。當我們把資料視覺化時，通常會有很多重點需要強調，這時不妨重複使用相同圖表，但每次強調不同的重點，讓聽眾看到資料的不同面向。這樣不論是我們在解說時，還是他們在閱讀對應的文字時，聽眾都知道他們該看哪個資料。我們就用實例來練習如何集中聽眾的注意力吧。

　　請看下面這張圖表，它顯示的是某寵物食品大廠旗下多種貓糧品牌的銷量，與去年同期相比的變化（以百分比顯示）。請各位下載資料，並按照各問題提出的需求，運用適當的吸睛策略製作你的簡報。

各品牌貓糧：與去年同期相比的銷量變化

金額變化%（＄）

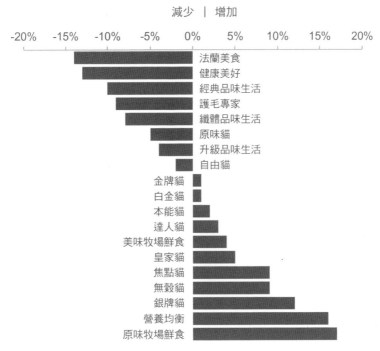

圖 4.2a　練習引導聽眾的注意力

問題 1：假設你要針對品味生活系列品牌（品味生活、纖體品味生活、升級品味生活）的銷售情況進行現場簡報，你要如何提供適當的視覺提示，以引導聽眾注視相關的資料點？

問題 2：假設接下來你想要討論貓寶系列，它們的品牌顏色是紫色，你會如何引導聽眾「重點請看這裡」？

問題 3：接下來，你想要討論與去年同期相比銷量下降的品牌，你會如何引導聽眾「重點請看這裡」？

問題 4：在銷量下降的品牌當中，你想要討論災情最慘重的兩個：法蘭美食與健康美好，你會怎麼做？

問題 5：假設你想要討論銷量上升的品牌，你會如何引導聽眾「重點請看這裡」？你的作法與問題 4 相似嗎？有何不同之處？

問題 6：你想製作一張結合以上五種評比的綜合圖表，你會怎麼做呢？如需搭配說明的文字，你要如何讓文字與資料的關係一目了然？

解答4.2：重點請看這裡……

我們有好幾種元素可以用來引導聽眾的注意力：資料本身，以及標示各種品牌名稱的資料標籤。在這個習題中，我的主要吸睛工具是顏色與粗體。我會用標題摘錄我要強調的重點，並把原圖中的部分細節移至副標題。

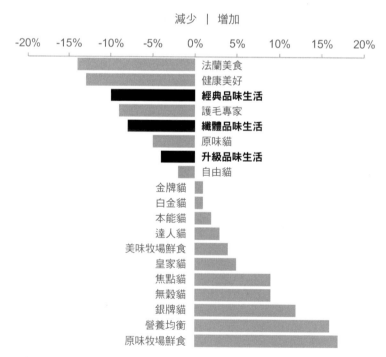

貓糧品牌：**生活風格系列品牌銷量減少**

圖 4.2b 聚焦於品味生活系列品牌

問題 1：我把跟生活風格系列品牌有關的資料點與資料標籤變成黑色，並把標籤的文字改為粗體，來強調它們。其實不一定要用黑色，但在沒有其他脈絡的情況下，我決定先採取不張揚的中性觀點。等進展到稍後階段時，再來探討其他的吸睛法寶。

這麼做果真讓特定的資料點變得比較突出，我還把其他的資料與標籤變成淺灰色；標題文字也以黑色粗體字顯示，讓大家一看就知道這是此圖表的重點。

問題 2：既然這系列的品牌顏色是紫色，我便用紫色來凸顯該系列所有品牌，而且沿用上例：把標籤字體加粗、圖表標題改成紫色。我們運用了顏色這個前注意特徵來吸引觀眾的注意，還用了格式塔的相似原則（顏色），把那些

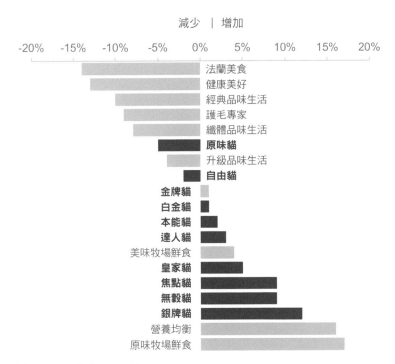

圖 4.2c 用品牌顏色吸睛

被隔開的元素也串連起來。雖然我曾考慮應用格式塔的相鄰原則，把貓寶系列品牌全部拉抬到圖表的上方，但這麼一來反倒會打亂了原本精心安排的順序，使得圖表變得較難理解。

問題 3：為了讓觀眾注意銷量減少的品牌，我會選用能強化負面特點的顏色，但為了怕紅綠色盲者（人數最多的一種色盲，佔總人口近 10%）看不到，我會避免使用紅色及綠色來分別代表負面與正面的資訊。我通常會改用橘色來呈現負面訊息、用藍色顯示正面訊息，我覺得觀眾應該能夠體會我的用意。請看圖 4.2d，我用橘色來呈現銷量減少的品牌，跟之前一樣，圖表的標題、資料點以及品牌標籤，全都改成橘色；唯一的差別是我沒將品牌標籤加粗，因為我

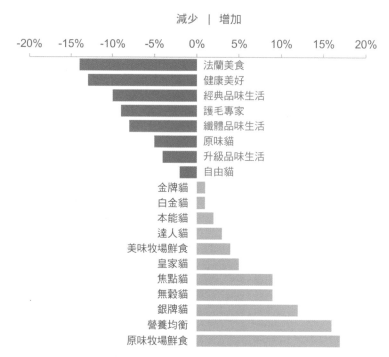

貓糧品牌：銷量減少的品牌
與去年同期相比的銷售金額變化%（$）

圖 4.2d 聚焦於銷量減少的品牌

覺得那樣會有點強調過頭。

　　問題 4：為了要吸引聽眾注意銷量掉最多的那兩個品牌，我打算用橘色凸顯它們，並把其餘品牌全部變成灰色。但既然我已經在圖 4.2d 把所有銷量減少的品牌都用橘色強調，那我只需把銷量掉最多的那兩個品牌、調高它們的色彩飽和度，即可引起聽眾的注意，請看圖 4.2e。

　　問題 5：想要吸引聽眾注意銷量增加的品牌，我可以用藍色凸顯它們，原因請參考我在問題 3 所做的回應，見圖 4.2f。

　　問題 6：最後，如果我想要綜合呈現以上所有觀察，那麼我打算動用兩張投影片，好讓那些自行閱讀資訊的人，也能像是有我在現場導覽那般，輕鬆消

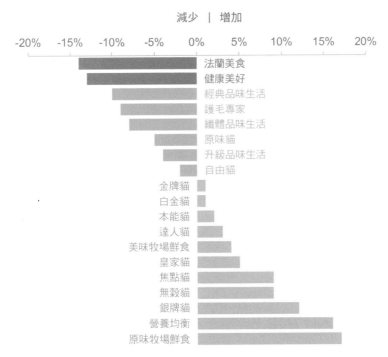

圖 4.2e　聚焦於銷量掉最多的兩個品牌

貓糧品牌：銷量減少的品牌

與去年同期相比的銷售金額變化%（＄）

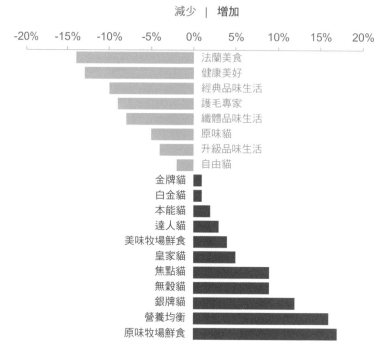

圖 4.2f **聚焦於銷量增加的品牌**

化資料。圖表中的說明文字，大都是由我自行撰寫的，最好能夠增添一些脈絡，說明是什麼原因造成眼前所見的情況；或是分享相關的資訊；或是提出特定的重點；或是激起大家的討論。

對我而言，把這麼多東西塞進一張投影片實在太擠了，所以我決定用兩張投影片，來呈現我們之前逐步強調的各項重點，請看圖 4.2g 與圖 4.2h。

習題4.3：各種吸睛方法

誠如習題 4.2 所示，適量使用顏色能把聽眾的目光順利引導至我們想要他們注意的地方。但是在我們用來打造高明圖表的百寶箱中，顏色並非唯一的工

老師示範

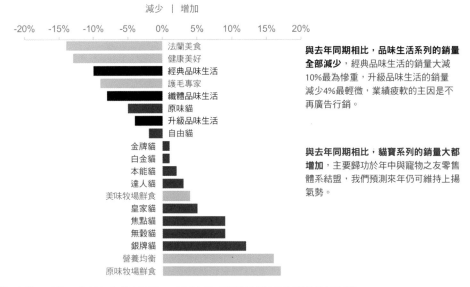

各品牌貓糧：與去年同期相比的銷量變化

金額變化%（$）

圖 4.2g 第一張綜合投影片：品味生活系列與貓寶系列業績

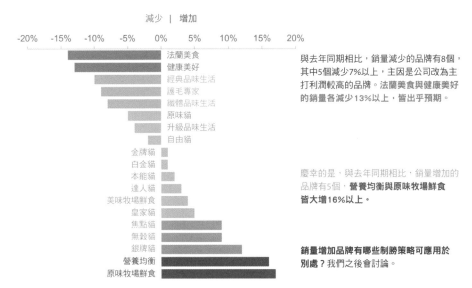

貓糧品牌：年度銷售表現各異

與去年同期相比的銷售金額變化%（$）

圖 4.2h 第二張綜合投影片：銷量減少與增加的品牌

具，其他各種前注意特徵也相當重要。除了顏色之外，適當運用大小、位置，也能幫助我們營造出鮮明的對比，並引起聽眾的注意。換言之，我們可以視情況應用適當的策略來吸引聽眾注意，接著就用實例來檢視與探索各種的吸睛方法吧。

請看下圖，它顯示的是某個客戶獲得管道（customer acquisition channel）在一段期間內的轉換率（conversion rate）。你要如何應用前注意特徵，引導聽眾注意推薦連結的資料？**你能想出多少種吸引聽眾注意的方法？請列舉！**接著，用工具按照你寫下的策略製成圖表。

一段期間內的轉換率

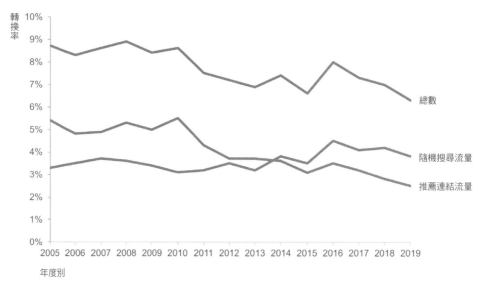

圖 4.3a　如何把注意力引至推薦連結線？

解答4.3：各種吸睛方法

我將使出 15 種吸睛方法，指示聽眾我想要他們注意的推薦連結趨勢線。你的清單有否多過此數？如果沒有，請再回去研究並多想出幾招。

準備好了嗎？我們就來看看這些吸睛招數吧。先從幾個較粗糙的手法開始看起，然後再逐步進展至更厲害的花招。

1. **箭頭**。直接用箭頭指示聽眾我們想要他們看的資料：推薦連結趨勢線。

一段期間內的轉換率

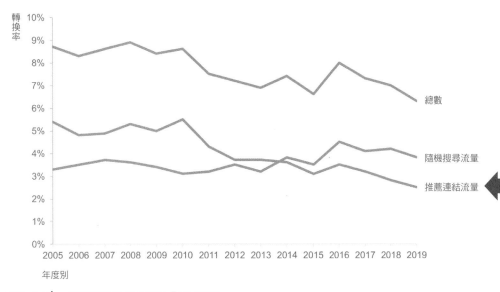

圖 4.3b　用箭頭指示觀眾「看這裡」

2. **畫圈**。另一個土方法則是直接把推薦連結趨勢線圈起來。其實我對箭頭與畫圈這種作法堪稱是「愛恨交織」，我愛它們的直白——猶如直接對對方說「請你看**這裡**」。至於恨意則是因為，箭頭及畫圈皆是我們外加的元素，而且它們本身不具任何資訊價值，應當被視為雜訊。不過它們算是聊勝於無：有個東西能指示聽眾該看的地方，總好過什麼指示都沒有。但要是我能改變資料的某個面向、使它被凸顯出來，那我會更滿意。

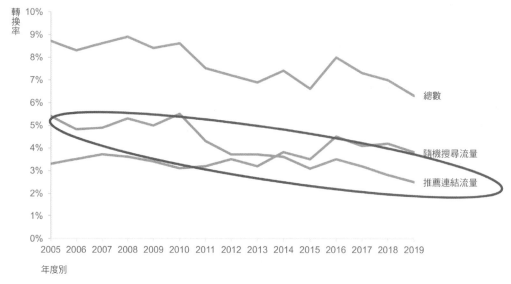

一段期間內的轉換率

圖 4.3c 把資料圈起來

3. **透明白框**。這是最後一個土方法。當你需要從某個工具上做一個螢幕截圖、但又無法改變資料的設計時，透明白框就可派上用場了。用它來覆蓋所有你想要推入背景的東西，凡是被透明白框覆蓋的東西，色彩飽和度都會降低，你想要大家注意的東西就會被凸顯出來。請看圖 4.3d。

依據你的圖表形狀，有可能需要用上數個透明白框，才能完全覆蓋其他不想凸顯的資料。各位若仔細檢視圖 4.3d，就會發現我的手法不夠完美——靠近兩條線在圖表中間重疊的區域，推薦連結線就有一部分沒被覆蓋到。我特別在圖 4.3e 用黑色顯示我所做的各個透明白框（其中有幾個為了配合圖表而旋轉），好讓各位看到要讓此圖完成所玩的戲法。雖然這個作法很土，不過它有時會因為你受到的侷限而派上用場。接下來我就要開始展現一些比較精緻的吸睛手法。

一段期間內的轉換率

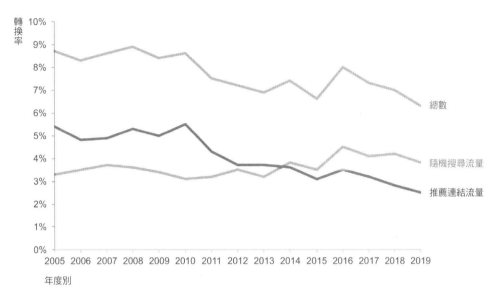

圖 4.3d 用透明白框覆蓋其他資料

一段期間內的轉換率

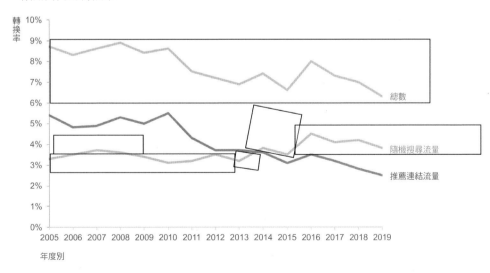

圖 4.3e 使用透明白框

一段期間內的轉換率

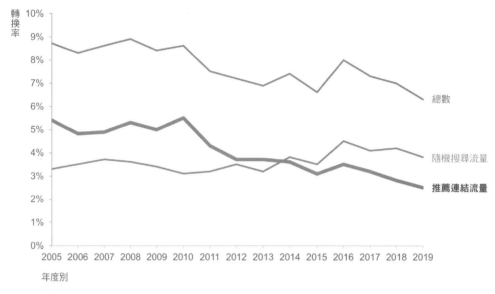

圖 4.3f 線條加粗

4. **線條加粗**。我們可以把推薦連結線加粗，或把其他線條變細，或結合兩種作法。我們還可以在「推薦連結流量」這幾個文字變花樣。在本例中，我不但把線條加粗，連文字也用粗體顯示。

5. **改變線條圖樣**。改變線條的樣式，是凸顯此事與眾不同的另一種吸睛作法。在多條實線當中，虛線顯得超級吸睛；不過若從認知負荷的角度來看，虛線如同是把原本的一條線切成好多段，此舉會增加一些雜訊。基於這個原因，我只有在描述不確定的資訊——對於某種目標所做的預測——才會使用虛線，而本案例即符合此情況。

6. **提高色彩飽和度**。線條維持原樣，但顏色加深使其突出，請看圖 4.3h。

7. **改置於全部資料的最前端**。位置是另一個重要的前注意特徵。我們無法改變線型圖中各條線的排列順序——因為線條所在的位置是由它連結的資料點所決定的；但是我們可以採取一些步驟，以確保推薦連結線不

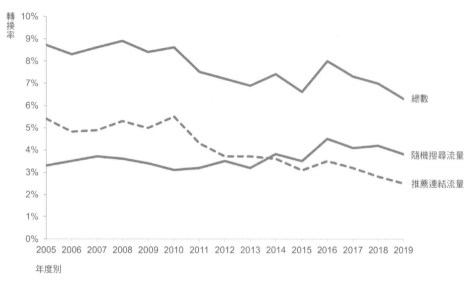

圖 4.3g　改變線條圖樣

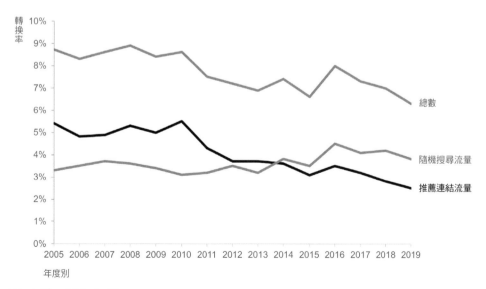

圖 4.3h　顏色加深

會落在別條線的後面。請看圖 4.3h 的中間，灰色的推薦連結線原本是在隨機搜尋線的後方與其交叉，但現在我們要把推薦連結線拉到前面來（這其實不難，只要將數據系列重新排序即可，大多數工具都辦得到），請看圖 4.3i。

8. **換個顏色。**我們可以用別的顏色凸顯我們想要聽眾注意的那條線，其他資料則維持灰色，請看圖 4.3j。

9. **用文字指示聽眾。**在圖 4.3k 中，我直接在標題中加入重點提示，讓觀眾一看標題就明白該看圖中的推薦連結線。我們會在第六課提供更多範例，教大家如何把重點提示放入標題中。

10. **移除其他資料。**要讓聽眾看我們想要他們知道的資料，移除其他所有資料，讓推薦連結線成為圖中唯一的一條線，也是一種方法。在製作圖表時，你一定要問自己：有必要呈現所有的資料嗎？但同時也要斟酌：這麼做是否會喪失某些脈絡？是否能讓你獲得更好的溝通成果？

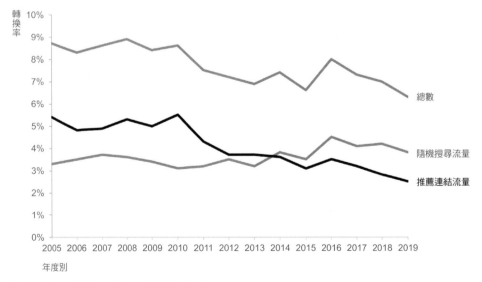

一段期間內的轉換率

圖 4.3i **改置於全部資料的最前端**

一段期間內的轉換率

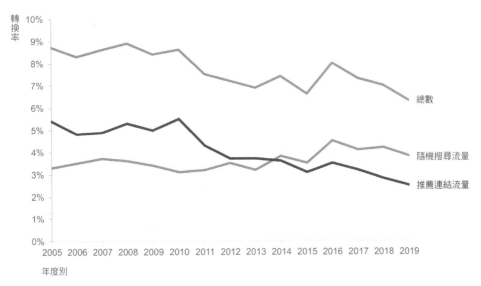

圖 4.3j **換個顏色**

一段期間內的轉換率：推薦連結流量自2010年起大幅減少

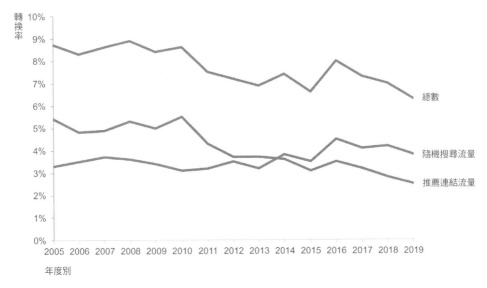

圖 4.3k **用標題文字指示聽眾重點何在**

老師示範

一段期間內的轉換率

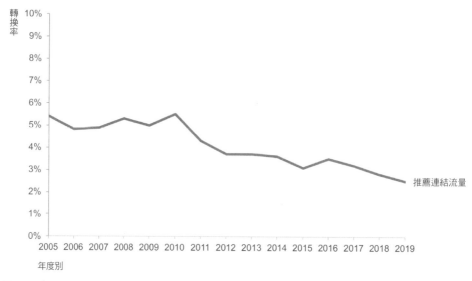

圖 4.3l 移除其他資料

11. **用動畫顯示。**在靜態的書中呈現此一作法並不容易,但動作是最吸睛的前注意特徵,而且在現場簡報的效果特別好(讓你可以快速用各種觀點呈現資料)。想像我們從一個只有 X 軸與 Y 軸的空白圖表開始,接著我們可以加上一條代表總數轉換率的線,並加以說明。接下來,我們再加上隨機搜尋線並說明它的意義。最後,我再放上推薦連結線。像這樣從無到有的出場方式就夠吸睛的了。

不過這種作法也很容易令聽眾火大厭煩,所以我只推薦使用出現、消失、變透明的動畫方式;不要飛入、彈跳或淡出——這些花俏的手法並不會增加價值,反而會形成另一種形式的擾人雜訊。

12. **加上資料標記。**改回先前顯示全部資料的作法,並加上資料標記來吸引聽眾的注意,請看圖 4.3m。

13. **加上資料標籤。**延續上圖作法並更進一步,我們可以在想要聽眾注意的那條線加上資料標籤。這個作法形同對聽眾說:「這部分的資料很重要

一段期間內的轉換率

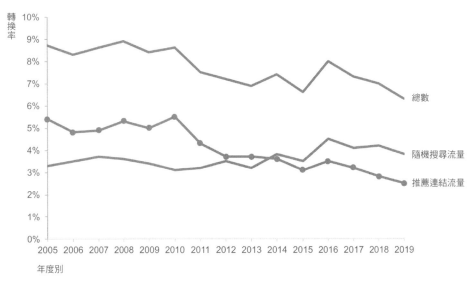

圖 4.3m　加上資料標記

一段期間內的轉換率

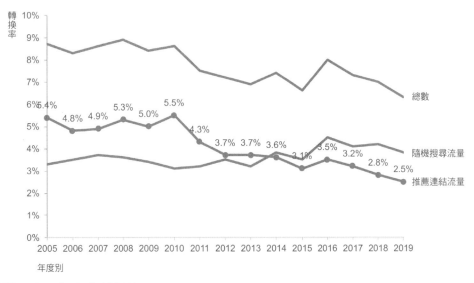

圖 4.3n　加上資料標籤

喔，所以我特別加上一數字來幫忙各位解讀。」請看圖 4.3n。這些用來提供更多脈絡或指出資料細微變化的註解文字，能夠讓聽眾注意或達到類似的效果。

當我們替每個資料點加上標記與標籤，有時可能造成增加一堆雜訊的反效果。儘管如此，只要謹慎選擇適當的資料點加上標記與標籤，就能引導聽眾做出正確的比較，我們就用下個範例來驗證。

14. **在折線末端加上標記與標籤**。我在圖 4.3o 改成僅在每條折線的末端加上標記與標籤，這樣聽眾一眼就能比較出它們的轉換率有何不同。但這麼做並無法引導聽眾注意推薦連結線，所以我將在下個圖表示範作法。

15. **同時運用多個前注意特徵**。我們可以同時運用多個前注意特徵，來凸顯我們想要聽眾注意的標的。我在圖 4.3p 的圖表標題中加上文字，來吸引聽眾注意（運用格式塔的相似原則，把標題文字以及它們描述的資料

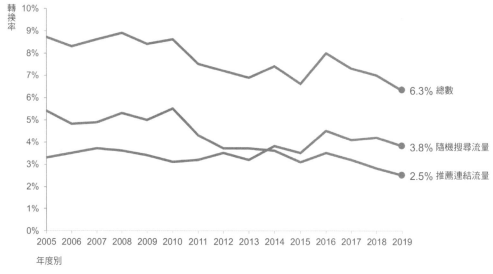

一段期間內的轉換率

圖 4.3o　在折線末端加上標記與標籤

一段期間內的轉換率：**推薦連結流量自2010年起大幅減少**

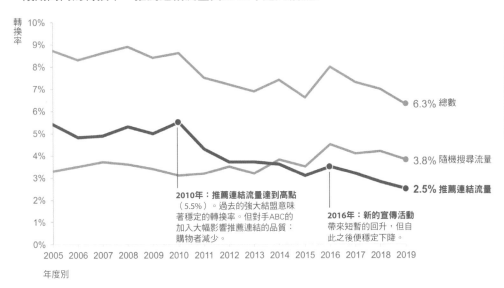

圖 4.3p 同時運用多個前注意特徵

使用相同顏色），我還把想要聽眾注意的那條折線加粗、上色、加上資料標記與標籤。註解還能為聽眾感興趣的資料提供更多脈絡。

請對圖 4.3p 做「目光落在哪裡？」的測試，你第一眼看哪裡？接著你的目光落到哪裡？之後呢？

當我閉上眼睛，然後再張開眼睛看圖 4.3p，我第一眼看到的是紅色的圖表標題，然後我的目光跳到圖表中的紅色折線；接著我往右看，立刻就對總數、隨機搜尋與推薦連結這三條折線的最近期資料點（2019 年）做了比較。我往左看，並閱讀了用紅色提示重點的文字，了解這些折線代表什麼意義以及其他相關細節。我就是用這個作法，把數個前注意特徵吸引聽眾的注意，並打造視覺階層，讓聽眾更容易理解與吸收圖表的全部資料，策略成功！

習題4.4：把所有資料視覺化

各位可還記得我們曾在第二課做過的一道習題？當時你的角色被設定為 Financial Savings 這家金融機構的員工，上級交代你製作一份圖表：銀行業的分行滿意度指數，把你們銀行的表現與其他同業做比較，請看圖 4.4a。

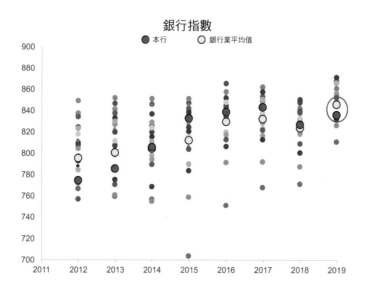

圖 4.4a 銀行指數

當時我們的作法是把原圖改成折線圖，並把其他同業的表現以一條銀行業平均值線呈現（請參考解答 2.7）。

但如果我想呈現全部資料，該怎麼做才不會讓人覺得眼花撩亂？請各位下載資料，並試著做出你理想的圖表。

解答4.4：把所有資料視覺化

如果我們把大多數沒那麼重要的資料推入背景，就不會讓聽眾覺得資料太多。

曾有工作坊的學員表示，他們不明白為什麼要用灰色。其實不搶眼的灰色，

特別適合用來呈現必須出現、但不需要吸引大量注意的資料（例如座標軸標籤、軸標題、不影響訊息的資料），請看圖 4.4b 即可明白使用灰色的設計策略。

分行滿意度
本行五年來首度低於業界平均值

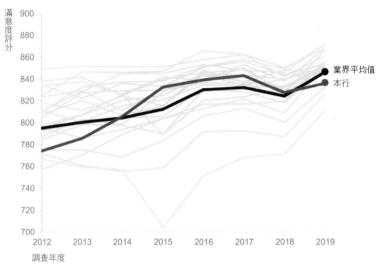

圖 4.4b **用灰色淡化大量不重要的資料**

在圖 4.4b 中，我用灰色淡化所有競爭對手的折線，並使用較細的線條，以進一步淡化它們的重要性，因為它們的功用只是當作參考，不需引人注意。

但如果我們想了解其中任何一個對手的情況，就會有點困難；雖然在現場簡報時，我們可以逐一介紹每家銀行，或是以一種靜態的觀點標示其中一兩家，但各位可以想見，聽眾很快就會覺得眼花撩亂。

如果我們必須比較本行與特定競爭對手的表現，那就不適合用折線圖，我會改用橫條圖呈現，並且只聚焦於各家銀行最近期的資料點。

但我們不妨沿用此一觀點，並更進一步。假設我們要呈現所有的資料，並且要引導聽眾注意業界平均值與本行這兩條線之外，我們還想請他們注意近年的情況，我可以多用一個達到此一目的，請看圖 4.4c。

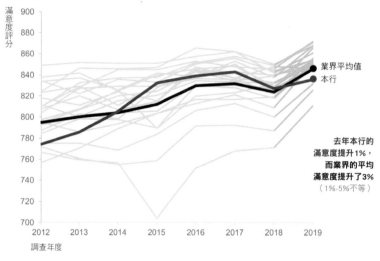

分行滿意度

本行五年來首度低於**業界**平均值

圖 4.4c 聚焦於與去年同期相比

　　適度強調讓我們可以在顯示一堆資料時仍舊引導聽眾的注意力。想想各位如何把此一技巧應用到你自己的作品。

　　現在各位已經從幾道習題看過我示範如何引導聽眾的注意，接下來就請各位自行發揮囉。

自行發揮

來看更多圖片以了解吸引注意的細微之處，以及我們如何在溝通時應用那些面向。吸引注意的方法不只一種——我們要透過以下的習題繼續探索更多吸睛方法。

習題4.5：你的目光被引向何處？

我們業已見識到，觀察我們的目光第一眼落在圖表或投影片的哪個地方，能幫助我們判斷是否用對了前注意特徵，成功引導聽眾的目光到最重要的資訊，並且打造了明確的視覺階層。我們就來練習一些簡單的測試吧。

請看以下的圖片，**請閉上眼睛或望向別處，然後再來看圖片，並留意你的目光最先看向何處**。為什麼會這樣？你從這個活動獲得什麼感想、且可普遍應用於你的圖表簡報中？請用幾句話寫下你觀看每張圖片的結果。

圖 4.5a 你的目光被引向何處？

圖 4.5b 你的目光被引向何處？

圖 4.5c　你的目光被引向何處？

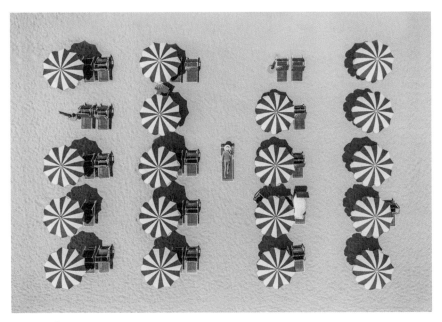

圖 4.5d　你的目光被引向何處？

自
行
發
揮

圖 4.5e 你的目光被引向何處？

圖 4.5f 你的目光被引向何處？

自
行
發
揮

習題4.6：表格資料的吸睛方式

截至目前為止，我們在本課看到的都是圖片與圖表，但其實前注意特徵同樣可以用於表格來引導聽眾的注意力。

請看下面的表格，它顯示的是某人氣咖啡品牌的前十大客戶最近四週的銷售情況，並請回答以下問題。

覺醒咖啡
前十大客戶：截至1月底的4週銷售表

客戶	銷售金額	較前月增減%	Avg # of UPCs	% ACV 銷售	每磅單價
A	$15,753	3.60%	1.15	98	$10.43
B	$294,164	3.20%	1.75	83	$15.76
C	$21,856	-1.20%	1.00	84	$12.74
D	$547,265	5.60%	1.10	89	$9.45
E	$18,496	-4.70%	1.00	92	$14.85
F	$43,986	-2.40%	2.73	92	$12.86
G	$86,734	10.60%	1.00	100	$17.32
H	$11,645	37.90%	1.00	85	$11.43
I	$11,985	-0.70%	1.00	22	$20.82
J	$190,473	-8.70%	1.00	72	$11.24

UPC 是通用產品代碼
ACV 是所有客戶的總量，由0至100

圖 4.6a　練習表格的吸睛方式

問題 1：假設銷售金額是此一表格最重要的資料，其餘資料只是用來提供相關的脈絡，因為我們知道聽眾中有人想看。雖然我們已經把它放在首列，但是否還有其他方式引導聽眾更容易理解這項資料？

問題 2：客戶 D 的銷售金額遠高於其他客戶，但表格的安排卻使得聽眾必須花點時間才能看出這點，我們該怎麼做才能讓聽眾更快看到客戶 D？寫下你打算讓這一列資料更吸睛的三項策略，你最喜歡哪一個策略？為什麼？

問題 3：我們繼續關注客戶 D，如果我們想要凸顯他拿到的每磅單價是最優惠的，該怎麼做呢？

問題 4：假設你想要改成聚焦於表格中的每磅單價，這會改變你擺放這行的位置嗎？你會用哪三種不同方式讓聽眾聚焦於此？

問題 5：下載資料，並依照你寫下的變更，用工具做出新的表格。

習題 4.7：引導注意力的各種方法

誠如我們之前所討論的，引導聽眾注意重要資料的方法有很多種。

請看以下例子，它顯示的是某項產品在一段期間內的市佔率。假設我們想要聽眾關注**自家產品**，我們該如何運用前注意特徵來幫忙達到目的？**你能想出多少種吸睛方式？請寫下來！**

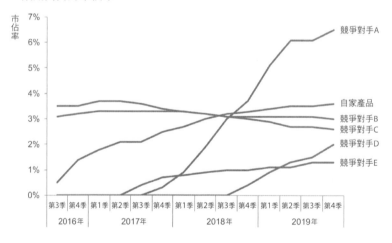

圖 4.7　我們該如何讓聽眾聚焦於自家產品

接著請下載資料，並用適當工具把你剛剛寫下的吸睛策略製成圖表。

習題4.8：條狀圖的聚焦方式

之前各位已經練習過表格與線型圖的吸睛方法，接下來我們要來練習條狀圖的吸睛方式。

這裡我們同樣要借助第二課裡的一個範例，想像你在一家區域型的健康中心工作，你們最近推出一項流感疫苗衛教暨行政專案，你負責評鑑旗下各分院的實施成效，請看圖 4.8 即是原圖稍微修改後的模樣。

假設我們想要引導聽眾注意那些疫苗接種率高於平均值的院所，你要如何運用前注意特徵達到此目的？**你能想出多少種吸睛方式？請寫下來！**

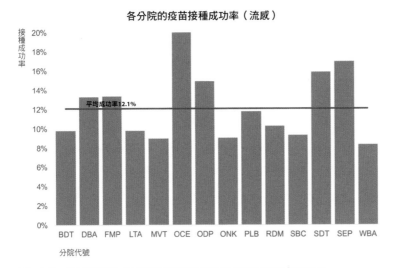

圖 4.8　如何聚焦於疫苗接種率高於平均值的院所？

接著請下載資料，並用適當工具把你剛剛寫下的吸睛策略製成圖表。

職場應用

為了要引導聽眾的注意，我們必須知道如何用工具修正圖表的不同維度——以及該讓他們第一眼看向何處。

下面的習題將幫助各位正確引導聽眾關注圖表中的重要訊息。

習題4.9：你的目光被引向何處？

你的眼睛與注意力就是聽眾的最佳分身。當你的圖表或投影片製作完成後，你自己先測試一遍——眼睛先望向別處，再回顧你的作品，留意你第一眼看到的地方，你才會知道如何引導聽眾的注意。你第一眼看到的地方，就是你最想要聽眾關注的地方嗎？如果不是的話，你要如何更動以達到目的？仔細思考你該如何正確使用前注意特徵，來引導聽眾的注意與打造視覺階層。

不過各位千萬要記住，身為圖表設計者的你，當然很清楚自己想要呈現的資料，但聽眾未必像你那麼了解。因此，在你完成「目光落在哪裡」的測試，並且反覆修改到你滿意後，盡快尋求別人「幫幫眼」。給你的朋友或同事看你做的圖表或投影片，詢問他們第一眼看到哪裡，是你想要的地方嗎？並請依照他們的回答做出必要的修改。

除了說明他們第一眼看哪裡，也請他們說明感想。他們最先關注的資料是什麼？之後呢？再之後呢？他們有什麼疑問？有什麼心得？向不大熟悉這些資料的人請教，會讓你獲得一些重要的見解，明白哪些作法有效或是白費工夫，並決定該如何適當修改你的作品，讓聽眾能順利關注與理解你呈現給他們看的重要資訊。

習題4.10：善用各種吸睛工具

各位可以善用各種不同的工具來把你的資料視覺化，每種工具都有它的強項與弱點，為了使我們的資料視覺化與簡報產生功效，我們必須熟悉自己使用的工具，才能真正發揮我們在《Google 必修的圖表簡報術》與本書中介紹的各種策略的功效，有時候這可能意味著編寫程式碼。一旦你學會編寫程式碼，就可以隨心所欲地更改它的用途（讚！）。再不然，你可以找出工具中的正確下拉式選單（你可以套用模組，或是自己隨機應變：別擔心，熟能生巧，累積足夠的經驗後就會愈做愈快）。

不論是哪種情況，我們就來熟悉你的工具吧——以及我們可以如何善用它。

從你做過的圖表中選一個來練習，要是真找不到，你也可以下載本書中的習題資料，並練習製成圖表。不論是線型圖還是條狀圖都 OK，仔細想想如何用工作達到以下目標。

粗體／加粗：挑選圖中某個文字元素，並用粗體呈現。把其中某條線或某個直（橫）條加粗。

顏色：先把全圖變成灰色。挑選其中某條線或一組直（橫）條變成藍色。再選出另外一條線或一組直（橫）條，塗上你們組織的主要品牌顏色。想想如何把某個資料點——線型圖中的一點或一組直（橫）條中的某個直（橫）條——換成另一種顏色。

位置：接著練習移動資料，如果你做的是條狀圖，調換它們的排列順序：先往上調升，然後往下調降。如果你做的是線型圖，而且線條彼此交叉，試著練習把一條線移到另一條線的前面，或是移到最後面。

點線或虛線：你能否把其中某條線改為點線或虛線？我敢打賭一定可以的。如果你做的是線型圖，想想該如何改變其中一條線的風格；如果你做的是條狀圖，想想你該如何把某個直（橫）條的外框改成點線或虛線。

職場應用

飽和度：用全飽和度顯示某些資料，並調降其他資料的飽和度。你可以利用透明度、模式或是選擇一個飽和度較低的方式來做。想想你要如何直接修改資料的格式，或是利用透明框或其他形狀之類的土方法來達到此一效果。

資料點加上標籤：先從把資料系列全部加上標籤開始，接下來，思考該如何調整並擺放到最佳位置。以線型圖而言，把標籤放在資料系列的上方，然後再放到下方。若是條狀圖，先把標籤放在直條的上方，接著放進直條的尾端。接下來，如果你只想替某一個（或數個）資料點加上標籤，想好你該怎麼做。如果你使用某種圖表軟體（而非自己編寫程式碼），不論是要一次加上一個還是移除標籤，都有一些簡單的土方法。你可以加上另一組資料來精簡你的程序。

關於使用你的工具，你還想學些什麼技巧？請寫下一份清單，並決定哪些資源（同事、厲害的線上搜尋，或是去上一些專班或教程）能夠幫你達到目標。學習任何一種工具都需要花時間，但這些工夫絕不會白費，天底下再沒有比能夠隨心所欲地善用工具滿足你的需求更讓人感到心滿意足的事啦！

習題4.11：該凸顯的重點

《Google 必修的圖表簡報術》與本書都假設：各位已經徹底分析你想要簡報的資料，也已想好對聽眾溝通的重點。但我認為探索型分析與解釋型分析是截然不同的，而且我假設各位已經完成前者，所以這兩本書都是聚焦於教導後者。但各位心中可能有個疑問：該如何想出聚焦於何處？

這部分只能意會難以言傳，對於解釋型溝通該聚焦於何處，既涉及科學也是藝術問題。雖然我對兩者下了不同的定義，但其實兩者之間並無一條明確的分界線。我們在處理一項專案的過程中，通常會遊走於兩者之間。當我們要解答「我該聚焦於何處」的疑問時，不妨問自己以下問題，便可幫忙釐清思緒。

- 何時把資料放在一起是適當的？

- 該在何時以及如何把資料分開呈現？
- 什麼樣的時間範圍是正確的？該回溯到何時？
- 怎樣區分資料才適當？是按行業、地區、產品、期間或是其他的類別。這些資料的相似處何在？相異處？為何會如此？
- 事情符合你的預期？在哪些例子是不一樣的？
- 不同的事物如何彼此相關？某些事物驅動其他事物？
- 哪些比較是有意義的，或是可能令聽眾有感並獲得一些見解？
- 你缺少了哪些有用的脈絡？你該向誰請教並取得這些脈絡？
- 別人可能會對此一資料提出什麼問題？
- 你做了哪些假設？如果這些假設錯了，問題有多嚴重？
- 少了什麼？資料通常無法說明整個故事，你如何處理或理解缺少的那一塊？
- 歷史跟未來是一樣或不同？

習題4.12：一起討論集思廣益

　　請仔細思考以下跟本課課程及習題有關的問題，並與你的夥伴或小組一起討論。

1. 把資料製成圖表並簡報給別人聽時，我們手邊擁有哪些設計元素可用來引導聽眾的注意？你認為哪一項最有效？為什麼？
2. 什麼是「目光落在哪裡」測試？你會在何時以及為什麼想要使用它？
3. 引導聽眾注意文字、表格、點型圖、線型圖與條狀圖的方式有很多種，你常用哪些方法引導聽眾注意你想要他們關注的地方？你用於各種圖表的吸睛方法有何不同處？
4. 在選擇圖表中使用的顏色時，需要記住哪些重點？你偏好或避開使用哪

些顏色組合？為什麼呢？

5. 當你在設計資料儀表板時，裡面的資料原本就是要讓人探索的，但是你在進行解釋型溝通時卻必須審慎凸顯你的資料，兩者有何差異？你在設計資料儀表板時的用色考量跟你有某個特定的溝通重點需要強調時有何不同？

6. 何謂視覺階層？為何打造視覺階層對於你的視覺化資料以及含有這些資料的頁面是有用的？

7. 為什麼強調必須審慎使用才會有效？

8. 關於本課所教導的吸睛策略，你會為自己及你的團隊設下什麼特定目標？你如何使自己及你的團隊達成目標？你會向誰尋求回饋？

職場應用

設計師思維

什麼是厲害的設計，當你看到時自然會明白，然而認定自己不是設計師的你，要怎樣才能達到那樣的境界？《Google 必修的圖表簡報術》曾介紹四大概念，幫助大家培養設計師的思維：功能可見性（affordance）、美感效果（aesthetics）、易用性（accessibility）與接受度（acceptance）。在本課我們要來練習應用這些概念，並學習運用一些小技巧，讓你的圖表從平凡變得非凡。不過我們要先來複習一下四大概念的涵意。

視覺設計中所謂的**功能可見性**，是指簡報者為了讓聽眾正確處理圖表資料而做的設計。功能可見性將延續各位在前兩課學到的技巧：用視覺提示把相關的事物連結起來，把重要的元素往前推，並把較不重要的事物淡化為背景。適當運用相關策略，把聽眾的注意力引導至你想要他們觀看的地方。

用心追求圖表的**美感效果**是值得的：聽眾會更樂於觀看你的作品，或是願意容忍瑕疵，對缺點視而不見。留意細節很重要，好多個看似無關緊要的小毛病，加起來就會影響圖表的整體觀感，想讓聽眾產生美好的感受，我們在編輯修改時絕不能心慈手軟。

易用性的概念指出，優秀的設計讓所有人都能輕鬆使用，不因欠缺某些能力與技能而受到阻礙，例如考慮到色盲者的需求而做出適當的顏色選擇。我們將會透過一些習題，幫助各位做出更周全的設計。其實光是做到一件事就能大

幅提升圖表的易用性：巧妙使用文字。

最後一點，我們的視覺設計唯有被聽眾接受後，才可產生成效，因此我們也要認真探討如何提高作品的**接受度**。

我們就來練習培養**設計師的思維**吧！

但首先請看《Google 必修的圖表簡報術》第五課的重點摘要。

該書的
第5課

首先，讓我們回顧
設計師思維

先有功能，
才決定形式

 1 功能

 做什麼　你希望聽眾
能用你的資料
做什麼？

 2 形式

 如何　你要如何
做出讓聽眾
輕鬆搞懂資料的
最佳圖表？

功能可見性

讓人一眼就能看出產品
如何使用的設計面向

把東西放在
這裡磨

手握
住這裡

注意
這裡

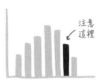

強調重點

移除使人
分心的元素
（重點**最多**佔整個設計的10%）

圖表設計的功能可見性

粗體　　大寫　　大小
斜體　　字型　　**顏色**
加底線　　　　　　反白

「完美的境界不是沒東西好加，
而是沒東西可拿掉。」

聖修伯里《小王子》作者

易用性

設計得當的作品，讓各種能力的人
都能輕鬆使用

1. 容易閱讀
2. 乾淨俐落
3. 言簡意賅
4. 移除不必要的複雜元素

美感效果

比起設計沒那麼美觀的圖表，
一般人認為設計較美觀的圖表好用，
且更容易被聽眾接受

真的有必要讓圖表
「美觀」嗎？　...當然！

1. 善用顏色
2. 注意對齊
3. 使用留白

接受度

設計要產生成效，
就必須讓目標觀眾接受

要是聽眾抗拒改變
該怎麼辦？

1. 說明新方法的好處
2. 並列呈現
3. 提供多個選項、尋求意見
4. 拉攏重要的聽眾成員

老師示範

5.1
細心考量
善用文字

5.2
精益求精！

5.3
留意
設計細節

5.4
展現品牌
風格的設計

自行發揮

5.5
觀摩與臨摹

5.6
小改變
大影響

5.7
如何改善
此圖表
設計？

5.8
彰顯品牌
特色！

職場應用

5.9
用文字讓圖表
更平易近人

5.10
打造
視覺階層

5.11
留意細節！

5.12
提升易用性

5.13
增加接受度

5.14
一起討論
集思廣益

老師示範

圖表中的文字負有重要使命：讓圖表更平易近人，所以第一道習題就要凸顯這一點。接著要練習如何運用其他設計面向來改善圖表，包括留意細節與彰顯品牌特色。

習題5.1：細心考量善用文字

當我們用圖表溝通數據資料時，大家常誤以為文字無用武之地，但其實文字具有畫龍點睛的效果。我們放進圖表裡的文字，能幫助聽眾明白他們看到的是什麼資料，進而協助聽眾形成正確的想法。

我們就用這個簡單的習題來顯示文字在圖表中的重要性。

請看圖 5.1a，它呈現的是四個洗衣精品牌在一段期間內的銷售量。雖然原圖已經附上文字：但這樣就夠了嗎？能否有更好的表達方式？請各位在研究此圖時思考以上兩個問題，然後完成以下步驟。

步驟 1：你對於圖 5.1a 所顯示的資料是否有任何疑問？請把它們寫下來。為了理解這份資料，你是否必須做出一些假設？

步驟 2：只要在圖表中加上哪些文字即可解答你在步驟 1 產生的疑問？各位可以自由改變標題與標籤，好讓圖 5.1a 的內容清楚易懂。

步驟 3：如果放入**不同的**文字，會如何改變聽眾對資料的解讀？你要如何改變座標軸的標籤與其他文字敘述，讓聽眾對此資料做出另一種解讀？這是否意味著圖表中必須出現哪些文字？請用幾句話寫出你從這個習題學到的心得。

步驟 4：各位可下載圖 5.1a 的資料或圖表，然後把文字加進現有的圖表中，或是自行製作一個新的圖表。請練習如何善用文字，讓資料更容易閱讀與理解。

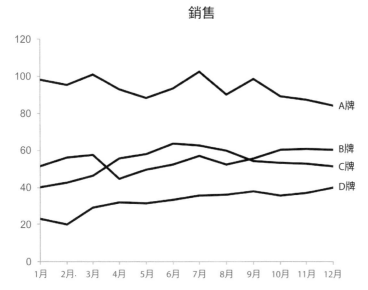

圖 5.1a　如何改善圖表中的文字敘述？

解答5.1：細心考量善用文字

　　你對於自己製作的圖表，當然熟知所有的細節，但是你的聽眾未必像你一樣那麼清楚，他們可能對於資料的脈絡有著不一樣的期待或理解。若缺少適當的文字說明，你的聽眾為了理解資料，可能必須自行做出假設，這不僅會讓聽眾額外消耗大量腦力，萬一他們做出錯誤的假設，那就糟糕了！

　　所以接下來我將逐步示範，選用不同的文字，會讓聽眾對資料做出完全不同的解讀。

　　步驟 1：我對這份資料產生了四個疑問。

- **Y 軸的標題是什麼？**圖表標題僅表明這是一張銷售圖，但這樣的說明不夠充分。我無法確定，Y 軸呈現的是實際的銷售數量？所以它的單位是百件？或者它指的是銷售金額，所以單位其實是千美元或百萬英鎊？

老師示範

- **X 軸的標題是什麼？**雖然它明確標示著月份，但我無法確定，這份資料持續的期間有多長？它是在回顧過去還是在展望未來，抑或兩者兼而有之？

- **這四個品牌背後的更大脈絡是什麼？**它們是某個網站或是某家店販售的所有品牌？它們是某製造商生產的四個主要品牌？它們是某個地區中賣得最好或最差的四個品牌？

- **這份資料涵蓋的範圍有多大？**在沒有任何東西可供參考的情況下，我姑且假設它代表這四個品牌的全球或全美銷售量，但搞不好它呈現的只是某個城市／地區／產品線／製造商／連鎖店的銷售量。

可見從不同的觀點來回答上述疑問，會令我們對這份資料做出截然不同的解讀。稍後我們將會更具體地檢視此事。

步驟 2：為了回答我在步驟 1 提出的疑問，我加上了一些文字，請看圖 5.1b。

在圖 5.1b 中，我假設此圖代表四個洗衣精品牌在街角市場這家店的銷售數量，所有相關訊息皆透過標題交代清楚：換上敘述性的圖表標題，也為 X 軸與 Y 軸加上標題。

請看我對新增的圖表標題做了哪些設計，首先我把圖表標題向左對齊，之前我們曾多次提過，人眼習慣以「之」字型的順序看東西（請參考習題 2.1 與 3.4 的解答、以及《Google 必修的圖表簡報術》）。若無其他視覺提示，聽眾會先從圖表的左上方開始看起，然後沿著「之」字型的路線吸收資訊。因此把圖表標題放在左上角，聽眾第一眼就會看到，並立刻得知他們待會即將看到的是什麼資料。把 Y 軸的標籤放在上方、X 軸的標籤放在左邊，也是基於相同考量。

我相當注意座標軸標籤的對齊細節，所以 Y 軸的標籤會放在 Y 軸的最上方、X 軸的標籤則放在 X 軸的最左邊。我還選擇把 Y 軸標籤的英文字母全部

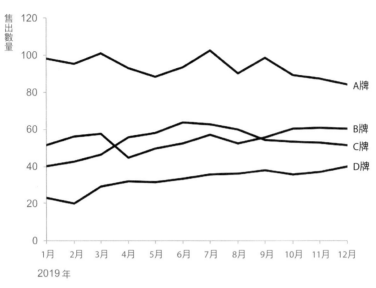

街角市場洗衣精銷售情況

圖 5.1b　明確的標題文字能幫助理解

大寫（我偏好這樣處理座標軸的標籤），因為大寫字母的高度一致，會打造出一個線條俐落的長方形（如果用小寫字母，邊緣就會參差不齊）。我還愛用灰色呈現 X 軸的標籤，告訴聽眾看的是什麼資料，但不會引起過多的關注或是令聽眾分心。

　　步驟 3：改用不同的文字敘述，會令聽眾對資料做出截然不同的解讀，請看圖 5.1c。

　　從這個習題我們學習到，每張圖表都必須有個標題。用投影片做簡報時，我多半會替圖表搭配敘述性的標題，投影片則會配上重點標題（takeaway title，第六課會再進一步探討）；各位當然不必跟著我依樣畫葫蘆，況且我們曾在本書中看過一些圖表，它們使用了敘述性的標題，也強調了重點，總之只要同一份報告或簡報採用一致的作法即可。

　　每個座標軸也必須有個標題，例外情況極少。清楚的標題讓觀眾一看就知

2019全球洗衣精銷售：前四大品牌

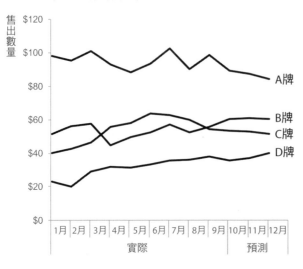

圖 5.1c 不同的文字敘述導致不同的資料解讀

道自己在看什麼資料，不必費神猜想或做出假設。

　　文字能讓聽眾輕鬆理解我們製作的圖表，請善加利用！

習題5.2：精益求精！

　　我們使用的圖表製作軟體，是為了滿足很多不同情境的需求而打造的，這意味著它們的預先設定鮮少能確切滿足任何一種情境。但那正是我們可以大展身手的時候，以我們對資料脈絡的理解與設計感，必能大幅改善預先設定的缺失，讓資訊更易理解，並使圖表更加賞心悅目，讓人樂於花時間觀看。

　　我們就來剖析一個實例吧，思考如何從設計層面改善圖表工具製作出來的成品，打造聽眾更嚮往的簡報體驗。請看圖 5.2a，這是某地區的汽車經銷商在一段期間內賣出的車輛數。

　　步驟 1：首先，來看你對這張圖的反應。當你看到此圖時，心中有何**感想**？請寫下你的感受。

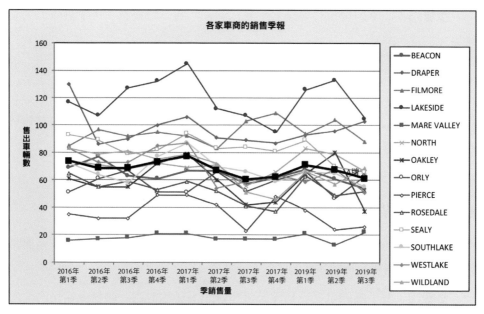

圖 5.2a 用預設功能製作的圖表

步驟 2：如果你必須用此圖做簡報，你會做出哪些改變？請具體說明，例如：

- **使用文字**：誠如之前討論過的，文字讓圖表更容易解讀，但我們不僅要考慮放上哪些文字，而且還要仔細斟酌放在何處。你會如何改變圖表的標題或標題置放的位置？為什麼這麼做？關於此範例的文字使用方式，你還有其他方面想要改善嗎？
- **視覺階層**：我們業已知道適度凸顯，以及把不重要或是不會影響訊息的元素推到背景，是有幫助的。此處你能如何使用那項技巧？你會聚焦於哪些資訊或設計面向？哪些則會移除或淡化？
- **整體設計**：你發現目前有任何設計元素會令人分心？如何更有效地運用對齊與留白？你會建議做出哪些變更以改善整體設計？

步驟 3：下載這份資料與圖表，並按照你所寫下的變更，用工具改善這個圖表。

步驟 4：想像上級交代你把這些資料製成一張投影片，它會被納入一份簡報當中，並呈送給負責督導這些經銷商的管理團隊。那會影響你要呈現的內容或是呈現的方法嗎？你能加上哪些文字使它變得簡明易懂？你還會做出其他哪些設計考量？請用你偏好的工具製作這張投影片。

解答 5.2：精益求精！

步驟 1：我一看到這個圖表就覺得：困惑、混亂、複雜，全都是我在簡報時極力避免聽眾產生的反應！

步驟 2：為了讓聽眾更容易理解這些資訊，並給他們一個輕鬆愉快的簡報體驗，我打算做出以下改變。

使用文字：雖然原圖不缺標題，但我不喜歡把圖表與座標軸的標題置中，而會把它們靠左對齊，這樣當聽眾從圖表的左上方開始看圖時，他們立刻就知道該如何閱讀這份資訊。我還會把 Y 軸標題的英文字母全部用大寫標示，這樣它們會形成一個漂亮的長方形，並與圖表標題自然形成圖表的外框。至於 X 軸嘛，我會刪除季報表這個標題，因為從各個標籤即可明顯得知。X 軸標籤上還有好幾個重複標示的年度，我會把它們改成用大類別（super-category）來當軸標籤。

打造視覺階層：我必須決定此圖要聚焦的重點是什麼。原圖很難讓人看出重點，因為有一堆元素爭搶我們的注意。雖然原圖用粗黑線凸顯地區的平均值，但夾雜在其他五彩繽紛的線條中，它看起來並不顯眼，所以我打算把其他元素統統推入背景。我還打算去除會令人分心的元素，包括灰色的背景、邊框與格線；移除這些不含資料的元素，能使資料更加突出，而且整個圖表看起來更加乾淨俐落。

　　以圖表目前的**整體設計**而言，觀眾的目光必須在右方的字母圖例與對應的資料之間來回掃視，所以我打算替他們省下這些力氣。我通常的作法是直接標註這些線條，但此圖的線條太多，而且靠得很近，恐怕有點難度，不過我仍決定放膽一試並發揮創意。雖然這並非顯示各家經銷商業績的最佳方法（除非我把它們放到不同的圖表，或是一次只強調其中一兩家的表現），但是把標籤放在圖表的右側，至少能讓觀眾看到近期表現最好與最糟的業者，以及哪些業者屬於中段班。

　　步驟 3：圖 5.2b 即是我做了上述改變之後的新圖。

一段期間內的汽車銷售量

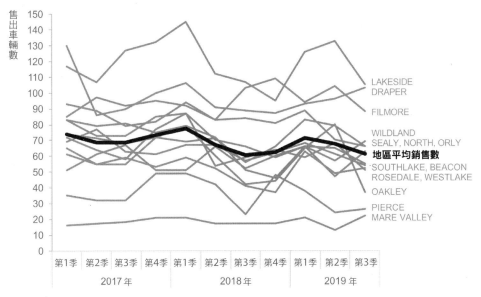

圖 5.2b　修改後的新圖

　　圖 5.2b 不僅讓聽眾能夠輕鬆聚焦於地區平均數，而且還能了解各經銷商在這段期間內的銷售業績。但聽眾若想了解某個經銷商在這段期間內的銷售情況，就會比較困難，為了解決這個問題，我不打算沿用此圖，而會改用另一種

觀點來呈現資料，我們稍後再來討論此一情況。

　　步驟 4：如果只能用一張投影片進行溝通，我會放入較多文字以確保聽眾能理解所有資料，並回答「那又怎樣？」的問題。我的圖表會用標題與文字——並注意對齊與留白——在頁面上打造出清楚的結構。強調重點時要適度，才能打造視覺階層，並讓觀眾快速看到資料。此舉能幫忙連結相關的元素，讓聽眾更容易處理資訊，請看圖 5.2c。

本區的汽車銷售量：好壞不一

本區的平均銷售量整體呈現下降趨勢

所有經銷商賣出的汽車總數（未顯示），從2017年第1季的1千多輛，至2019年第3季減少為857輛（減少17%），這段期間內的平均銷售量也減少了。

銷售業績：幾家歡樂幾家愁

最新一季的銷售情況顯示，L、D及F這3家賣出的車輛數最多（分別是105, 103及88），D、P及M這3家賣出的車輛數最少（每家都少於40輛）。

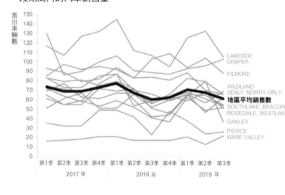

一段期間內的汽車銷售量

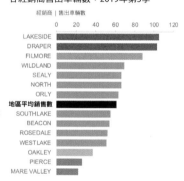

各經銷商售出車輛數：2019年第3季

資料來源：銷售資料庫，截至2019年9月30日為止在本區售出的車輛數

圖 5.2c　僅用一張投影片呈現的簡報內容

　　我在圖 5.2c 中加上第二個圖表——顯示最新一季各家經銷商售出車輛數的橫條圖。我假設這是聽眾最想知道的資料，並假設他們沒必要看到各經銷商在這段期間內的全部銷售狀況（左邊的線型圖可以看出賣得最好跟最差的經銷

商,但其他店家的情況就很難辨認)。

我也在圖表中加入更多文字,包括明確的標題以及一些敘述性的文字,讓聽眾清楚知道這張圖想強調的重點是什麼。我還用了留白與對齊來打造兩層的版面配置。我猜想聽眾可能會從圖表的左上角開始看起,閱讀投影片的標題,接著目光向下移,讀到「本區的平均銷售量整體呈現下降趨勢」,並看到下方圖表中描繪這個狀況的粗黑線。接下來他們的目光多半會移到右手邊,可能會停駐在「銷售業績:幾家歡樂幾家愁」的標題上,或是藍色與橘色的文字敘述。最後,他們的目光會往下移到右的圖表,看到左圖代表本區平均數的粗黑線、恰與右側的黑色橫條互相呼應;同時意會到藍色與橘色的橫條顯然跟上方的藍色與橘色文字敘述是有關聯的,這乃是應用格式塔的相似原則。

其實我原本打算左側的圖表也跟右側圖表一樣,用藍色與橘色來凸顯 2019 年第三季業績最好與最差的三家經銷商;但這麼一來它們會搶走觀眾對**地區平均銷售數**的注意,所以我決定只在右側的圖表中適度使用顏色凸顯重點。

這裡我想要表達的重點是,各位應細心考慮圖表的整體結構與版面的配置,不要完全依賴工具的預先設定。圖表完成後,其實還有許多善後工作待完成。當我們細心設計出周全的圖表,就可替聽眾打造更愉快的體驗,從而提升簡報的成功機率。

習題5.3:留意設計細節

下述範例跟習題 5.2 的結尾頗為類似,都是採用雙圖式的結構。圖表簡報要成功,光是做到結構清楚還不夠,留意細節對於打造有效的視覺設計至關重要。我們再來看另一個範例,以了解留意細節與周全的設計選擇,如何提升我們的視覺溝通成效。

假設你在一家鎖定小型企業的印刷公司工作,你負責追蹤的營運指標之一是客戶接觸點——你們公司裡的某個人與客戶直接互動的次數——包括總數與

每個客戶平均值這兩方面來看。主要的聯繫模式有三種：電話、閒聊與電郵。

你的同事製作了這張投影片，並尋求你的意見回饋。請花點時間了解圖5.3a，然後完成以下任務。

接觸點總數以及每一客戶接觸點皆持平

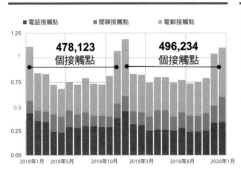

圖 5.3a 你同事製作的圖表

步驟 1：對於你同事製作的這張圖表，你會提出哪些跟設計細節有關的建議？請寫下你的想法，並說明你建議這麼做的**理由**。請依據我們曾經討論過的設計原則提出你的意見。

步驟 2：請思考這份資料的設計：左邊是堆疊直條圖、右邊是表格，而且文字敘述中又夾雜著數字。對於呈現這份資料的方式，你會做出什麼樣的變更？如何變更設計讓觀眾能一目了然？請寫下你的想法。

步驟 3：下載資料與原圖，按照你的想法用工具重製此一投影片。

解答5.3：留意設計細節

步驟 1：首先我要再次強調，留意細節對於視覺設計真的非常重要，因為

在資料的分析過程中，觀眾唯一能**看到**的部分就是圖表或投影片；所以他們會根據眼前看到的圖表，自行認定製圖者花了多少心血在整體細節上。當各位用心製作圖表或投影片，大家就會對你的整個簡報作品給予高評價！

　　所以關於留意細節的建言，我會聚焦在三個方面：一致性、對齊以及直覺式的座標軸標籤。

　　一致性是設計細節中的一個重要面向：除非另有更好的安排，否則整個圖表設計應保持一致。隨意變更圖表中的設計元素，或是莫名其妙的不一致，都可能令聽眾分心，而且看起來雜亂無章。本範例中的不一致，包括：左圖 Y 軸標籤上的小數點位數，以及右表電郵欄最下方的儲存格內的小數點位數不一致；還有左圖與右表顯示的日期不一致。

　　接著說到**對齊**，誠如我們之前討論過的，多行文字置中對齊會形成鋸齒狀的邊緣，看起來雜亂，左圖與右表的標題皆有此情況。雖然我認同表格中的數字置中對齊（但前提是我打算保留表格，這點稍後就會討論到），但其餘部分則需一律垂直對齊（目前表格中的日期是靠上對齊，而數字則是垂直置中對齊）。再者，頁面上的整體元素應該要更加對齊——表格的邊框與上方的分隔線不等寬，而且最右側的橘色外框與它要凸顯的儲存格並未密合。

　　我最後要提出的建議是，圖表中**合乎直覺的軸標籤**。原圖中的 X 軸是每隔五個月標示一次，我們可以理解為什麼會這樣安排：日期的格式太長，沒有足夠的空間標示每一個資料點。只標示其中部分資料點的確無可厚非，但必須選擇符合資料性質的間隔頻率，例如日常性的資料每隔七點標示一次就很合理（因為一個星期有七天），或者改成按週標示也無妨。至於月例資料，每三個月或六個月標示一次都可接受，如果 X 軸的空間有限，按季或按年標示也行。甚至可以把年度拉出來成為大類別，或是把月份的英文縮寫垂直排放，或是只標示每個月的第一個英文字母。雖然我的解答是採用後者，但標準答案不只一個，重點就是選擇能幫助觀眾理解且容易閱讀的軸標籤。

　　至於其他的改善建議，我會建議刪除左圖中每一個分類標籤中的「接觸

「點」字樣以免重複，並且直接替資料加上標籤，省得聽眾為了知道自己看的是什麼資料，而必須在圖例與圖表之間來回掃視。顏色顯然也是我們可以調整的地方，但我決定等稍後我們思考圖表的整體設計時再來討論此事。

圖 5.3b 是我納入前面提到的各項變更後完成的新圖。

一段期間內的每一客戶接觸點

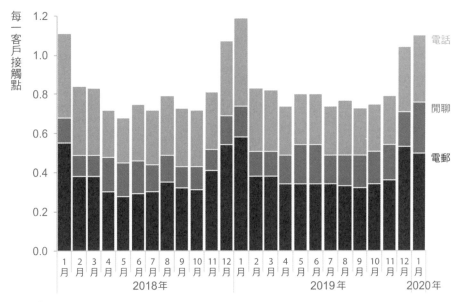

圖 5.3b **調整多項細節後的重製圖**

步驟 2：說到如何用觀眾一目了然的方式呈現資料，我建議進行更大幅度的修改。接下來讓我們轉到**如何設計會使資料更好懂**。

回顧圖 5.3a，在左圖的標題與畫面中，以及右側的表格中，都有一些數字，其實它們沒必要全部顯示出來。首先是接觸點總數，它出現在左圖的標題中，並且標註在直條圖的上方。如果此一資料很重要，那我大可以用另外一張投影片或圖表詳細呈現（這麼做還可納入更多資料，而非像目前這樣只呈現兩年的數字）。如果此一資料沒那麼重要，那我會用一句話帶過，以免形成干擾

閱讀的雜訊。

接著來看表格：這個表格並未提供任何新的資訊，它所顯示的其實是左側圖表中的一月份資料點。假使有人對這些數字感興趣，我建議直接在圖表中標註它們，沒必要再單獨繪製一張表格，況且我並不認為它們很重要。

我們再來思考呈現這份資料的其他方式。堆疊條狀圖的問題在於，我們只能輕鬆比較總數（直條的整體高度），以及位於底部的第一類資料。若想了解堆疊在上方的第二類或第三類資料，就會相當困難，因為它們堆疊在不等高的直條上。如果把堆疊直條圖改成線型圖，觀眾就能更輕鬆做比較，請看圖5.3c。

在圖 5.3c 中，我把堆疊直條圖改成線型圖，而且還增加一條線代表總數。為了判斷該強調哪些地方，我把全部資料淡化為灰色，等到稍後的步驟再視情況需要加上顏色。

一段期間內的每一客戶接觸點

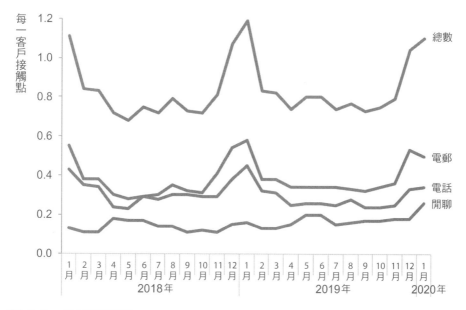

圖 5.3c　改成線型圖

　　當我觀看新的線型圖時，赫然發現這份資料有著明顯的季節性，但先前的堆疊直條圖比較看不出來。當我們想要清楚地看到資料的季節性（或是某類資料的無季節性），不妨用一條呈現各月份狀況——例如 1 月至 12 月——的年線當作 X 軸，再用另外一條線呈現另一年的狀況。如果每個類別的資料都需動用一條線呈現，結果就會出現很多條線，對於不同的資料，我們可能需要分成好幾張圖表顯示。不過以本範例的資料分布情況來看，只需一張圖表就可以辦到，請看圖 5.3d。

一段期間內的每一客戶接觸點

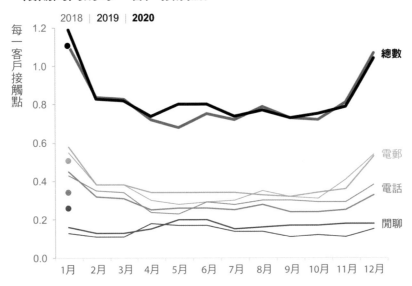

圖 5.3d　X 軸改為標記全年各月份以呈現季節性

　　在圖 5.3d 中，我把 X 軸改為標記 1 至 12 月，且每一年的資料各有一條線代表。在各個顏色群組中，細線代表 2018 年，粗線代表 2019 年，而左側的圓點則代表 2020 年 1 月。請注意接觸點總數線呈現相當一致的季節性——1 月和 12 月的每一客戶接觸點較高，其餘月份相對較低。如果各位不喜歡此圖，別擔心，這只是一個過渡步驟，用來幫助我們看出下一步該怎麼走。

　　我打算假設我們目前正處於 2020 年 2 月，因為最新的資料點是 2020 年 1 月。由於年初與年末的接觸點較高、其餘月份皆走低，所以我打算調整 X 軸的標籤，改成從 7 月開始至翌年 6 月為止，這樣觀眾更容易看出近期月份與去年同期相比的情況。而且我還會移除部分資料，解決 2020 年只有一個資料點的怪異情況，並把線條簡化為今年與去年，請看圖 5.3e。

一段期間內的每一客戶接觸點

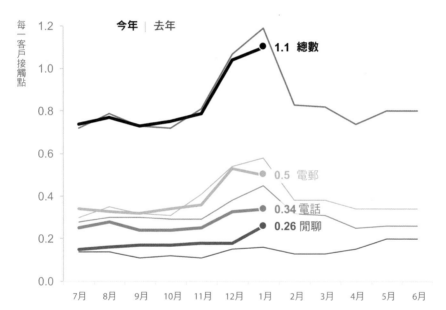

圖 5.3e X 軸標籤改為自 7 月起至 6 月止

　　這個圖表讓我看到之前不曾發現的兩個觀察。首先，來看總數：我們會發現今年的走勢與去年極其相似，但 2020 年 1 月的每一客戶接觸點低於去年同期。接著，當我們往下看會發現：電郵與電話的接觸點皆低於去年，但閒聊的接觸點與去年同期相比，呈持續走高趨勢，且 2020 年 1 月的差距加大。

　　各位或許有注意到，圖 5.3e 的小數點位數不同，因為考量到數字的規模，所以我決定把總數與電郵聯繫的數字四捨五入到小數點後一位；但是電話

聯繫與閒聊則到小數點後二位，這是為了讓大家能夠看出兩者之間微小但不應忽視的差距，避免讓兩個不同高度的點卻都標示相同的數字（本案例皆為0.3），令觀眾感到困惑。

步驟3：把上述情況全部統整後，我製作出最後一版的圖表，請見圖 5.3f。

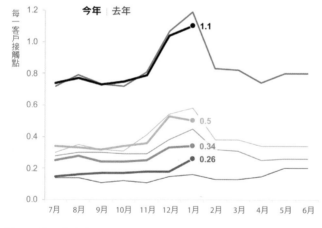

接觸點總數持平，閒聊走揚

客戶接觸點有明確的季節性，在1月達到最高峰。
與去年同期相比，電郵與電話接觸點皆呈下降趨勢，但**閒聊接觸點逆勢走揚**。

討論重點：如何根據此一資訊擬定未來策略與目標？

一段期間內的每一客戶接觸點

今年 ｜ 去年

每一客戶接觸點

1.2
1.0 — 1.1
0.8
0.6
0.5
0.4
0.34
0.2 — 0.26
0.0

7月 8月 9月 10月 11月 12月 1月 2月 3月 4月 5月 6月

總數 近幾個月的發展與去年極為相似，但1月的電郵與電話接觸點皆微幅下降。

電郵 的接觸率依舊最高，但1月與去年同期相比略微下降（0.50 vs. 0.58）

電話 的接觸率與去年同期相比略微下降（0.34 vs. 0.45）

閒聊 的接觸點近幾個月持續穩定走揚，雖然目前在總數當中只佔0.26%，但佔比持續增加中，且與去年同期相比幾乎倍增。各位可考慮再加一些文字：例如公司是否想要這樣的發展、預期保持此一情況等等。

圖 5.3f 最終版本

如果我是在現場簡報這份資料，那麼我會把焦點放在這張圖表，並採取逐步建構的方式呈現它（我們將會在第六與第七課繼續討論這個範例）。但如果這張投影片是夾帶在要被分發出去的整份簡報資料中，那我會放上右側的所有文字說明，以幫助看資料的人更易理解。我添加的這些敘述性文字，通常是為了提供更多脈絡，或是一些參考架構，以幫忙判斷眼前情況是好是壞。我還

用相同的顏色把文字與對應的圖表連結起來，這麼一來，當觀眾讀到這些文字時，就知道該看哪些資料以取得印證，反之亦然。我適度運用了顏色、大小以及版面位置，來打造視覺階層，幫助聽眾快速找到相關資料。

透過貼心的設計，我們就能讓聽眾更容易吸收資訊，並確保訊息清楚傳遞。

習題5.4：展現品牌風格的設計

截至目前為止，我們尚未探討可能影響圖表設計風格的一項重要因素：品牌。企業通常不惜耗費時間與重金打造品牌：標誌（logo）、顏色、字型、樣板，以及相關的風格指南。除了廠商指定使用之外，把品牌風格融入你的圖表設計也是有價值的：它能幫忙打造一個一致的樣貌與感覺，甚至替你的簡報增添一些個性。我們現在就來練習如何把品牌風格融入圖表中！

我們之前曾在習題 3.1 見過圖 5.4a，它顯示的是某項產品在一段期間內的市場規模。此圖應用了我們工作坊的典型樣貌與感覺：它選用的字型是Arial；圖表標題放在圖表的左上角且靠左對齊；座標軸標題的英文字母全數大寫；大多數元素是灰色；只用適量顏色來引導觀眾的注意（橘色暗示負面的標註與相關的資料點，代表品牌的藍色則用來呈現正面的標註與相關的資料點）。

請下載資料與圖表，並且完成以下步驟。

步驟 1：想像你在某個與聯合航空相似的品牌中工作，並負責製作一份關於市場規模的年報。你先從研究開始做起：拜訪聯航的官網，搜尋 Google 圖片，並瀏覽相關的圖片。請寫下十個跟品牌有關的形容詞，並使用類似於聯航的品牌風格重新打造圖 5.4a。請思考此一品牌影響力是否會左右你對顏色與字型的選擇？還會令你做出哪些改變？

步驟 2：再做一次練習，這回你將以可口可樂分析師的身做這道習題。首先，你要做一些研究，並寫下你對這個品牌聯想到的感覺，接著根據你的研究

老師示範

一段期間內的市場規模

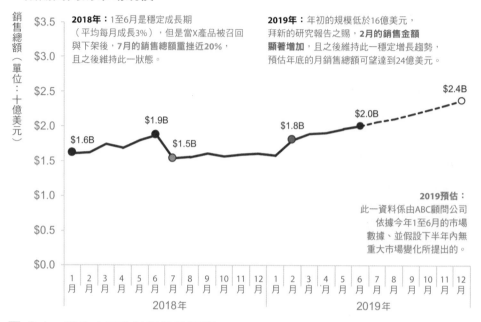

圖 5.4a　融入本工作坊風格的圖表

心得再次修改這張圖表，且需融入品牌的風格。你做了哪些改變？你會如何把代表品牌的紅色應用在你的設計當中？

解答5.4：展現品牌風格的設計

　　步驟 1：當我造訪聯合航空官網、並在 Google 搜尋相關圖像時，我的腦中出現了這些語詞：俐落、古典、粗體、藍色、開放、極簡、簡單、莊重、飛上青天以及條理分明。它的標誌有著深藍色的背景，公司名稱為字母全數大寫的粗體文字，分成上下兩排向右對齊，使用較不顯眼的藍色文字。我把這些感覺和設計元素納入我的圖表設計當中，請看圖 5.4b。

　　我的主要變更是顏色與字體，整張圖表以深藍色與淺藍色為主，只有座標軸例外：標題用黑色，軸線用灰色。字體我選用 Gill Sans，它佔用的空間會

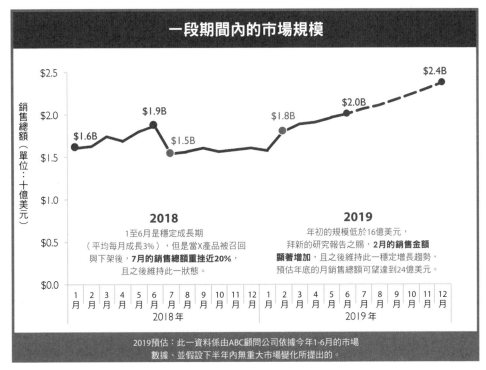

圖 5.4b 以聯合航空為靈感的品牌風格

比 Arial 稍大一些,這使得原本放在 X 軸上方的 2019 年預估文字框顯得很擁擠,所以我盡可能縮小 Y 軸,以便騰出空間把前述文字框移到圖表的下方變成註腳。

我把大部分的文字都置中對齊(原本我是把 2018 年的文字框向左對齊、2019 年的文字框向右對齊,雖然我很喜歡它們分別在左右側形成整齊的線條,但看起來與整個圖表不搭,所以我只好捨棄不用)。我喜歡聯航的標誌與品牌散發出一種整齊俐落的感覺,也想展現在這個圖表中,所以我替圖表上方的標題以及下方的註腳都加上藍色的長方形底框,並為圖表加上了藍色的邊框。我還把資料線加粗,來平衡標題的粗體字。經過這番大改造之後,新的圖表與原圖的感覺已經大不相同。

步驟 2:接下來,我們要練習從可口可樂找靈感。在檢視了它的易開罐與

玻璃瓶上的標籤、品牌標誌以及廣告之後，我產生的聯想包括：紅色、銀色、圓形、古典、粗體、甜蜜、有趣、國際品牌、多元風貌以及溼溼的（它的瓶身常出現水滴！）。我觀察到使用大量的紅色當作背景，跟白色的字體與少量的黑色形成強烈的對比。文字通常是置中對齊，英文字母全數大寫並以粗體呈現，周圍則環繞著字體小一號、字母全部大寫但是不加粗體的文字，文字的字數極其精簡，我把上述特點全部融入我的新設計中，請看圖 5.4c。

但我沒採用可口可樂標誌的英文字母草體，因為我對圖表中文字最講究的重點就是要容易閱讀。

文字的字體應夠大、並選用容易閱讀的字型，所以我選用了跟可口可樂商標旁的「配角文字」（Montserrat 字型，可免費下載）很像的 sans serif 字型。而且我還刻意把圖表的外框弄得有點圓弧狀（而非長方形），以呈現可口

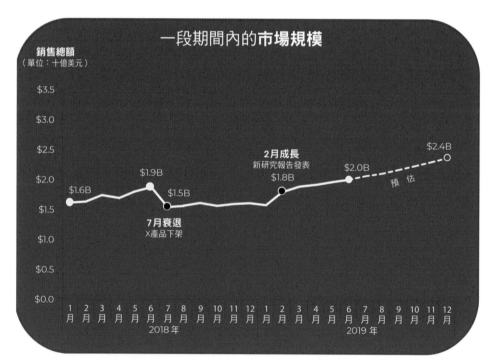

圖 5.4c　融入可口可樂的品牌風格

可樂的圓形感。

說到背景，圖 5.4c 的紅色背景頗為大膽，如果這是唯一一張圖表，或是利用投影片逐一呈現的圖表，倒也無妨。但如果是在一張頁面上有很多個圖表，或是聽眾可能會想要把圖表印出來，那我會選擇以顏色較淺的「健怡可口可樂」為靈感，請看圖 5.4d。

在圖 5.4d 中，我發現有些可口可樂的設計採用了銀色，所以我選用相似的淺灰色做為背景色；而且因為黑色在淺灰色的襯托下會顯得更為突出，所以我這張新製圖採用了較多的黑色元素。我刻意選擇白色做為座標軸線，它們在淺灰色的背景色中淡到幾乎看不出來（但在紅色的背景中就會很顯眼），這張新圖中只有圖表標題與資料使用了紅色（品牌代表色）。

紅色跟灰色以及少量的黑色搭在一起效果非常好，而且畫面看起來很俐

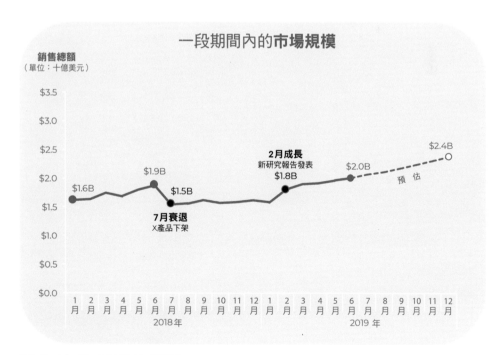

圖 5.4d 改成較淺的背景色

落，就如圖 5.4d 所示。我們慣用綠色及紅色分別代表好與壞或正面與負面，但因為考量到紅綠色盲患者的辨識困難，所以我很反對這麼做，尤其不推薦組織選用紅色當作品牌代表色。大家都希望人們把自家品牌跟正面的事物聯想在一起，所以如果你的品牌代表色是紅色，就別把它跟負面或不好的事物連結在一起。在這種情況下你有兩種替代方法，其一是用黑色連結壞事，紅色連結好事；其二則是像我在前一個圖表中，用紅色來呈現一般資料，用黑色來標註重點（在此黑色並無好壞之分）。

　　總結：把品牌風格融入你的圖表設計中，或許能替你的簡報加值。如果你是與客戶一起合作，想想你能否參考我在這裡示範的研究方法，然後把你得到的體會融入你的設計當中。如果是替你們自己的品牌製作圖表，不妨參考公司的相關規定，這樣可更了解自家的品牌，並知道你有哪些選擇。你千萬不要把這些規定想成是惱人的限制，而應把它們視為能夠激發你創意的葵花寶典，幫助你做出有效溝通的超級簡報。

自行發揮

仿效高明的資料視覺化作法，能夠幫助我們精進技巧，所以我們將先從「臨摹」開始練習，接著要練習逐步改善不夠理想的圖表。

習題 5.5：觀摩與臨摹

我常建議大家多多觀察生活中的各種視覺圖表，並且花點時間思考：這個作品中有哪些高明的技巧值得你仿效？對於不盡理想的作品，則可提醒自己避免犯下相同的錯誤。我們就來做一道習題，模仿別人的高明手法吧。

除了觀察與找出值得參考的優點，我們還應更進一步，「臨摹」那些優秀的作品，學習如何用我們的工具，將那些厲害的設計面向發揮得淋漓盡致。我們在此「臨摹」過程中對於細節的講究程度，能幫助我們更周全地設想自己的作品，並提升我們的視覺設計技巧與品味，趕緊來練習吧！

首先，找出一個別人製作而且你覺得效果很棒的視覺作品（圖表或投影片皆可）。作品來源包括你的同事、媒體或是我們的官網。在你選定一個範例之後，請完成以下步驟。

步驟 1：想想我們曾經討論過的四大設計面向：（1）功能可見性，（2）美感效果，（3）易用性，以及（4）接受度。審視你挑選的這個作品，並基於本習題的需要做出適當的假設——作者所做的設計選擇，在以上四大面向的表現如何？請用幾句話描述作者在各個面向達到什麼樣的水準。

步驟 2：想想看，**為什麼**你挑選的那件作品是有效的？在對方的精彩設計中，是否還有特定的元素是你尚未提及的？你能否把你學到的這些技巧應用到自己的作品中？

步驟 3：在你挑選的這件作品中，是否有你認為不夠理想，或是你會採取

不同作法的地方？請用幾句話大致說明你的想法。

　　步驟 4：用工具重新製作你挑選的這個範例，並且盡可能完全遵照他的作法（排版、色彩以及整體風格）來做。

　　步驟 5：按照你在步驟3寫下的你認為更理想的作法，製作另一種版本的作品。把你在步驟4與步驟5做出來的圖表並排在一起檢視，你比較喜歡哪一個？為什麼？

習題5.6：小改變大影響

　　聽眾對於我們的圖表簡報，最終會感到意猶未盡還是索然無味，往往取決於一些看似微不足道的小細節。這意味著我們在改善視覺設計時，千萬莫因「善小」而不為，因為好多個小小的改變，累積起來就會產生不小的影響。我們就來看下一個範例，了解注意細節並加以改善，能讓作品從差強人意變成人人滿意。

　　假設你在一家廣告公司工作，上級交代你評估近期某個廣告活動的成效。那是一個為期六週的活動，評估的重點是「每一千次曝光的遞增觸及率」。你的同事最近才剛幫另外一個客戶做過類似的分析，所以你不打算從零開始，而是直接在她的圖表上更新你的資料，然後再加以編輯和精修。

　　圖 5.6 就是你製作的圖表，花幾分鐘熟悉一下相關的細節，然後完成以下任務。

　　步驟 1：想想哪些地方做得不錯。你喜歡目前這個呈現資料的觀點嗎？

　　步驟 2：圖 5.6 採取數個步驟引導聽眾的注意與幫忙說明。哪些步驟奏效了？哪些需要調整？你會如何調整？

　　步驟 3：你會移除哪些雜訊？會把哪些元素推入背景？

　　步驟 4：根據本課教導的技法，你會對哪些設計抉擇產生質疑？你會做出哪些額外的改變？

　　步驟 5：下載資料與目前的圖表，用工具落實你在前述步驟寫下的變更。

每一千次曝光的遞增觸及率

資料證實活動後期透過數位平台成功觸及未看過電視廣告的新觀眾

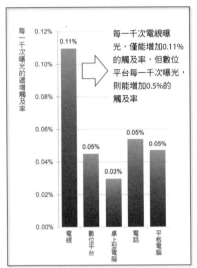
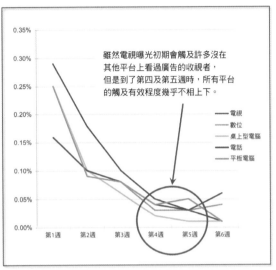

圖 5.6 原始投影片

習題5.7：如何改善此圖表設計？

想像你在習題 5.3 提過的那家印刷公司工作，當時我們研究了你們公司與客戶的互動情況，那是個有趣的主題。但我們也想知道你們產品的競爭力，你的同事彙整了這方面的相關資料——主要競爭對手在一段期間內的市佔率。他完成了一份投影片——圖 5.7——並拿來請你給些意見。請你在研究圖 5.7後，完成以下步驟。

步驟 1：請寫下你打算對此投影片做的五個改善計畫，並寫下你為什麼想這麼做。你會如何改善此一設計？

步驟 2：下載資料，並用你的工具落實你的改善計畫。

步驟 3：想想看，現場簡報這份資料跟分送報告給相關人士自行了解，你的圖表呈現方式會有不同嗎？請用幾句話加以說明。

主要競爭對手仍在，XB店業績成長

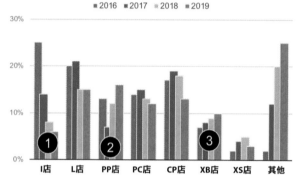

■2016 ■2017 ■2018 ■2019

◉**本店業績持續下降**：有可能是因為客戶群的組合改變了

◉**PP店聲勢看漲**——由於他們提供高品質的綜合服務，所以對我們的威脅變大了

◉**XB店以客戶為導向的服務出現進展**，PC店與CP店則呈現下降，XS店的標準服務業績也持續下滑。

圖 5.7 我們該如何改善此圖？

習題 5.8：彰顯品牌特色！

我們已在習題 5.4 探討過，在利用圖表交流時，我們可以挑選適當的字型、顏色與其他元素，把公司或個人的品牌特色納入圖表簡報中。有時亦可以加入品牌標誌，或是使用客製化的投影片或圖表模板，來達到前述目的。我們就來練習如何把品牌特色納入圖表中吧。

假設你在一家寵物食品製造公司工作，而圖 5.8 顯示的是其中一個貓糧品牌線——品味生活——在一段期間內的銷售情況，請完成以下步驟。

步驟 1：找出兩個大家認得出來的品牌，它們不必跟本習題的品牌有任何關聯，不論是企業品牌或是運動團隊都行。如果你能找到兩個性質大異其趣的品牌，那麼練習起來會更有趣也更有意義。花點時間研究跟它們有關的圖片，然後寫下十組形容詞，來說明它們的樣貌以及你看到時的感受。請分別運用這兩種品牌的特色重製圖5.8。

步驟 2：比較你剛完成的這兩張新圖，它們分別帶給你什麼樣的**感受**？你是否成功發揮了你在步驟 1 寫下的形容詞？融入品牌風格會如何影響我們的資

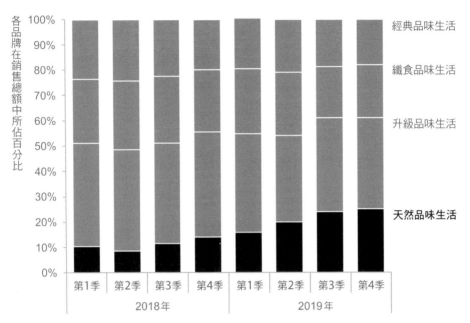

品味生活品牌線銷售情況：**天然佔比增加**

圖 5.8 把品牌特色融入圖表中！

料溝通？有何優缺點？請用幾句話寫下你的感想。

　　步驟 3：想想你們學校或公司的品牌，你會聯想到哪些形容詞？請根據你所描述的品牌風格重製圖 5.8。請再更進一步發揮，把你剛才做好的新圖表整合至一張投影片中，如果你要加上任何元素（標題、文字、標誌及顏色），請維持一致的品牌特色。

　　步驟 4：你認為當我們在製作圖表與用資料溝通時，應當考慮到哪些品牌特色？這麼做有哪些好處？有哪些情境我們可能不想把品牌特色放入簡報中？請用幾句話寫下你的感想。

職場應用

當我們製作圖表時能考慮到易用性、留意細節、建立接受度，大家就可能願意多花點時間觀看我們的作品，從而提高我們激勵大家採取行動的能力。請挑選你在工作中負責的某個專案，並透過以下的習題，培養設計師的思維。

習題5.9：用文字讓圖表更平易近人

當你看著自己製作的圖表時，當然很清楚它的內容：該注意哪些地方、該如何解讀資料，以及主要的重點是什麼。但誠如我們之前曾經討論過的，你的聽眾可未必像你這麼了解這些資料；幸好適當的文字說明，能使你的資料變得容易理解，並解答聽眾可能產生的疑問，這樣就能幫助聽眾達成跟你一樣的結論。

有些文字是必須出現的：每張圖都要有個標題、每條座標軸也需要標題，且例外情況極少（比方說吧，如果你的 X 軸呈現的是月份，固然不必再加上「一年各月份」的標題——但你仍需註明是哪一年！）。座標軸附上標題讓觀眾不必猜測或假設，一看就知道這是什麼資料。千萬不要認定觀看相同資料的人都會做出相同的結論，如果你希望觀眾看了你的數據解釋後，做出某個特定結論，請用文字清楚陳述，並運用前注意特徵凸顯這些文字：大寫、粗體，並放置於顯眼的重要位置，例如頁面頂端。

說到頁面或投影片的頂端——（圖 5.9 的標題「文字讓資料平易近人！」）這個位置是非常珍貴的，因為那是觀眾第一眼看到的地方。大多數人會在這裡放上敘述性的標題，但其實這裡更應該放上你想要聽眾採取的「行動標題」；把資料的主要重點放在這裡，觀眾肯定不會錯過，也可用來提點後續的內容

職場應用

文字讓資料平易近人！

建議：**用文字凸顯主要重點**

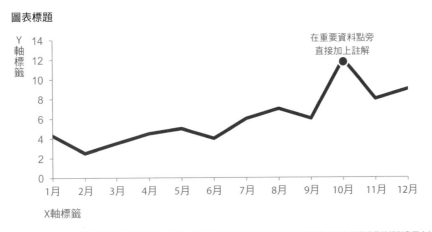

圖表標題

在重要資料點旁
直接加上註解

每次你呈現資料時，都要在註腳註明資料來源、日期，以及必要的假設及／或使用的研究方法（視你的狀況及簡報對象而定）。

圖 5.9　明智地使用文字

（我們將會在第六課進一步探討與練習如何把主要重點放在標題裡）。

　　也請考量哪些是呈現了會有幫助、但不必吸引聽眾注意的內容。比方說吧，在呈現資料時，附上註腳通常會有幫助，它可說明資料的來源、時間、假設或是取得方法之類的細節。這些資訊都能幫助聽眾解讀與建立資料的可信度，而且未來你需要複製與創造類似的圖表時，還能當作參考。註腳雖然重要，但不必跟其他事物爭搶聽眾的注意力，所以這段文字的字體可以小一些、用灰色顯示，並且放在圖表底部之類較不重要的位置。

　　在你的圖表或投影片完成後，請用以下問題確認你的文字用對了：

- 此圖的主要重點（takeaway）是什麼？你使用的文字是否夠顯眼、聽眾絕不會錯過？

職場應用

- 你的圖表有標題嗎？它的描述能否讓聽眾對圖表內容設定正確的期待？

- 所有座標軸是否直接加上標籤或標題？如果答案是否定的，你採取了哪些步驟讓聽眾明白他們在看什麼？

- 你是否使用註腳說明那些重要但不必佔據主舞台的細節？如果答案是否定的，是否應該補上？

- 以你的溝通方式而言，這樣的文字量是否適當？一般而言，現場簡報的投影片通常不會放上很多文字，但如果是分送給大家自行閱讀的書面資料，就需要較多文字說明。你的作品是否提供了適量的文字說明呢？

習題5.10：打造視覺階層

功能可見性是能夠幫助聽眾理解如何與資料互動的設計面向；我們可以透過強調某些元素、並淡化其他元素來打造視覺階層，幫助觀眾快速瀏覽與理解簡報內容。如何快速測試你的視覺階層是否成功？瞇起眼睛打量全圖，這樣可以讓你用新的眼光看這個設計，最重要的元素必須是最顯眼、且讓人第一眼就能看到。

想要了解更多關於成功打造視覺階層的訣竅，請參考以下由我們工作坊整理出來（改寫自《設計的法則》）、關於強調重點以及移除使人分心元素的原則，想想看你如何將這些原則應用於你的下個專案！

強調重點

- **粗體**、*斜體*與<u>加底線</u>：適用於標題、標籤、說明和短句。粗體的使用頻率通常高於斜體和底線，因為粗體最不會打亂整體設計風格，又可清楚凸顯選中的元素。斜體雖然也不易擾亂整體風格，但是凸顯效果不及粗體，也較不易閱讀。底線會增加不一致感，且可能危及閱讀效果，應斟酌使用（或避免使用）。

- **大寫與字型**：短句使用大寫文字可讓人一眼瞧見，所以頗適用於標題、

標籤與關鍵字。盡量避免使用不同字型強調內容，因為整體美感沒有顯著差異，難以察覺。

- **顏色**若斟酌使用、搭配其他強調技巧（例如粗體），便能成為有效的強調策略。

- **反白**是相當有效的吸睛技巧，但會大幅增加設計的不一致感，因此應該斟酌使用。

- **大小**是另一個吸引目光的方式，也可強調重要性。

移除使人分心的元素

- **不是所有資料都一樣重要。**移除非關鍵資料或要件，善用空間與聽眾的注意力。

- **若細節並非必需，濃縮內容即可。**你應該要對細節相當熟悉，但這並不代表聽眾也需要知道細節，考慮看看內容是否該加以精簡。

- **問問自己：**刪除這樣東西是否會引起變動？不會？那就刪除吧！別因為自己花了心血就留下不必要的元素；如果這些東西不能輔助主要訊息，就不能協助達到溝通目的。

- **淡化不會影響主要訊息的必要元素。**運用前注意特徵淡化非必要元素，淺灰色相當適合。

習題5.11：留意細節！

聽眾觀看圖表的經驗，其實是由圖表裡的許多元素積累而成。不知各位是否曾尋思，為什麼有些設計看起來簡單優雅，有些卻令人覺得笨拙雜亂？問題就出在細節上。設計圖表時留意細節，有助於確保聽眾獲得愉快的看圖經驗。以下是各位在製作圖表或投影片時必須細心考量的一些面向。

- **拼字、文法、標點及數學務必正確。**這明明是理所當然的事，卻還是經

職場應用

常見到這種令人懊惱的粗心案例。所以各位完成圖表後，務必向別人請求意見回饋，既可得知作品的優缺點，還能有人幫忙挑錯，堪稱一舉兩得。千萬別讓你的無心之過，反倒成了聽眾的矚目焦點，那可就糗大了。我曾聽過有人用倒著念來挑錯，因為這樣很難快速閱讀，而錯誤也就無法遁形。還有人利用其醜無比的字型來挑錯，也是基於類似的道理。圖表中的數學算式更是錯不得，那真的會害你顏面盡失！

- **精準對齊元素**。盡可能在頁面中排列出俐落的垂直或水平對齊線，你可以使用工具中的表格或格線或尺規來精準對齊元素。避免將元素斜置，因為看起來不整齊、令人分心，而且斜置的文字不易閱讀。我個人向來偏好將圖表標題及座標軸標題向左對齊，因為這會讓圖表形成一個好看的外框（座標軸標題的英文字母全數大寫，能打造出整齊的長方形外框）。再者，由於人眼視物時習慣以「之」字型移動目光，圖表標題向左對齊意味著觀眾第一眼就會看到，因而馬上知道如何閱讀這份資料，堪稱一舉兩得！

- **善用留白**。不必害怕留白，更不必看到留白就想把它填滿，因為留白能夠凸顯非留白的元素，還可以把不同組的事物分隔開來。適當的留白加上精準對齊，就能幫助你打造出結構整齊的圖表或投影片。

- **用視覺效果將相關事物綁在一起**。請利用視覺效果，讓人在觀看資料時，清楚知道該看哪些文字以了解相關訊息。當他們閱讀文字時，也知道該看哪些對應資料，以印證文字描述的內容。請回想我們在第三課介紹過的格式塔視覺法則，並複習如何利用視覺效果連結相關事物的方法，特別是習題 3.2 。

- **不做非必要的無謂變更**。看到前後不一致的事物，人們會感到疑惑並猜想其原因，別讓聽眾耗費腦力思考這種無謂的事。不要為了展現你的設計創意而隨便更改色彩或格式，如果你在某處使用特定顏色吸引觀眾的注意，除非有更好的理由，否則請統一色彩。

職場應用

- **仔細觀察圖表給人的整體「感覺」**。檢視你剛完成的圖表，它看起來感覺如何？會令人覺得沈重或複雜嗎？該如何修正？如果你無法用客觀的角度來看，就請別人幫忙——請他們用一些形容詞來描述觀感，必要時再修改。

習題5.12：提升易用性

　　以下內容改編自艾美‧西索爾（Amy Cesal）發表在我們官網的客座文章，各位可以上我們的官網，點選「accessible data viz is better data viz」即可閱讀完整內容，文章中提供多個範例，並可連結至其他資源。

　　當我們在製作圖表時，往往是從自己的角度出發，這一來便會產生問題，一則是因為其他使用者並不像我們這麼熟悉這些資料，二則因為有些使用者不像我們能夠隨心所欲地閱讀圖表（例如視障者或紅綠色盲患者）。

　　所以我們在設計視覺化資料時，應講究易用性，幫助各種類型的觀眾理解你的圖表，這樣的貼心設計，若連身心障礙人士也能解讀你的圖表，那一般人就更不用說了。

　　當圖表配上精準的文字、清楚的標籤，並加入各種凸顯重點的方法，肯定能讓所有人都更易理解你的圖表。提升圖表易用性的方法有很多，以下僅提出其中五個簡單原則：

1. **加上自定義替代文字（alt text）**。此一功能可幫助視障人士理解圖片內容，螢幕讀取器會在顯示圖片的地方，念出自定義替代文字。加上自定義替代文字是很重要的，因為光是標示「圖-13.jpg」，視障者並無法理解其內容。螢幕讀取器雖然會幫忙念出自定義替代文字，但使用者

職場應用

無法加快速度或略過，所以你要提供簡明扼要的資訊。理想的自定義替代文字，除了用一句話說明這是什麼圖表之外（包括圖表的種類，因為有些視障者只能看到一部分的圖表），還需包括一個能夠用 CSV 或其他機器讀取的資料格式之連結，這樣視障人士才能夠用螢幕讀取器聽取圖表資料。

2. **在標題顯示重點**。研究顯示，使用者第一眼會閱讀圖表標題，而且當他們被要求說明此圖表的意義時，多半也只是把圖表標題改述一遍而已。把重點放進圖表標題中，還能減輕聽眾的認知負荷，因為既然已經先讀了圖表重點，到時候自然知道該如何閱讀這份資料。

3. **直接標示資料**。減輕觀眾認知負荷的另一個方法是直接標示資料，取代使用圖例。此舉對於色盲患者或視障者格外有幫助，因為他們較難比對圖例與圖表中的同色資料點。此舉也讓一般觀眾的目光不必忙著在圖例與資料點之間來回掃視。

4. **檢查字型與顏色的對比**。有鑑於 8% 的北歐裔男性與 0.5% 的北歐裔女性是色盲，以及考慮到其他各種身心障礙人士使用網頁的需求，全球資訊網協會公布了無障礙網頁設計規範（Web Content Accessibility Guidelines, www.w3.org），明確規範了讓各種人都方便使用的適當對比與文字大小。各位可以利用 Color Palette Accessibility Evaluator 之類的工具幫你達到這些標準。

5. **善用留白**。留白其實是個好幫手，缺乏適當留白的圖表會讓觀眾看得不太舒服，所以圖表的各個區塊之間最好能留下間隙（例如堆疊長條圖可用白色的外框線分隔不同組的資料長條）。用留白幫忙標出不同區塊的界線，會比選用五顏六色來區分不同區塊更容易辨識，從而提升圖表的易讀性。

善用上述方法能幫助大家輕鬆理解你製作的圖表，各位必須努力確保每個

職
場
應
用

人都能理解圖表的重點，而非只有你個人或是精通相關資訊的專家才能看懂。當你貼心考慮到圖表的易用性，就能為大家打造一個優秀作品。

下回你需要用圖表簡報時，請務必參考與應用上述訣竅。

習題 5.13：增加接受度

不喜歡改變乃是人的天性，對於早已習慣用「一直以來的那一套作法」行事的人，我們該如何說服他們採用不同的方式做事？如果抗拒改變的是聽眾，又該如何因應呢？

這是一個變革管理過程，各位可以把我們在第一課了解你的聽眾的技巧應用在這裡：只不過這裡的聽眾換成是我們想要影響其行為的人。最重要的是，我們必須用對方法，才能成功說服**聽眾**接受我們的設計。

千萬別只是對他們嗆聲：「我剛讀完這本書，我發現過去我們根本做錯了！我們必須用別的角度來看**這件事**才對！」這樣的說法不夠有說服力，很難打動別人。所以除非你是老闆，別人只能聽命行事（即便真是這樣，用委婉的方式來進行還是比較好些！），否則你必須花點心思，透過潛移默化的方式來影響你的同事或利害關係人接受改變。

以下是我從《Google 必修的圖表簡報術》擷取的一些因應策略，再加上幾個新概念，提供給各位參考，希望能幫助你們設計的圖表贏得聽眾的認同。

- **說明新方法或不同方法的好處。**有時候只需要在更動的部分出現前，讓聽眾知道為什麼會這樣，就能讓他們覺得比較自在。用不同角度看資料是否會產生新的或比較好的看法？還有沒有其他好處能說服聽眾接受改變？

- **讓新舊方法並列呈現。**如果新方法顯然比舊方法好，並列呈現就能展示這點。除了並列呈現前後對照之外，還可以順帶解釋為什麼要改變視角。

職場應用

- **提供多個選項、尋求意見。**除了自行決定之外，你也可以考慮打造幾個不同選項，並向同事或聽眾（若恰當的話）尋求意見，以判斷哪種設計最能符合需求。可邀請利害關係人參與此過程——他們將會對解決方式更有參與感。

- **拉攏重要的聽眾成員。**找出聽眾中具影響力的成員，單獨與他們討論該如何增加設計接受度。徵詢他們的意見，依照意見改善。若能成功拉攏一個以上的重要聽眾，其他人也有可能跟進。

- **先以用聽眾熟悉的方法開始簡報然後再轉換。**這種作法在現場簡報會特別有效，先從聽眾過去習慣的觀點開始切入，然後再轉換到不同的角度，讓聽眾清楚看到新舊方法之間的關聯，並凸顯新觀點能看到的事物，或是能夠開啟什麼樣的新對話。你會發現圖表設計得巧，你不必花大把時間說明圖表，而會著重於討論這些資料呈現的狀況，這會把整個對話帶往一個非常有利的方向。

- **增加而非取代。**不用做任何改變，就照原樣呈現，只是再加上你的新觀點。比方說吧，你不必重新設計例行性報告，保持原狀即可，但你可以在前面加入幾張投影片，或是在分發這份資料的電郵中加上一些內容，把你的最佳作法呈現在這幾個地方。此舉形同告訴你的聽眾：「我們並未做任何改變——資料全在這兒了，很高興能跟各位一起了解這些資料。不過我們事先整理出一些資料，這些就是您這次應該注意的重點。」一段時間之後，聽眾會逐漸對你產生信心，相信你有能力用有效的方式做對事情，你就不必把所有的資料都一一跟聽眾分享，只需告訴他們重點即可。

仔細思考上述原則能否適用於你的狀況，幫助你推動你想要的改變，並讓聽眾接受你設計的圖表。了解什麼事情能夠驅使你的聽眾採取行動，有助於影響他們接受你的設計。不要站在你的立場認為他們應當改變，你的圖表設計應

以聽眾為出發點，請複習第一課的相關內容，可以幫助你更加認識你的聽眾。

推動新的觀點或方法不宜躁進，先追求唾手可得的小勝利，經過一段時間之後，待你建立足夠的可信度，並贏得同事與聽眾的尊敬，屆時說不定就能順利完成你想要的大改變。

習題5.14：一起討論集思廣益

請找一位夥伴或小組，一起思考及討論以下跟本課內容及習題有關的問題。

1. 文字在幫助我們的圖表更易理解上扮演什麼樣的角色？哪些文字在圖表中是不可或缺的？有例外情況嗎？

2. 在打造圖表中的視覺階層時，凸顯重要資料與淡化不重要的資料，兩者都很重要。在我們的圖表與投影片中，哪些元素應該被淡化？我們如何淡化不重要的資料？

3. 就圖表而言，怎樣才稱得上是面面俱到的周全設計？

4. 何謂圖表的**易用性**？我們該採取哪些步驟，來提升此易用性？

5. 花時間讓我們的圖表變美觀值得嗎？你為什麼認同？為什麼不認同？

6. 用資料溝通時，如何讓個人或企業品牌發揮作用？這麼做有何好處？有缺點嗎？

7. 你曾否在想要變更圖表或是改變資料視覺化的方法時遇到阻撓？你是如何因應的？你成功了嗎？遇到這種狀況時，我們可以使出哪些策略來影響我們的聽眾？下次再遇到這種情況時，你會怎麼做？

8. 對於本課介紹的這些策略，你會對你自己或你的團隊設下什麼樣的具體目標？你如何確保自己或你的團隊達成目標？你會向誰尋求意見回饋？

職場應用

學習說故事

　　一般人對於試算表中的數據資料或是投影片上的事實，通常不大容易記住，但好聽的故事卻能讓人念念不忘。因此有效的圖表若能搭配精彩的故事，就會產生如虎添翼的加乘效果，讓聽眾輕鬆就能回想起他們在簡報中看到、聽到或讀到的資訊。本課將要透過實際案例來探討，如何運用說故事的概念來有效溝通資料。

　　在此先插個題外話，有些人對我的課程編排感到詫異，當我們在第一課探討脈絡時，明明就已經講到一些跟故事有關的事情，為什麼不順勢討論下去呢？但我會這樣安排自有我的道理：在還不清楚事情的來龍去脈之前，故事根本派不上用場；這時與其直接開始處理數據，倒不如盡早搞清楚脈絡、聽眾與相關訊息，因為它們能夠幫你鎖定資料視覺化的程序，進而提升溝通的成效。等到你搞懂資料，並明白你該如何運用它們來幫助大家看清某些形勢時，你才需要放眼全局，並思考溝通這些資料的最佳方式，這時才是故事登場的正確時刻。

　　故事的核心元素──文字、張力以及敘事弧（narrative arc），能幫助我們吸引聽眾的注意力，建立可信度，並激勵他們採取行動。精彩的簡報故事好聽易記且容易重述，讓聽眾能輕鬆幫忙傳播訊息。本課將透過數道習題讓大家明白，簡報的重頭戲不光是呈現資料，而是讓資料成為一個精彩故事的亮點！

　　我們就來練習如何說個能打動人心的好故事吧！

　　但在那之前，我們要先來回顧《Google 必修的圖表簡報術》第七課的重點摘要。

SWD
一書

首先，我們來回顧
學習說故事

小紅帽　關鍵要素在實際應用時的證據

衝突和張力
是故事的
關鍵要素

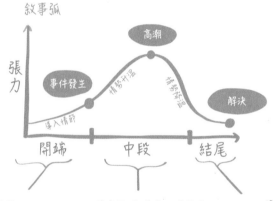

- 導入情節
- 替聽眾建構脈絡
- 解答聽眾：「我為什麼該注意」的疑問

- 逐步說明「情況可能會變成怎樣」
  — 提供例子闡明議題
  — 納入能顯示問題的資料
  — 說明不採取行動或不改變的下場

- 行動呼籲
- 清楚告訴聽眾，你希望他們了解這些資料後，能夠有何行動

敘事結構　以合理的順序，透過口語或書面文字（或兩者交錯的方式）來說故事，並吸引聽眾注意

敘事流暢度

故事的順序……
你為聽眾導覽的路徑

按照時間順序

找出問題 → 蒐集資料

分析資料 → 歸納出發現

建議行動

以結尾當作開頭

呼籲
採取行動

支持論點#1 → 支持論點#2

……等等

口語vs.書面敘事

明確說出你要聽眾扮演的角色

書面報告

是用書面敘事呈現資料
聽眾必須自行理解內容……

現場簡報

透過你的說明呈現資料，
並用圖表加強印象

重複

讓重要資訊從短期記憶變成長期記憶

一開始就告訴
聽眾你要說的內容

說明細節與
主要內容

摘要與回顧

老師示範

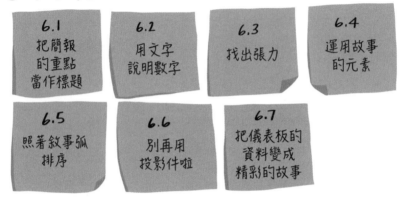

6.1
把簡報
的重點
當作標題

6.2
用文字
說明數字

6.3
找出張力

6.4
運用故事
的元素

6.5
照著敘事弧
排序

6.6
別再用
投影件啦

6.7
把儀表板的
資料變成
精彩的故事

自行發揮

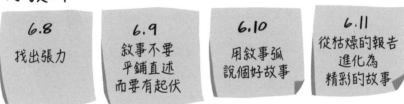

6.8
找出張力

6.9
敘事不要
平鋪直述
而要有起伏

6.10
用敘事弧
說個好故事

6.11
從枯燥的報告
進化為
精彩的故事

職場應用

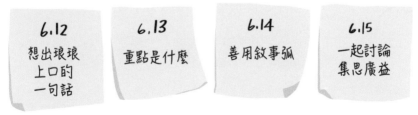

6.12
想出琅琅
上口的
一句話

6.13
重點是什麼

6.14
善用敘事弧

6.15
一起討論
集思廣益

老師示範

先來探討如何運用文字傳達我們的訊息，並學會用文字說明數字。
接著我們要討論故事的張力，並介紹敘事弧這項利器，它能幫助我
們打造精彩的故事來溝通資料。

老
師
示
範

習題 6.1：把簡報的重點當作標題

各位已從上一課的習題 5.1 及 5.9 學到，文字在圖表溝通中扮演重要的角
色：文字能幫助聽眾更快看懂資料。投影片的標題是擺放文字的重要位置，可
惜大家往往沒能讓它發揮最大功效。

請想像眼前有張投影片，它的頂端通常會放上標題。這個空間相當珍貴，
因為不論是投影在大型螢幕上，或是顯示在電腦螢幕上，或是列印在紙上，觀
眾看到的第一樣東西就是標題。不少人會使用敘述型標題，我個人偏好行動標
題，把主要重點當成標題也很好，這樣聽眾絕對不會錯過它！

研究業已證實，有效的標題能幫助聽眾記住與回想起圖表的內容。把主要
重點當作標題還有另個好處：聽眾會對接下來的內容產生正確的期待。

我們就來練習構思精準的重點標題，以及如何變換標題，來引導聽眾聚焦
於資料的各個面向。請看圖 6.1，它顯示的是本公司與前四大競爭對手的淨推
薦值（Net Promoter Score），這是用來衡量顧客忠誠度的常用指標，分數愈
高愈好。

步驟 1：請構思一個重點標題，來回答頁面頂端提問的「重點是什麼？」。
此標題想要聽眾聚焦於圖表裡的什麼資料？請用一兩句話說明。

步驟 2：替這張投影片換上**另一個**重點標題，並重複步驟 1 的動作。

步驟 3：你的標題會否左右聽眾的**感受**？如果會的話，你是如何做的？如
果不會，你要如何更改標題，以傳遞正面或負面的訊息？

老師示範

重點是什麼？

一段期間內的淨推薦值

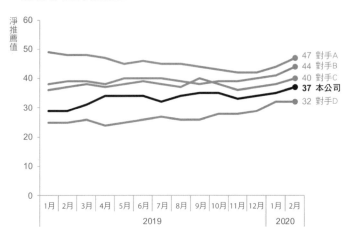

圖 6.1　重點是什麼？

解答 6.1：把簡報的重點當作標題

英文裡的：「What's the story？」並非真的想要聽故事，而是在問：「重點是什麼？」當我們用數據向別人說明事情時，至少要交代「重點」才行，我們可以把圖表的主要重點放在標題中，讓觀眾一目了然毫無懸念。

步驟 1：若我把這張投影片的標題設為：「**淨推薦值逐步上揚**」，觀眾看了這幾個字後，就會找尋圖表中朝右上方前進的線條。當他們一看到圖表，目光就會被吸引到本公司這條線，標題中讀到的文字在圖表中獲得證實。

步驟 2：假如我把標題換成：「**淨推薦值：我們位居第四**」，這會促使觀眾望向圖表右側並開始用手指頭數著：一、二、三，沒錯，的確是第四名。標題文字提示了圖表即將呈現的情況，而圖表則呼應了標題中的文字。

步驟 3：我還可以用標題來設定觀眾的期待：這樣的表現是好？是壞？前

兩個標題並未這麼做。假設標題改成：「**狂賀！淨推薦值逐步上揚**」或是：「**加油：還未擠進前三名**」，觀眾對於資料的感受肯定大不相同，可見我們放進圖表裡的文字極其重要，用字千萬要謹慎！

順帶提一下，常有人詢問英文標題的大小寫如何選擇，如果是投影片的標題，我習慣選用句首大寫（只有第一個字母大寫、其餘全部小寫），因為這樣較有一氣呵成的感覺，很適合行動標題或重點標題。至於每個單字的第一個字母都大寫的方式（例如：NPS Over Time），較可能變成敘述型標題。不論你決定採用哪一種作法，記得前後一致不要變來變去。

總之，文字的力量不容小覷，一定要好好運用！把主要重點當成標題就是一個不錯的作法。

習題 6.2：用文字說明數字

在完成圖表後，我會要求自己用一句話來說明它的主要重點；我發現這個作法挺管用的，因為在我拚命思考的過程中，往往能激發出更多靈感，讓我用不同方法呈現資料，更能凸顯我想強調的重點。

我們就拿一個實例來練習吧，想像你在某銀行負責分析催款資料。你們是使用電話語音催帳系統，但許多電話往往無人應答，若有人接聽電話，催收人員就可跟對方協商還款計畫，並將此帳戶歸類為「已處理」。你們用了幾種指標追蹤電話催帳的成效，這裡我們要看的是滲透率，它指的是「已處理」的帳戶數在電話催帳總數中所佔的比例。

請看圖 6.2a，它顯示了 2019 年每個月的「已處理」帳戶數、撥出電話通數以及滲透率。

步驟 1：請各用一句話寫出你觀察此圖的三種心得，你不妨把它們視為可用來強調這份資料的主要重點。

步驟 2：如果你要簡報這份資料，你想聚焦於哪句話？為什麼？你還想納入其他任何面向嗎？你會怎麼做？

去年的電話催收明細

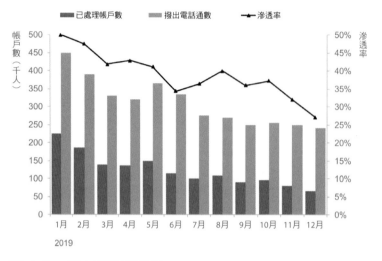

圖 6.2a **用文字說明數字**

步驟 3：你打算如何修改此圖，好讓聽眾更注意你想強調的主要重點？請寫下你想做的變更。

步驟 4：下載資料，用你的工具重製此圖，並做出你想要的變更。

解答 6.2：用文字說明數字

為了找出正確的文字來描述圖表，我必須仔細檢視數據，並思考當中的主要重點是什麼，以及我想要向聽眾強調哪些面向。

步驟 1：當我檢視這份資料時，我發現這一年內的催款活動大致都呈現下降的趨勢。但是我們應該說得更具體些，這就是為什麼我要寫出三個心得（而非只寫下腦中想到的第一個想法）。此圖描繪了三組資料數列，以下就是我對每一組資料的觀察心得：

1. 這一年來每個月的已處理帳戶數不盡相同，但大致上呈現減少的趨勢。

2. 1 月至 12 月間，撥出電話通數一共減少了 47%，12 月大約撥打 25 萬通。

3. 這一年的滲透率顯著下降。

步驟 2：我想聚焦於滲透率的減少，因為它會連帶反映出其他組資料的情況；我也會順便提及另兩組資料，因為它們能為一些值得注意的情況提供重要的脈絡。例如每個月撥出的電話通數明明持續減少，但滲透率卻也是下降的。按理說，每個月撥出的電話通數變少，是因為已處理的帳戶數變多，但實際情況顯然不是這樣。我猜測這有可能是因為容易處理的帳戶（找得到人或是有意願還款的人）全都已經處理了，所以雖然現在需要電話催帳及處理的帳戶變少了，但剩下的都是些比較棘手的帳戶？如果我想要搞清楚是什麼原因造成眼前所見的情況，勢必要查清楚相關的脈絡才行。

至於我要如何納入這份資料的其他面向，我打算落實本習題的主旨，也就是用文字說明數字。例如我的第二個心得指出：「1 月至 12 月間，撥出電話通數一共減少了 47%，12 月大約撥打 25 萬通。」我可以在現場簡報時口頭說明此事，也可以把它寫在「講義」上，此舉為呈現資料的方式開啟了更多可能性，這點我們稍後會再深入檢視。

步驟 3：我的確想改變呈現這份資料的方式，我喜歡原圖整體呈現的俐落感，不過目前位在圖表上方的圖例，以及右側的第二條 Y 座標軸，都會增加聽眾的認知負荷，因為他們的目光必須來回掃視，以確認該如何閱讀此一資料，我想把圖改得更容易閱讀。再者，我想用文字提供一些脈絡，幫助我們聚焦於圖中的滲透率。

步驟 4：為了讓各位看到我的思考過程，我們要來逐一檢視呈現這份資料的各種觀點。首先，我會移除第二條 Y 座標軸，以及它所標註的資料數列（也就是滲透率，稍後才會再放進來）。請注意原圖中的已處理帳戶數與撥出電話通數呈現某個比例，我打算把它們放在一起呈現，但我會稍微更動資料，改為呈現已處理帳戶數與無回應帳戶數，請看圖 6.2b。

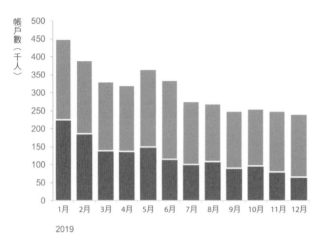

上年度的電話催收明細

已處理帳戶數 | 無回應帳戶數

圖 6.2b 修改資料以便堆疊呈現

　　在圖 6.2b 中，直條的總高其實包含已處理與無回應兩組資料數列，兩者合計就等於撥出電話通數。既然我們已經說了要用文字說明每個月的撥出電話通數變少的情況，就表示我們不必直接顯示它。因此，我打算改用百分比堆疊直條圖，這樣雖然看不出電話通數下降的情況，卻可更清楚看出已處理與無回應兩者的比例——滲透率，請看圖 6.2c。

　　改成百分比堆疊直條圖的好處是，觀眾能更容易看出電話催款的成效：已處理帳戶數佔撥出電話通數的比例。但我們還可以再進一步，移除直條間的空間，並改成區域圖，請看圖 6.2d。

　　我不常使用區域圖，但它們偶爾也有派得上用場的時候，本例即是如此。區域圖的缺點之一是它有時會讓人搞不清楚，各組資料究竟只要看堆疊在其他組資料之上的部分，還是包含 X 軸往上的所有部分。不過這個百分比堆疊區域圖卻是相當直觀的。

　　採用這個觀點有幾個好處，我們可以透過色彩引導觀眾聚焦在已處理帳戶數的佔比，而分隔綠色與灰色區塊的那條線就是滲透率。

老師示範

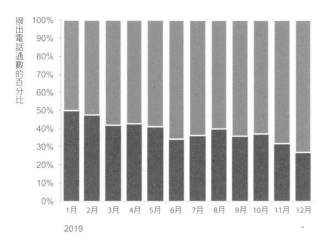

圖 6.2c 改為百分比堆疊直條圖

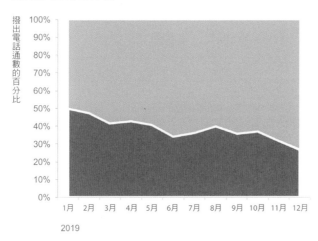

圖 6.2d 改成堆疊區域圖

　　觀眾來回打量圖例與資料，是我想修改的重點之一。各位已從其他案例見過，我常用的手法就是把圖例放在圖表的左上角（通常位於圖表標題正下方，本例亦是如此）。因為這個作法符合人眼以「之」字型路線視物的習慣，能確保觀眾先看到圖表的閱讀方式，然後再看到實際的資訊。另外一個作法則是直接標記資料點，我試過用反白的方式把無回應與已處理分別標示在對應區域，但不管是向左或向右對齊，我都覺得雜亂礙眼，所以最後我決定還是把圖例放在左上方，只直接標示滲透率。

　　我們就這麼辦吧，並直接標記最後一個資料點以示強調。由於沒有更多的脈絡可以得知這情況是如何形成的，我決定就此打住，請看圖 6.2e。

　　在此我需附帶說明一下，大家對於圖 6.2e 的評價不一，有些人覺得百分比堆疊區域圖不易理解，還不如簡單的堆疊直條圖，因為它能讓我們看到絕對數字。我感覺我好像太過執著於自己創作的解答，雖然我得到這樣的意見回

1月至12月間撥出電話通數一共減少了47%，12月大約撥打25萬通。
在此期間，滲透率顯著下降。

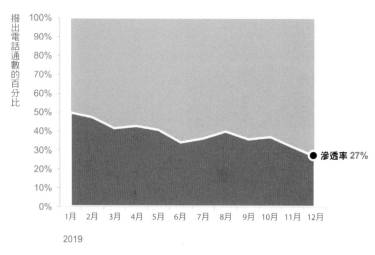

圖 6.2e　**用文字說明數字！**

饋，但我還是決定把這個圖呈現出來，因為它採用一種較不常見的觀點來看這份資料，凸顯出試著用跳脫常態的觀點看事情是 OK 的。不過如果我打算在商業場合呈現此圖，我會尋求更多意見回饋，來決定是否直接使用此圖，抑或做些修改以滿足觀眾的需求。

重點是：用文字說明數字，能夠幫助我們搞清楚想要傳達的訊息，以及最有效的呈現方式。圖表搭配適當的文字說明，有助於確保聽眾正確理解我們傳達的訊息。

習題 6.3：找出張力

接下來的幾道習題不再著眼於資料和圖表，而要深入探討故事的重要元素。

當我們在溝通資料時，張力是個非常重要卻又經常遭到忽略的元素。我在工作坊教導說故事的課程時，常會用相當戲劇化的方式授課，尤其是在談到張力的時候。但這只是為了強調重點，各位千萬別以為我們必須營造戲劇效果才能讓故事發揮功效。張力不是捏造或編出來的，如果事件中不存在張力，我們根本沒什麼好跟人溝通的。所以重點在於找出事件中存在哪些張力，以及我們該如何向聽眾闡明。當我們祭出正確的張力，就能成功引起聽眾的注意，從而有機會打動他們採取行動。

回想我們在第一課學過的內容，最重要的事情莫過於搞清楚我們的聽眾是誰以及他們在意什麼。別淨講些我們自己很在意的事情，因為別人未必會認同，我們必須從**聽眾**的角度去思考此事對他們有什麼樣的張力。這點與核心想法的其中一項要素不謀而合：此事有何利弊得失？當我們成功找出某個情境中的張力，那麼我們想要聽眾採取的行動就變成他們要如何解決資料故事中的張力（我們將透過接下來的幾道習題進一步探討此一概念）。

我們先來看幾個不一樣的情境，並按照以下步驟，練習找出其中的張力。**首先，找出張力；其次，找出聽眾應採取什麼行動，以解決此一張力。**

老師示範

情境 1：你在一家大型零售商擔任分析師，剛對近期的開學季做了一項意見調查，了解消費者對於你們與主要對手的店內購物滿意度。調查結果顯示：消費者在你們店內的整體購物經驗感到滿意，對你們品牌的印象也不錯，但是消費者認為你們各家分店提供的服務水準不一致。你們團隊討論後找出了解決方法，並打算對零售部門的主管提出一項具體建議：公司應對銷售人員提供訓練課程，讓他們明白什麼是優質的服務，以期未來所有分店都能夠提供相同的高水準服務。

情境 2：你在某公司擔任人事部門主管，過去你們公司的總監級職位多由內部升遷而非外部空降。但近來總監的離職率出現增長，你要求部屬根據目前的趨勢，製作一份關於未來五年的員工升遷、晉用及離職率的預估報告。你認為以目前公司規模不斷擴充的趨勢看來，除非出現意外的變化，否則未來一定會出現主管人才荒。你想把這份資料呈報公司的最高決策小組，請他們共商因應對策。你認為解決方法包括：了解總監級主管的離職原因，並設法阻止情況繼續惡化；積極培養管理級人才並加快他們的升遷速度；展開策略性併購引進更多人才；改變你們的聘雇策略，總監級職位改向外部招募優秀人才。

情境 3：你是某區域型健康照護機構的資料分析師，你們為了改善經營效率、降低營運成本與提升服務品質，持續試行虛擬看診方案，鼓勵醫師盡可能透過視訊或電話或電郵與病患進行虛擬溝通，以取代親自上門看病。上級交代你彙整相關資料並納入年度檢討報告中，以評估虛擬看診的成效，並據以對明年的目標提出建言。你的分析顯示：基礎醫療與專科醫療的虛擬看診都呈現相對上升的情況，而且你預測明年仍將維持此一趨勢。雖然你可以根據這份資料與你的預測結果直接建議明年的目標設定，但你認為聽取醫師的意見也是必要的，這樣才能避免設下過度躁進的目標，並對醫療品質產生負面影響。

解答 6.3：找出張力

以下是我對每個情境的張力與解決方法所提出的大綱，但我要再次強調：正確答案不只一個，歡迎各位發揮創意。

情境 1：

- **張力**：各分店的服務水準不一致。
- **解決方法**：投入資源開辦銷售人員訓練課程。

情境 2：

- **張力**：以目前的趨勢前瞻未來，我們公司可能面臨總監級主管人力短缺情況。
- **解決方法**：討論並決定我們該做出哪些策略性變革以補足主管職缺。

情境 3：

- **張力**：孰輕孰重：效率或醫療品質？改成虛擬看診的情況的確在發生中，但我們還想大力推展至何種程度？
- **解決方法**：根據分析所得資料，加上醫師們的意見回饋，為來年設定合理的目標，避免因一味追求效率而犧牲了醫療品質。

習題 6.4：運用故事的元素

打從撰寫《Google 必修的圖表簡報術》後，我處理故事的手法就大大改變了。該書透過戲劇、書籍和電影來檢視故事，當時設定的故事架構包括開端、中段與結尾三個部分。這樣的作法仍然是有用的，但我相信敘事弧能讓故事變得更引人入勝。

故事都有個形狀，它們先從情節展開，接著引進張力，張力使得情勢不斷升溫，並且到達最高點的高潮，接著情勢逐漸降溫，最後問題獲得解決，故事也順利結束。用這種結構傳遞的資訊，能讓人深受吸引並且牢牢記住。

問題是典型的商務簡報完全不是這麼回事！典型的商務簡報平鋪直敘，

不會有高低起伏。首先我們會提出必須解決的問題，接著討論資料，然後展示我們的分析，最後提出我們的發現或建議事項。順帶一提，這種直線前進的路線，跟我們在第一課介紹的分鏡腳本差不多。依照敘事弧安排分鏡腳本能獲得很大好處，圖 6.4a 顯示的即是敘事弧。

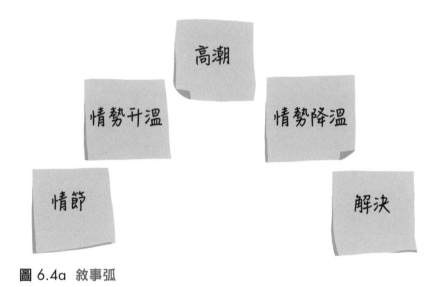

圖 6.4a 敘事弧

我們就拿之前在習題 1.7 所做的開學購物季分鏡腳本來練習，各位可參考你自己或是我提供的解答。**你如何按照敘事弧安排這些元素？你是否需要重新排序、增添或刪除某些內容？**

各位不妨取出一疊便利貼，並寫下解答 1.7 的分鏡腳本，然後把它們排成敘事弧。如有需要可以增添或移除某些內容，或是重新排序。

解答 6.4：運用故事的元素

圖 6.4b 顯示的是我如何按照敘事弧安排開學購物季的故事元素。

我會先從設定**情節**開始說起，這是聽眾必須知道的基本資訊，能讓他們得

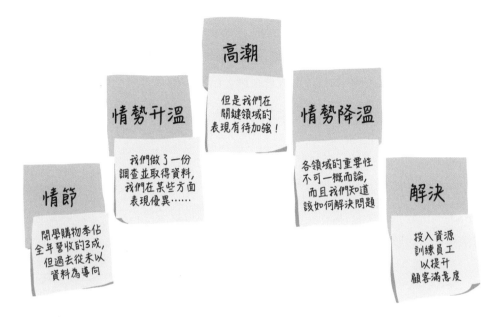

圖 6.4b **開學購物季的敘事弧**

知事情的來龍去脈:「開學購物季是公司的重要營收,但過去我們不曾以數據為導向擬定策略。」

　　接下來我會引入張力使**情勢升溫**:「我們做了一份消費者意見調查,首次取得相關資料。資料顯示我們在某些方面表現優異,但是我們在好幾個關鍵領域表現有待加強!」這就是張力達到最高點的**高潮**,我可以具體指明是哪幾個領域的表現有待改善,並提醒聽眾此一情況有何利弊得失:我們逐漸敗給競爭對手,如果不採取行動恐會繼續如此。

　　接著我會讓**情勢降溫**來安撫聽眾:「各領域的重要性不可一概而論,而且我們找出了真正需要聚焦的重要領域,並鎖定我們認為影響重大的一個領域。」最後是**解決**方法:「請公司投入資源訓練銷售人員,以提升顧客的來店購物滿意度,並讓即將到來的開學購物季締造有史以來的最佳業績。」這就是聽眾解決張力應採取的行動。

習題 6.5：照著敘事弧排序

我們再拿第一課提過多次的舊例來練習如何按照敘事弧排序。

請回顧習題 1.8 的流浪動物收養案例，請問各位有完成一組分鏡腳本嗎？如果沒有，馬上動手做吧，或者觀摩我的解答也行。你要如何把其中的元素套用到敘事弧中？

我準備了一個空白的敘事弧給各位參考。你可以先把故事的元素寫在便利貼上，然後按照你認為合理的方式排在圖 6.5a 的空白敘事弧下方。你寫在便利貼上的內容，不必跟原本的分鏡一模一樣，你可以按照自己的想法隨意更動這個敘事弧的形狀及其核心元素，盡情發揮你的創意吧！

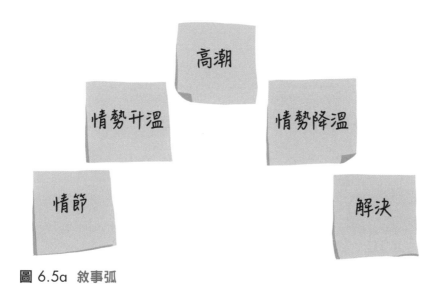

圖 6.5a　敘事弧

解答 6.5：照著敘事弧排序

這個情境乍看之下不像典型的商務簡報那般嚴肅，但其實它是攸關生死的大事——流浪動物若被好心人收養就可繼續活下去。所以請努力弄清楚你的目

標聽眾是誰，以及什麼訴求能夠打動他們收養流浪動物。回顧我們在第一課做過的習題：什麼事情能打動聽眾？它能否達成我們的收養目標，甚至有可能超越目標？不同的脈絡與假設會改變你採取的作法。

圖 6.5b 是我用敘事弧打造的故事。

我在這個範例中冒了一點險，先講述我們在一個晴朗的日子在公園舉辦收養活動（**情節**），接著引出被收養的動物只有小貓兩三隻的**張力**。接著我告訴聽眾，在公園舉辦收養活動的效果不彰，進一步利用張力使**情勢升溫**。張力在指出未獲收養的動物會被安樂死時達到**高潮**。接下來我會趕緊告訴聽眾，近期因為天候不佳而改在寵物用品店舉辦收養活動，意外獲得豐碩的成果，來舒緩他們的緊張情緒（**情勢降溫**），最後我再摘要說明我們需要更多資源來舉辦類似的活動，並告訴聽眾他們可以透過核准舉行試辦活動所需的經費來解決張力（**結局**）。

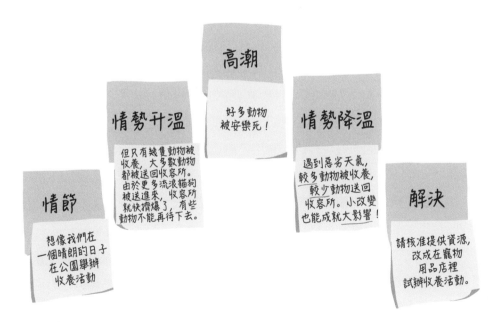

圖 6.5b　收養流浪動物的敘事弧

我要再次強調，以上內容只是我根據已知情況及假設，所做出的一種解答。我們應當考慮的絕對不只這些，而且也不一定非得這樣安排敘事弧不可。假設我沒信心能夠一直維繫聽眾的注意，或是我認為他們一定會答應我的要求，那我就不必這樣一板一眼地報告所有細節，而是可以採取一種較「即興」的作法：把結局的解決方法當作開場白：「我需要五百美元以及三小時的志工服務，來推出一個試辦活動，我相信它會提升收養率，各位有興趣聽聽詳情嗎？」（這個作法跟我們在習題 1.5 所探討的核心想法很像！）

我們其實有無限多種方式來編排敘事順序或是增刪內容，以找出最棒的溝通方式。最重要的是你願意動腦筋認真思考該怎麼做，這樣你肯定能成功。

習題 6.6：別再用投影件啦

當我們基於說明的目的而向人溝通資料時，有兩種常見的情境：（1）在現場簡報（親自出現在會議中或是透過 webex 的虛擬會議向聽眾說明）以及（2）分發書面資料給大家（一般是透過電郵發送，偶爾會把資料列印出來放到某人桌上）。

實務上，我們通常會打造單一的溝通內容來同時滿足上述兩種需求，《Google 必修的圖表簡報術》曾大略介紹過這種結合簡報與文件的「投影件」（slideument）。可惜這種「一魚兩吃」作法，無法百分百地滿足其中任何一種需求。簡言之，投影件的內容用於現場簡報太過詳細，用於書面資料卻太過粗略。

所以我建議各位這麼做：現場簡報用循序漸進的方式呈現，最後以一張集大成的投影片做為結束。我們就透過這道習題來練習這個概念吧。

想像你是 X 公司的分析師，負責分析公司的聘雇程序。你有兩個工作目標，其一是讓管理高層更了解人事聘雇的運作情況（之前從未整理過這方面的資料）；其二則是與指導委員會討論如何做出必要的改善。你已經跟指委會見過幾次面，也對這項業務有了更清楚的認識。填補職缺所需時間是大家都很有

興趣的一個衡量指標，也是本習題的重點。

圖 6.6a 顯示的是 X 公司透過內部晉用（內補）或對外招聘（外補）的方式來填補職缺所需的時間（天數）。請各位花點時間熟悉相關資料，然後完成以下步驟。

步驟 1：假設你將跟指委會開會，對方給你十分鐘來討論填補職缺所需時間的議題。你想先花幾分鐘用圖 6.6a 讓他們了解此事的來龍去脈再開始討論。請你發揮現場簡報的優勢：思考如何用循序漸進的方式呈現這份資料。請寫下一份重點提要，並視需要做出適當的假設。

步驟 2：下載資料，並用工具做出你在上個步驟寫下的理想圖表。

步驟 3：你猜想開完會後他們可能會向你索取簡報的內容，所以你預先打造了一張「懶人包」圖表或投影片，它濃縮了現場簡報的精華內容，即便沒來開會的人也能獲得類似的臨場感。請用工具打造出一張符合上述需求的視覺化資料。

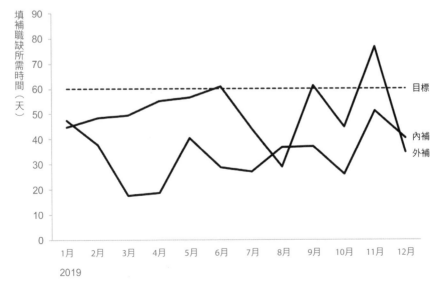

填補職缺所需時間

圖 6.6a　填補職缺所需時間

解答 6.6：別再用投影件啦

步驟 1：我是用下述的流程逐步打造出這張圖表。

- **用空白圖表開場**，先放上一張只有 X 軸與 Y 軸標題和標籤的空白圖表為聽眾搭建舞台。

- **加上目標線**，說明設定此一目標的來龍去脈。

- **加上外補線**。從 1 月的第一個資料點開始呈現，逐步加入到 6 月為止的資料點，並說明造成此一趨勢的來龍去脈。接著呈現後續的線段，並凸顯我想要聽眾注意的特定資料。

- **加上內補線**。用前述手法帶入內補線，並淡化外補線，避免兩條線互相爭搶聽眾的注意，並凸顯我想要聽眾留心的特定資料。

步驟 2：接下來的圖表會呈現我之前寫下的步驟，搭配我預先擬好的評論。為了順利示範我的作法，我擅自對一些未知的脈絡做出假設。

　　請容許我花幾分鐘跟各位分享近期填補職缺的相關資訊，稍後我將用這份資料與各位商討公司未來的人才聘雇政策。首先，我來說明我們檢視的是什麼資料。在垂直的 y 座標軸顯示的是填補職缺所需的時間，這是當月的職位開缺後到成功填補職缺所需的天數；X 軸顯示的是月份，這是 2019 年的資料，由左側的 1 月一直標記到右側的 12 月為止。（圖 6.6b）

　　公司設定的目標是在 60 天內找到適當人選填補職缺。（圖 6.6c）

　　我們先來看外補的情況，一月份只花了 45 天，表現優於 60 天的既定目標。（圖 6.6d）

　　但上半年的外補時間持續拉長，這其實呼應了應徵者面試次數增加的情況，面試愈多次，補缺時間自然會拉長。這使得我們在 6 月的補缺天數拉長至 61 天，略超出目標。（圖 6.6e）

填補職缺所需時間

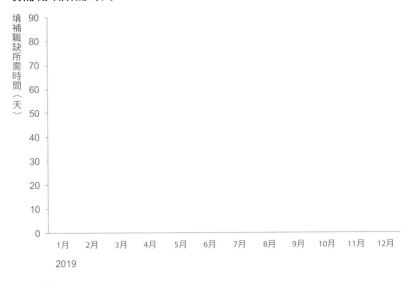

圖 6.6b 用空白圖表開場

填補職缺所需時間

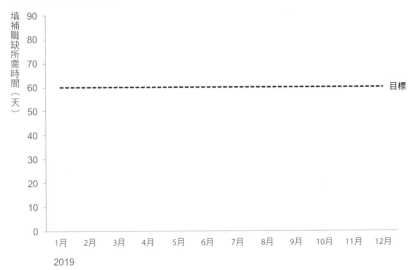

圖 6.6c 顯示目標

老師示範

老師示範

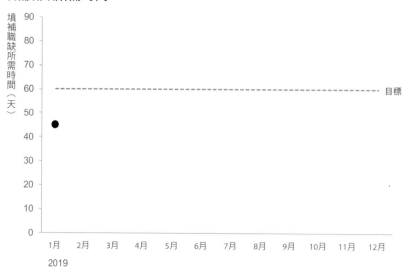

圖 6.6d 放上外補線的第一個資料點

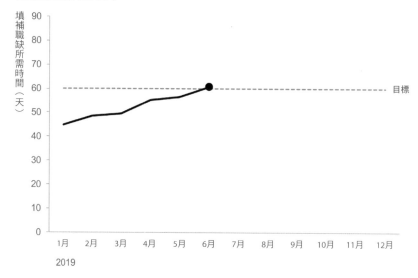

圖 6.6e 上半年外補的天數拉長

　　下半年各月外補的速度快慢不一，藍色的點代表天數較短的月份，應可歸功於面試次數減少。橘色的點代表天數超出目標的月份，似可歸咎於面試品質提高與面試官休假。

　　接著要來看內補的情況，1 月的天數是優於目標的 48 天。（圖 6.6g）

　　今年頭幾個月內補天數大幅縮短，3 月和 4 月甚至不到三星期──速度快得驚人！（圖 6.6h）

　　但內補天數在 5 月變長，似可歸因於內補人數變多，顯示我們的補缺程序無法有效處理大量內部轉職。（圖 6.6i）

　　5 月之後的內補天數先是略微縮短，但之後又變長。（圖 6.6j）

　　9 月至 11 月的內補天數再次出現先減後增的情況。（圖 6.6k）

　　12 月的內補天數雖然較上個月縮短，但仍高於外補。儘管中間偶有縮短，不過下半年的內補天數大致上變長了。（圖 6.6l）

填補職缺所需時間

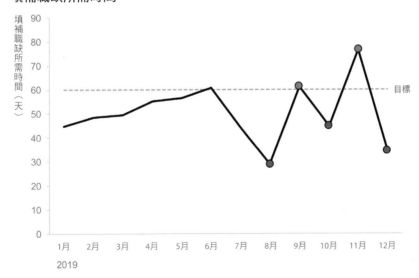

圖 6.6f　下半年外補速度快慢不一

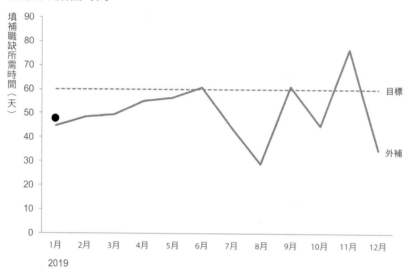

圖 6.6g 放上內補線的第一個資料點

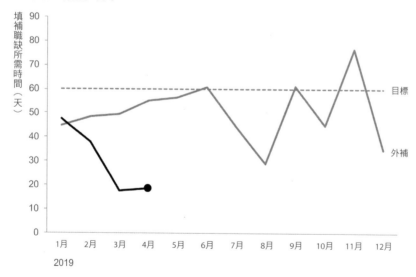

圖 6.6h 頭幾個月的內補時間大幅縮短

老師示範

填補職缺所需時間

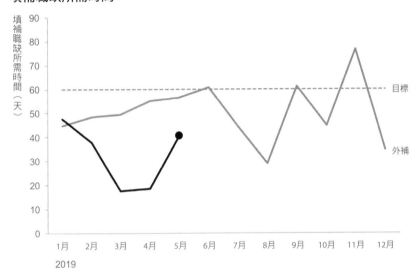

圖 6.6i　內補天數在五月變長

填補職缺所需時間

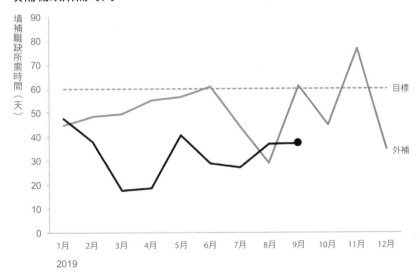

圖 6.6j　內補天數先減後增

老師示範

填補職缺所需時間

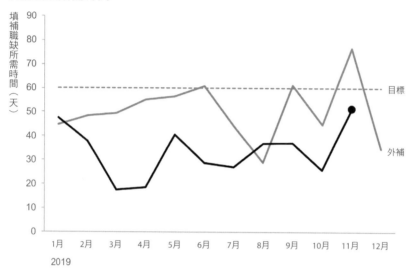

圖 6.6k 內補天數再度先減後增

填補職缺所需時間

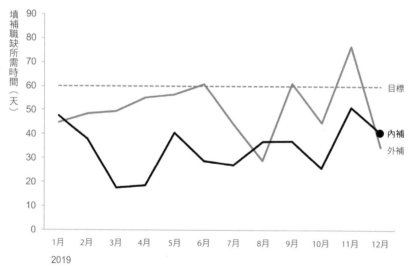

圖 6.6l 十二月的內補天數超過外補

老師示範

　　我們就來看整體的概況吧。過去這一年外補與內補的情況逐月變動，雖然大多數月份兩者的表現都優於目標，但 2019 下半年內外補的天數都變長了。其實這種情況並非預料之外——面試次數變多，填補職缺的時程自然會拖長，面試官的排休問題也是原因之一。此外由於內部轉調人數變多，導致內補天數拉長，顯示內補程序有待改善，才足以應付較大量的需求。

　　請各位發表高見：這對明年的情況有何影響？各位想要做出任何改變嗎？（圖 6.6m）

　　步驟 3：我把步驟 2 的循序漸進式說明，摘要重點濃縮成一頁，請看圖 6.6n。

　　有了圖 6.6n，那些未能出席會議的人，或是會後想再「複習」會議內容的人，只要閱讀最後這份集大成的講義，就可以像是有我在現場簡報一樣，了解這次會議的重點。

填補職缺所需時間

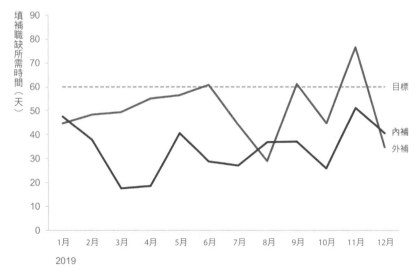

圖 6.6m　討論未來因應之道

老師示範

填補職缺政策必須檢討：接下來該怎麼做？

過去這一年的外補與內補天數都出現起伏，可能的影響因素包括面試次數過多、
面試官排休問題，以及內補人數量大難以消化，必須盡早規劃因應對策。

填補職缺所需時間

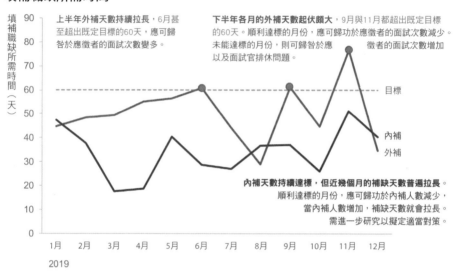

圖 6.6n　濃縮簡報精華的講義

　　別再用投影件「一魚兩吃」了，你應針對現場簡報準備逐步說明的溝通內
容，然後把現場簡報的精華內容濃縮成一兩張投影片講義，這樣就能兼顧各方
的需求。

習題 6.7：把儀表板的資料變成精彩的故事

　　《Google 必修的圖表簡報術》的第一課曾提到探索型分析與解釋型分析
的差異，簡言之，探索型分析是你理解資料、判斷什麼內容值得強調；解釋型
分析則是把資料轉化成別人能夠理解的資訊後，再與對方交流。

　　我認為儀表板是**探索**過程中很有用的一項工具，因為有些資訊是我們必須每週或每月或每季定期檢視的，以便了解事情是否符合我們的預期，並了解哪裡不符預期。儀表板能幫助我們辨識不符預期或是值得進一步追究的事情正在發生；當我們想把那些值得進一步追究的事情與他人交流時，必須把這些資料從儀表板中取出，然後應用我們從各堂課學到的技巧說給別人聽。

　　我們就用一則實例來練習如何把探索型的儀表板變成一個精彩的解釋型故事。請看圖 6.7a，它顯示的是專案工時儀表板，我們能看到不同類別（按區域

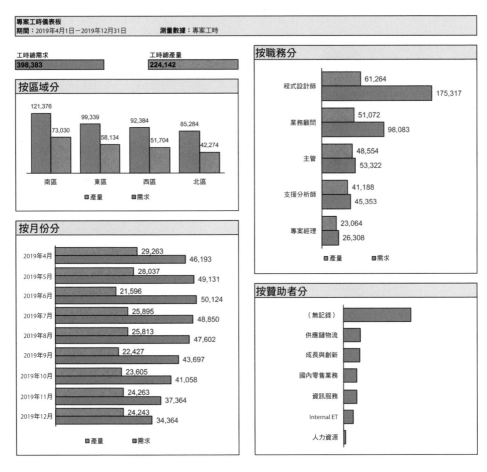

圖 6.7a　專案工時儀表板

或職務分門別類）的專案工時需求與產量明細。

各位或許覺得這個案例有點眼熟，沒錯，我們曾在習題 2.3 及 2.4 看過其中一部分資料。請各位花點時間熟悉圖 6.7a，然後完成以下步驟。

步驟 1：首先試著用文字說明數字，請用一句話描述圖 6.7a 中每個明細圖的主要重點。

步驟 2：所有資料都是必要的嗎？我們在探索這份資料時，的確有必要從上述各個面向進行了解，但是聽眾未必全都感興趣。想像你必須用這份資料說個故事：你會聚焦於儀表板上的哪個部分？會省略哪個部分？

步驟 3：下載資料並把你在上個步驟選擇納入的資料製成圖表及／或投影片，對聽眾說一個精彩的故事。你會如何呈現這份資料？你會如何用文字幫忙說明數字？決定好你是要現場簡報，還是把資料分發給大家由他們自行理解。為你選擇的情境做出最精彩的簡報吧，請視需要做出適當的假設。

解答 6.7：把儀表板的資料變成精彩的故事

步驟 1：以下是我對儀表板各個明細圖所做的重點摘要。

- **原圖最上方的資料摘要**：2019 年 4 月 1 日至 12 月 31 日間的工時需求遠大於產量。

- **按區域分**：各區工時產量不敷需求的程度大致相同。

- **按月份分**：這三季的工時產量與需求差距都很大，且以 6 月最為嚴重，工時產需差距直到下半年才逐月縮小。

- **按職務分**：程式設計師的工時產需差距最大，業務顧問的工時產需差距也頗大。

- **按贊助者分**：跟需求來源有關的大量資料不見了——難道不是所有專案都有設置一個贊助者部門？

步驟 2：先來刪除不想納入的資料吧，情況相當一致或是資料不全的部分顯然沒必要保留（除非情況出乎我們的預期，才有進一步探究的必要）。究竟

該怎麼做其實並沒有一個正確答案：因為有很多脈絡我們並不清楚，只好擅自做出一些假設。各位如果在現實生活中遇到這種情況，必須自行建構脈絡，才能在打造故事的過程中做出明智的選擇：重點該放在哪裡、哪些事情是有關聯的，以及該納入或刪除哪些資料。

　　我對於這段期間內各職務的工時產需資訊相當感興趣，所以我打算聚焦在那裡。具體的作法是強調工時產需差距逐漸縮小，以及強調不同職務的工時產需差距截然不同。我會加入更多文字說明我們看的是什麼資料，並幫助聽眾理解我說的故事。

　　步驟 3：我假設這份資料是年底最新情勢報告的一部分，而且會被分發給大家自行閱讀和理解。圖 6.7b 顯示的是我根據我所假設的脈絡而彙整在一張投影片上的資訊。

　　現在我就來說明我做出圖 6.7b 的過程。我把這份資料的主要重點當作圖表標題，讓聽眾對內容建立正確的期待。我選擇將兩個圖表左右並列的版面配

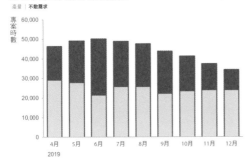
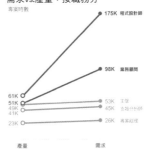

圖 6.7b　**把故事彙整在一張投影片**

置來製作這張投影片，各位後續還會看到更多這樣的版面配置。不過一張投影片頂多放兩個圖表，因為這樣圖表才不至於小到無法閱讀，而且尚有空間可以放入文字提供脈絡（如果資料太多實在無法濃縮成兩個圖表，我建議各位把它們分成多張投影片呈現，不要在一張投影片裡硬塞進多個圖表）。

對於左邊這個圖，我運用色彩與文字來強調工時產需差距逐漸縮小的趨勢。我參考習題 2.4 試做的幾種圖表，最後決定使用堆疊直條圖，因為用這種圖分別呈現工時的產量與需求，能讓觀眾一眼就看到需求未獲滿足的部分。右邊則改用斜線圖來呈現不同職務的工時產需明細，用這種觀點來呈現資料，再搭配適當的色彩與文字，能讓觀眾一眼看出程式設計師與業務顧問的工作最吃重。

為了順利說明此一情境，我特地做了一些假設，不過它們的作用比較偏向參考性質，而非特定的行動呼籲。請注意我們就是透過這些步驟──用文字說明數字、考慮該強調與該刪除的內容、選用適當的圖表以及善用色彩和文字──成功將探索型的儀表板變成一個解釋型的精彩故事。

自行發揮

想要流暢自在地說故事給別人聽是需要練習的。我們先來練習找出幾個實例中的張力，接著練習如何用敘事弧幫助我們：抓住聽眾的注意力，建立可信度，並激勵聽眾採取行動。

習題 6.8：找出張力

如同先前所述，張力是故事的核心要素之一，我也在習題 6.3 示範過如何找出張力與提供相應的解決行動，現在請各位自己試著做幾道習題。

請閱讀以下各種情境（其中有些取材自先前的習題），並試著：**先找出張力，然後找出聽眾應採取的適當行動，以解決張力。**

情境 1：你是某大型零售商的財務長，你率領的分析團隊剛完成第一季的財務報表，你們發現如果維持目前的營業費用與銷售情況，那麼本會計年度公司有可能會虧損四千五百萬美元。你認為，由於近期的景氣低迷不振，想要提升銷售業績恐怕不容易，只能靠控制營業費用來壓低預估的虧損，所以管理階層必須立刻實施「營業費用管理辦法」。你將在下次的董事會上簡報此事，你打算用一組投影片摘要說明公司的財務狀況並提出你的建議。

情境 2：想像你在某區域型醫療集團工作，你跟幾位同事針對 XYZ 產品的四家供應商（A、B、C、D）完成一份評估報告。數據顯示各家院所過去的合作廠商各有偏好，有幾家院所一直與 B 廠商合作、另外一些則以 D 廠商為主（過去只有少數幾家院所採用 A 與 C 廠商）。你們還發現，大多數院所給予 B 廠商最高的滿意度。你們分析了所有數據後發現，集中向一至兩家廠商採購能省下可觀的費用，不過這麼一來意味著某些院所可能需要換掉過去的合作廠商。你們將向集團的指導委員會呈報此事，並由他們做出裁決。

　　情境 3：你在一家食品製造商工作，你們公司正打算推出一項新的優格產品，你們團隊決定在產品正式上市之前，再辦最後一次試吃活動，以了解消費者的喜好。你們分析數據後發現應該做出幾項改變——雖然只是一些小小的調整，不過上市後卻可能大大影響消費者的接受度。你即將跟產品部的主管開會，由他決定是否該延期上市，好讓你們有時間做出這些改變，或是照目前的配方如期上市。

習題6.9：敘事不要平鋪直述而要有起伏

　　在按照敘事弧安排故事的核心元素之前，不妨先嘗試一個較為線性的觀點。例如商業簡報通常會**按照時間順序**進行，這種方法通常也是第一時間自然會想到的敘事方式，因為從我們一開始遇到問題，到最後提出結果或行動路線，就是這樣一路走過來的。

　　不過這種按照時間順序進行的線性路線，未必是最適合帶著聽眾一起走的路線，所以我們在編排資料時，應從觀眾的角度來思考哪種路線最適當，而敘事弧會是不錯的參考。我們就拿第一課曾經討論過的大學學生會選舉的線性分鏡腳本，練習利用敘事弧重新想像可能的溝通路線。

　　想像你是某大學的學生議會裡的一員。學生議會的目標之一就是打造一個正面的校園經驗，你們是由大學部每個班級選出來的學生代表，你們將代表全體學生與教職員及學校的行政單位溝通。你已經在學生議會待三年了，並負責規劃今年即將舉行的學生代表選舉。去年的投票率比前一年低了 30%，顯示同學們參與學生議會的熱情大幅降低。你跟學生議會的另一位成員完成了與其他大學的評比研究，發現投票率最高的學校其學生會推動改革的成效最高。你認為向全體同學推出宣傳活動，或許能提高學生自治會的知名度，進而拉抬今年選舉的投票率。你即將跟學生會會長以及財務委員會開會，屆時你將提出你的建議。

　　你最終的目標是爭取到一千美元的宣傳經費，目的是要讓全體同學明白

為什麼大家應該出來投票。請閱讀以下的分鏡腳本（圖 6.9），並完成後續步驟。

圖 6.9　學生會幹部製作的分鏡腳本

　　步驟 1：請看圖 6.9 的便利貼，思考如何按照敘事弧——情節、情勢升溫、高潮、情勢降溫、解決——編排它們（不必用上所有的便利貼）。

　　步驟 2：把你自己想到的重點寫在便利貼上，並把它們排成弧形，你可以反覆嘗試直到找出最適當的敘事順序，並視需要做出適當的假設。

　　步驟 3：這個按照敘事弧編排故事元素的過程是否改變了你的作法？請用一兩段話說明你的編排過程與心得。未來你是否會繼續採用這個作法？為什麼會？為什麼不會？

習題6.10：用敘事弧說個好故事

　　再來做一次敘事弧的練習，這次我們會省略分鏡腳本步驟，直接根據情境打造我們的故事弧。請閱讀以下內容，並完成後續步驟。

你在一家食品製造商工作，你們公司正打算推出一項新的優格產品，你們團隊決定在產品正式上市之前，再辦最後一次試吃活動，以了解消費者的喜好。試吃活動收集了新產品在各個面向的表現：甜度、分量、水果量、優格量以及濃稠度。你們分析數據後發現應該做出幾項改變——雖然只是一些小小的調整，不過上市後卻可能大大影響消費者的接受度。具體來說，試吃者認為新產品太濃稠且水果太多，但甜度和分量沒問題。你們決定從善如流，並建議減少水果量與增加優格的量，這麼一來即可調整產品的濃稠度。你即將跟產品部的主管開會，由他決定是否該延期上市，好讓你們有時間做出這些改變，或是照目前的配方如期上市。

步驟 1：準備一疊便利貼，寫下你的優格故事中應具備的元素。

步驟 2：把你寫好的便利貼按照敘事弧——情節、情勢升溫、高潮、情勢降溫，以及解決——來排序。你可按照自己的需求，自由增添、移除與改變故事的元素，並視需要做出適當的假設。

步驟 3：與上個習題相較，你會否覺得用分鏡腳本更容易按照敘事弧來編排故事的元素？你在規劃過程中得到什麼樣的心得，而且未來打算繼續採用？請用一兩個段落寫下你的觀察與心得。

習題6.11：從枯燥的報告進化為精彩的故事

我們可以把儀表板與定期報告（週報、月報、季報）這類工具當成探索資料的一種方法，來找出其中值得強調的重點，或是必須更深入挖掘的部分。把整理好的報告分享給終端使用者是很有價值的，當他們自行閱讀報告後，許多疑問便可迎刃而解，讓你有時間做更多有趣的分析。

可惜我們往往未進一步彙整，就直接把儀表板或報告分發給聽眾，那一堆充滿條列事實的投影片，或是塞滿數字的圖表，只會搞得他們一頭霧水，根本不知道該聚焦於哪些事物，以及該如何使用我們分享的這些資訊。

請看圖 6.11，它顯示的是某份月報中的一頁，內容則是售票量的相關指

標，請你仔細研究圖表並完成後續的步驟。

步驟 1：先來練習用文字說明數字，請寫下一句話描述圖 6.11 中各個圖表的重點。

步驟 2：所有資料都是必要的嗎？我們在探索這份資料時，的確有必要從上述各個面向進行了解，但是聽眾未必全都感興趣。想像你必須用這份資料說個故事：你會聚焦於儀表板上的哪個部分？會省略哪個部分？

圖 6.11　主要評量指標

　　步驟 3：下載資料並把你在上個步驟選擇納入的資料製成圖表及／或投影片，對聽眾說一個精彩的故事。你會如何呈現這份資料？你會如何用文字幫忙說明數字？決定好你是要現場簡報，還是把資料分發給大家由他們自行理解。為你選擇的情境做出最精彩的簡報吧，請視需要做出適當的假設。

自行發揮

職場應用

我們要透過以下三道習題，幫助各位將簡報故事有效傳達給你的聽眾——善用重複的力量、明確說出重點，以及發揮敘事弧的優勢。趕緊找出一個專案開始練習吧！

習題6.12：想出琅琅上口的一句話

「重複」能幫忙搭起一座橋、連結我們的短期記憶與長期記憶，所以我們在溝通資料時，不妨善用此一特性，用琅琅上口的一句話、把簡報的重點說出來。

找出你手上正在處理的某個專案，你是否已經整理出它的核心想法？如果還沒，請參考並完成習題 1.20。接著，把你的核心想法變成琅琅上口的一句話，你可以把這句話納入你的簡報素材中，幫助聽眾記住你的溝通內容。這句話必須一針見血且琅琅上口，有押韻更好。這句話不必俏皮，但必須能讓人記得住（有興趣者可參考習題 7.4 與 7.6）。

在現場簡報中，你可以把這琅琅上口的一句話當作開場白，也可以把它當成結尾，甚至可以用不同方式把它穿插在你的簡報過程中——這樣等到簡報結束時，你的聽眾就已經聽到會背了。

如果你不是在現場簡報而是分發「講義」給大家，同樣可以用書面表達這句話；你還可以把它當成整份簡報的標題或副標題，或是當成某一張重要投影片的重點標題，或是把這句話放在觀眾會看到的最後一張投影片。認真思考你要如何重複提到這句話——口說或透過書面都行——使聽眾明白並記住你想傳達的重點。

下次你要溝通資料時，不妨思考如何利用簡短清楚且琅琅上口的一句話幫

忙加深聽眾的印象。

習題6.13：重點是什麼

　　我們在看資料時經常會自問或互問：重點是什麼？當我們基於解釋的目的而拿出數據資料進行溝通時，**最起碼**要做到消除聽眾認為「那不重要吧」的疑慮。可惜我們往往忽略了這一點，把理解資料的重責大任丟給聽眾，要他們自己摸索出答案，致使我們費心製作的簡報並未能幫助聽眾更加理解事實。

　　我們在交流資料時可以透過兩種方式來說故事，我分別以小「s」和大「S」來區分它們。接著我們就來討論如何根據工作的需要，選用適當的方式說故事。

● 小s型的敘事法

　　對於你創作的每個圖表及投影片，問問自己：「它的重點是什麼？」並參考習題 6.2、6.7、6.11、7.5 及 7.6 的作法，用文字幫忙說明圖表的重點。等你清楚說出它的重點後，要努力讓聽眾也知道這一點。你可以把投影片或圖表的主要重點當成標題，為聽眾設定正確的期待（想了解更多細節請參考習題 6.1 與 6.7）。你還可以運用第四課教過的技巧，用文字——透過口語或是書面表達皆可——告訴聽眾他們該注意的重點，以及它所代表的意義。

　　絕對不要讓聽眾自己費神猜想：這個故事的重點是什麼？清楚回答這個問題是你的責任！

● 大S型的敘事法

　　清楚說出主要重點的小 s 型敘事法雖然不錯，但大 S 型的敘事法就更厲害了。它先從情節展開，接著導入張力，然後情勢逐漸升溫到達最高潮，幸好後來情勢逐漸降溫，事件也因為問題獲得解決而順利落幕。這種有著起伏跌宕的精彩故事，能讓人聽得津津有味，且縈繞心中難以忘懷，隨時都能想起與重

述。我們在溝通資料時，不妨好好運用大 S 型的敘事結構來說個好聽的故事。

　　而敘事弧就是能夠幫助我們打造精彩故事的利器，當我們按照敘事弧來安排故事時，它會促發一些事情。首先，為了使情勢升溫，我們必須找出張力；請注意張力是為了聽眾而存在，說故事的我們不能無中生有刻意製造張力——如果張力不存在，根本就沒有溝通的必要。採用弧形的敘事觀點，還能幫助我們找出哪裡可能需要再添加一些內容或轉折，以確保故事的流暢度；若是採取平鋪直述的線性方式安排故事元素，往往會忽略了這一點。最重要的是，敘事弧鼓勵我們從聽眾的觀點出發，我發現在習慣平鋪直述的商業情境中，改採曲折起伏的大 S 型敘事方式，會產生重大的轉變：敘事者能跳脫自身的觀點，改用對聽眾最有利的方式說故事。

　　下回當你需要向別人溝通資料時，好好想想該用小 s 還是大 S 型的方式來說故事。如果你決定採用大 S 型的敘事方式，請參考應用敘事弧的具體步驟，這就是下個習題的內容。

習題6.14：善用敘事弧

　　我們在書籍、電影和戲劇中看到的故事通常都遵循著這樣的路線：敘事弧。其實我們在溝通資料時，也可以運用敘事弧來幫忙打造故事。

　　圖 6.14 就是典型的敘事弧。

　　我們就來逐一檢視敘事弧的各個構成要素，以及你在套入你的溝通資料時需要考慮的一些想法和問題。

- **情節**：你的聽眾必須知道哪些訊息才能認同你即將要求他們做的行動？請運用你個人的內隱知識來幫忙溝通，以確保大家對於情況有著相同的假設或理解。

- **情勢升溫**：聽眾有什麼樣的張力？你如何導入此一張力，並使它升溫到聽眾能夠感同身受的適當程度？

- **高潮**：張力的最高點到哪？再次提醒：這是聽眾在意的張力，而非你在

職場應用

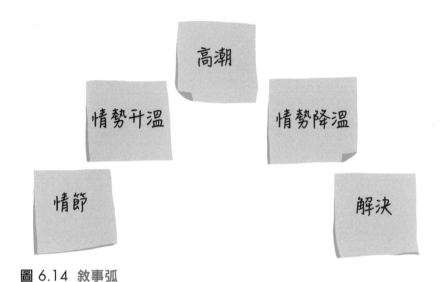

圖 6.14 敘事弧

意的張力。請複習先前提過的核心想法,並說明其中的利弊得失。你的聽眾在乎什麼?你如何運用張力來吸引並留住聽眾的注意?

- **情勢降溫**:這可能是敘事弧應用在商業場合時最模糊不清的部分,各位只要記住:情勢降溫的作用猶如情節轉折的緩衝器,避免張力瞬間從高潮掉到結局。在我們為資料打造的故事中,它會是以額外的細節或進一步細分的形式出現(例如顯示各項產品或各個區域的張力),或是你們能夠權衡的潛在選項,或是你們想採用的解決方案,或是你想策動聽眾採取的討論。

- **解決**:這是聽眾為了解決你提出的張力而需採取的行動,它是解決方法或是行動呼籲。請注意你的表達方式並不是直接對聽眾說:「我們發現了 X,所以你們該做 Y。」這麼單刀直入,而應更細緻些。解決可以是你想與聽眾進行的對話、你希望他們做出的選擇,也可能是聽眾必須從你的故事當中體會到的想法。不論是上述哪種情況,請找出你想要聽眾採取的行動,並思考如何以極具說服力的方式告訴他們。

　　我個人認為，在商業場合中說故事時，不必完全按照敘事弧的順序進行（例如用倒敘或爆雷的方式敘事），重要的是故事的核心元素都要出現。我發現在商業場合中用線性敘述的方式溝通資訊時，張力和高潮全不見了；但它們其實是故事的重要元素，少了張力和高潮鋪陳的故事恐怕會很無聊，根本是在幫倒忙。

　　話雖如此，要我們把已知的事情直接編寫成敘事弧其實沒那麼簡單，這時候分鏡腳本會是個很好的過渡步驟，想知道分鏡腳本該怎麼做，可參考習題1.24。等你設計好分鏡腳本後，就可利用敘事弧安排你的敘事順序。敘事弧是簡報利器之一，當我有重要的事情需要溝通，我就會用敘事弧來協助排序，它能幫我發現故事中似乎少了某些東西，或是沒有對聽眾、張力以及他們該如何幫忙解決問題做通盤考量。

　　當你想要用故事來溝通資料時，思考你該如何運用敘事弧來引起聽眾的注意，建立可信度，並激勵他們行動！

習題6.15：一起討論集思廣益

　　請認真思考以下跟本課課程及習題有關的問題，並與你的夥伴或小組一起討論。

1. 什麼是重點型標題？它與敘述型標題有何不同？你會在什麼情況下使用重點型標題？為什麼？

2. 用資料溝通時，張力扮演什麼樣的角色？你如何找出某個情境的張力？想想你目前處理的某個專案：當中的張力是什麼？你如何把此張力融入你的資料故事中？

3. 敘事弧的組成要素有哪些？你能寫出來嗎？你會在何時、用何種方式應用敘事弧來溝通資料？敘事弧中有任何模糊或令人困惑的組成要素嗎？你會想要多談談其中某個組成要素嗎？

職場應用

4. 我們該如何安排數據型故事的敘事順序？我們在決定敘事順序時需要考慮哪些事情？

5. 當你應用《Google 必修的圖表簡報術》與本課中提到的說故事技巧來溝通資料時，你預期聽眾可能會抗拒，或是有可能遇到其他挑戰嗎？你會如何因應？何時用故事溝通資料是不適當的？

6. 我們在溝通資料時如何發揮重複的力量？我們為什麼要這麼做？

7. 你在會議中對聽眾做現場簡報，跟分發書面報告給大家自行閱讀和理解，兩者有何不同？你為這兩種情境所準備的溝通素材有何不同？你會在各個情境中採用何種策略以確保溝通成功？

8. 對於本課介紹的這些策略，你會對自己或你的團隊設下什麼樣的具體目標？你如何確保自己或你的團隊達成目標？你會向誰尋求意見回饋？

老師示範──進階練習

　　之前的各堂課分別聚焦於某個課程，但本章將以一個較全面的觀點來檢視整個「用資料說故事」程序。我們將介紹真實世界的情境，以及相關的資料視覺化，然後請各位思考一些具體的問題並加以解決。最後我會以循序漸進的方式，完整呈現我解題的思考過程與設計決策。

　　許多資料溝通的實例是我在工作坊中遇到的，客戶預先他們的作品，這便成為我們討論及練習的基礎。這些作品的主題包羅萬象且橫跨許多產業，所以每個作品都有值得學習之處。針對每一課的內容精挑細選相關範例，並修改不夠理想的視覺化作品，一直是我與團隊得以磨練我們技巧的重要關鍵。在這一課裡，各位有機會像工作坊的學員一樣，亦步亦趨地跟著我們團隊練習解題。

　　雖然《Google 必修的圖表簡報術》與本書的課程是以逐步呈現的方式進行，但我通常是從綜觀全局的角度把一堆資料變成一則故事，這也是我處理本課例題的作法。我在解答每一道習題時，並不會一口氣講完整個解題過程，而是利用各式各樣的範例來凸顯解題的各個面向，讓各位看到不同的挑戰與可能的解題方式。我們將先從重製一些簡單的圖表和投影片開始練習，案例與解題的難度將會逐步增加。

我們就一起來練習吧！

　　但是在那之前，我們要先回顧迄今上過的各堂課程之重點。

首先，來回顧
用資料說故事的整個流程

步驟1：
理解脈絡

 誰 誰是你的聽眾？

 什麼 他們需要做什麼？

如何 資料如何幫你說出重點？

提出你的核心想法

製作分鏡腳本

→ 腦力激盪
→ 編輯
→ 尋求意見反饋

步驟2：
選擇
適當的
呈現方式

把它畫出來！

然後…用你的工具做出圖表

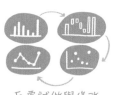

反覆試做與修改你的圖表，並用不同方法檢視資料

向別人尋求意見反饋

步驟3：
去蕪存菁

找出非必要的元素並移除它們

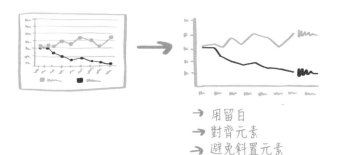

→ 用留白
→ 對齊元素
→ 避免斜置元素

步驟4：
**集中
聽眾目光**

用位置、大小及色彩
來集中聽眾的注意

使用
「目光在
哪裡？」
測試

閉上眼睛　　張開眼睛　　第一眼
　　　　　　　　　　　　看到什麼？

步驟5：
**設計師
思維**

　功能　　　　→　　　　形式

思考你想要觀眾對資料做什麼

打造一個易懂易用的
視覺化資料

　vs.　

分析　　　　　　　　溝通關鍵
重要細節　　　　　　趨勢

→ 功能可見性
→ 易用性
→ 美感效果
→ 接受度

步驟6：
**說個
好故事**

回到你的分鏡腳本

　→　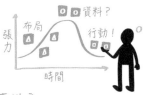

該如何把
資料融入故事中
的哪些地方？

用敘事弧規劃你的故事排序，
並想出簡短清楚且朗朗上口的一句話，
來幫助聽眾牢牢記住訊息

老師示範　進階練習

7.1
產品
成熟度
分析

7.2
銷售通路
的最新
配置

7.3
房貸模型
的績效
評估

7.4
開學採購季
的新對策

7.5
收治
糖尿病患
超前部署

7.6
淨推薦值

習題7.1：產品成熟度分析

　　想像你是某數位行銷公司的分析人員，你們公司在 2015 年推出一項稱之為「Z 功能」的新產品，它能讓客戶製作更棒的廣告，還能為你們公司帶來新的營收金流。但 Z 功能的挑戰是它的學習曲線頗為陡峭，所以一開始很難說服客戶使用此產品。幸好一段時間之後情況漸入佳境，使用 Z 功能的客戶數逐漸增加，從而帶動 Z 功能的營收貢獻。在最近一場會議中，客戶支援部門的主管提問：首次在你們平台製播廣告的新客戶使用 Z 功能的情況是如何？由於之前從未有人分析過這部分的資料，所以上級便交代你與一位同事合作，負責回答這個問題。

　　你的同事彙整資料做出了圖 7.1a 的熱區圖，請花點時間仔細研究並完成後續步驟。

　　步驟 1：我們常會抱著挑毛病或找碴的心態來品評別人做的視覺化資料，但這次我們要一改常態，提供正面的意見回饋給對方。你喜歡目前這張圖表的哪些作法？請用一兩句話說明。

客戶更快用得更上手

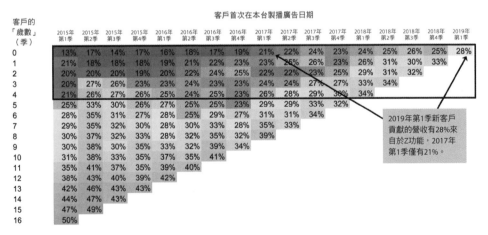

圖 7.1a　**客戶更快用得更上手**

步驟 2：原圖有哪些地方不盡理想？請逐一列舉。

步驟 3：你會如何呈現這份資料？請下載資料，並用你選擇的工具試做出你理想的版本。

步驟 4：此一情境的張力是什麼？你想要聽眾做出哪些行動以解決此張力？

步驟 5：上級交代你製作一張投影片來訴說這份資料的故事，請用你偏好的工具製作這張投影片，並視需要做出適當的假設。

解答7.1：產品成熟度分析

步驟 1：這張圖有幾點我覺得很不錯，首先是它的文字運用得當，包括：位在圖表頂端的重點型標題，揭開故事的序幕並開始解答問題；座標軸直接註明標題；我還喜歡作者在右側使用灰色文字框，直接說明這份資料的重點，既能呼應重點標題，且直接連結到它說明的數據，讓我一目了然不必到處搜尋。但我不喜歡作者使用箭頭來做連結，這樣看起來顯得雜亂，而且還遮住了一小部分數據。糟糕，不小心提到我的不同作法了！還是稍後再來討論這一點吧。

步驟 2：原圖中有幾處需要改善的地方，以下就是我認為不夠理想的三個主要面向。

- **表格不易理解**。我發現表格式的資料較不容易理解，使用熱區圖雖然有比較好些，但觀眾仍需費一番工夫才能搞懂要看的重點是什麼。

- **配色不當**。紅綠色盲患者可能難以辨識紅／綠配色，而且它們會爭搶我的注意，害我分心。

- **缺乏對齊**。不知為什麼圖中的數字和文字有些是向左對齊，有些是置中對齊，也有向右對齊，這使得整張圖給人一種雜亂的感覺。

步驟 3：我們可能需要嘗試從各種觀點製作圖表，以找出呈現這份資料的最佳方式。原圖用了兩種時間單位呈現資料：其一是客戶首次在本平台製播廣告的那個季度（歲月），其二是客戶已經使用本平台多少季（歲數）；這意味

著我們可以用兩種截然不同的方式製圖，那我就先分別嘗試這兩種方式吧（在這個階段我通常都是用工具的預設圖來模擬圖表的大致樣貌），請看圖 7.1b。

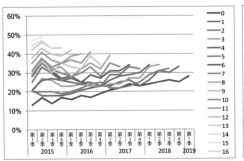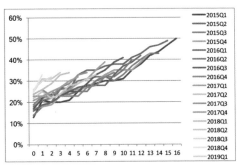

圖 7.1b　試做兩種簡圖

　　我們一起來思考圖 7.1b 能讓觀眾看到什麼，這兩張圖的 Y 軸皆代表 Z 功能在整體營收中所佔的百分比。左圖的 X 軸代表客戶的首支廣告是在哪一季製播的，各條線則代表客戶使用本平台已有多少季（歲數）。我們會看到對於首度使用本平台（歲數為 0）的客戶來說、初期 Z 功能沒那麼好用（墊底的深藍色線對營收的貢獻是最少的），但其後的表現漸入佳境（深藍色的 0 季線由左向右逐漸上揚）。整體而言，Z 功能的營收貢獻度大致上隨著客戶的「歲數」增加而變大（歲數軸愈高的客戶群，營收貢獻度也愈大），且圖表顯示「歲數」為 15 季的客戶群營收貢獻度最大（我們沒看到歲數達 16 季的線條，因為它只有一個資料點，必須有兩點才能連成一線）。如果你覺得這張圖很複雜，我也認同，所以我決定用第二張圖來呈現資料。

　　右圖用 X 軸來呈現客戶的「歲數」，每條線代表客戶製作第一支廣告的季度，線條朝右上方移動，代表產品的成熟度會隨客戶的「歲數」日益增長。線條向上移動代表客戶更快變得更上手——上方都是較近期開始使用的客戶。各位注意到了嗎，說明這張圖要容易多了！

　　儘管如此，這張圖要處理的資料仍然不少，有必要呈現全部資料嗎？我們

可以嘗試幾種作法來簡化它，例如不呈現全部的季度，但我並不想縮小資料的時間範圍，因為我想比較 Z 功能近期的發展與 2015 年剛推出時有何不同。作法 2：由於最近一期的資料是 2019 年第一季，我打算呈現各年度第一季的線條來做比較。作法 3 則是改為呈現一整年的數據，換言之，圖 7.1b 中的右圖可以簡化成五條線（2015、2016、2017、2018、2019）；用這種方式來彙整與簡化資料，能讓我們明確指出重點：**Z 功能的成熟度在兩方面與「時」俱進**：它上市迄今的「**歲月**」（愈往圖上方代表愈近期加入的客戶，他們使用 Z 功能並挹注營收的速度更快）；以及客戶使用 Z 功能的「**歲數**」（愈往右代表用得愈久），兩者皆讓公司能夠更快看到更多營收入帳。就決定採用這款圖吧！

步驟 4：我們暫且跳脫圖表的事，先來找出這份資料的張力和解決方法，我認為其中的張力在於：雖然整體而言，客戶採用 Z 功能的情況與帶來的營收，皆呈上揚趨勢，但我們不清楚這種情況是否同樣適用於新客戶。情況 OK 嗎？還是有狀況必須解決？

從資料看來情況挺不錯的，我們並不需要立即採取什麼行動。當我們無法明確告訴聽眾該採取什麼行動時，我通常會建議（簡報者）回頭檢視當初必須進行簡報的原因。而這次簡報其實源自於聽眾主動提出的疑問，所以即便目前不需採取任何行動，還是要給他們一個交代！結論：目前不需採取任何行動，但我們會持續觀察事態，若事態改變即會提出警示。

步驟 5：圖 7.1c 就是我製作的單張投影片，請花點時間仔細檢視，並拿來跟你的作品比一比，兩者有何相似之處？不同的地方在哪裡？請寫下各個作法的優點。

我們解答這道習題的過程一口氣複習了好幾課，各位在製作圖表時一定要問自己：有必要放入全部資料嗎？先想好你要觀眾注意的重點，然後選擇最能達到此目標的那種圖表，並視情況需要反覆修改，以找出呈現資料的最佳方式。還有：留意細節避免顧此失彼、對齊元素打造俐落的結構、適當運用色彩引導觀眾注意重點、配置正確的標題與文字幫助觀眾理解資料。

老師示範──進階練習

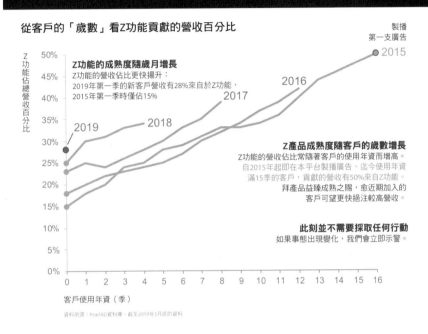

產品成熟度與「時」俱進（歲月與歲數）

從客戶的「歲數」看Z功能貢獻的營收百分比

製播
第一支廣告

Z功能的成熟度隨歲月增長
Z功能的營收佔比更快揚升：
2019年第一季的新客戶營收有28%來自於Z功能，
2015年第一季時僅佔15%

Z產品成熟度隨著客戶的歲數增高
Z功能的營收佔比常隨著客戶的使用年資而增高。
自2015年起即在本平台製播廣告、迄今使用年資
滿15季的客戶，貢獻的營收有50%來自Z功能。
拜產品益臻成熟之賜，愈近期加入的
客戶可望更快挹注較高營收。

此刻並不需要採取任何行動
如果事態出現變化，我們會立即示警。

Z功能佔總營收百分比

客戶使用年資（季）

資料來源：PearlAD資料庫，截至2019年3月底的資料

圖 7.1c　產品成熟度與時俱進

習題7.2：銷售通路的最新配置

下頁這張投影片（圖 7.2a）顯示的是某產品在一段期間內於各通路售出的總件數。請花點時間熟悉資料細節，然後找位夥伴或自己獨力完成以下步驟。

步驟 1：先從正面評價開始說起：你喜歡這張投影片的哪些作法？

步驟 2：這張圖能夠解答哪些疑問？要解答疑問，我們該特別注意哪些地方？疑問是否完全獲得解答？請用幾句話大致說明你的想法。

步驟 3：根據迄今學過的課程，你會建議如何改善此圖？請用幾句話或列出一份清單，大致說明你想如何改善此圖。

步驟 4：如果你是（1）在會議中現場簡報這份資料，以及（2）把資料分

老師示範──進階練習

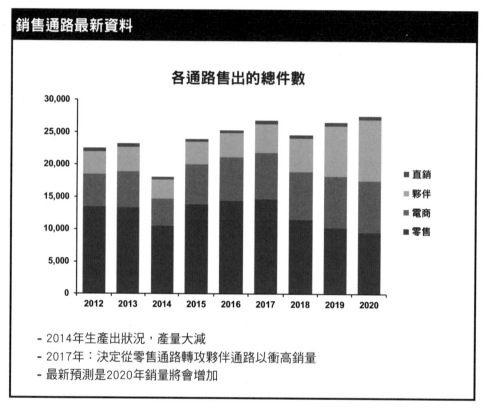

圖 7.2a 各通路最新銷售狀況

發給大家並由他們自行理解吸收，你是否會採取不同作法以因應此一差異？請用幾句話大致說明你的想法，然後用工具重製此圖。

解答7.2：銷售通路的最新配置

我認為這張圖的問題在於想同時解答很多疑問，結果反倒未能有效解答任何一個疑問。當資訊量很大時，寧可多用幾張圖呈現，千萬別硬在一張圖中塞好塞滿。

步驟 1：原圖有哪些優點？我喜歡作者在圖的下方條列出值得注意的重

點，而且圖的整體設計看來相當俐落，沒有很多會令人分心的雜訊。

　　步驟 2：這張圖可以回答幾個不同的主要疑問：銷售量在這段期間內有何變化？各個通路的銷售實力在這段期間內有何消長？我們只需比較直條的頂端即可得知前者的答案，至於後者的答案則需比較堆疊的部分。但問題是堆疊直條圖並不容易比較大小，因為當你把變化的事物堆疊在其他變化的事物之上時，很難看出發生了什麼事。下方的第二個重點指出，公司決定把零售通路轉往夥伴通路，這個想法已經成功了嗎？或者仍只是一個行動呼籲呢？答案很難從原圖中看出來！

　　步驟 3：我對原圖的三項建議將會在重製圖中呈現，我現在就來逐一說明它們。

　　使用多張圖。最大的改變就是我會使用多張圖，我覺得堆疊條狀圖很像一把多功能的瑞士刀，雖然你可以用它來做很多事情，卻無法像專屬工具能把某件事做得很好。瑞士刀裡的剪刀的確可以剪掉一段鬆脫的線頭，但是除此之外的其他工作，我還是寧可找一把剪刀來做。若想解答步驟 2 提出的問題，與其使用堆疊條狀圖，我會選擇用兩種不同圖表分別回答，詳情我會在步驟 4 說明。

　　使用視覺提示連結文字與資料。至於步驟 1 中提到的其他改變，我喜歡作者用重點當作標題。不過這種作法的挑戰在於，當我閱讀原圖下方的文字時，我必須花時間思考與搜尋該看哪裡的資料，以印證文字所言不虛。我不希望我的觀眾也遇到這種狀況──我希望他們閱讀文字時，就知道該看哪個資料；當他們看到資料時，也知道該看哪段文字以取得相關的脈絡或重點。我們可以利用格式塔的視覺原理來連結文字與資料，例如使用相鄰原則，讓文字靠近它所描述的資料，或是用連結原則，在文字和資料之間畫一條線把兩者連結起來。我們還可以應用相似原則，把文字與其所描述的資料套上相同的色彩，我會在重製圖中呈現上述所有變化。

　　凸顯預測資料與實際資料的不同。最後一個條列式重點有點出乎意料──

代表 2020 年情況的最後一個資料點，竟然是預估的數字。但原圖的設計並未表明此事，我想做出改變，明確標示哪些數據點是真實的、哪些則是預估的。

步驟 4：我的重製圖將會逐一呈現我在步驟 3 提到的各種回饋意見。首先來解答一開頭提出的疑問——歷年來的銷售量有何變化？請看圖 7.2b。

我把原本的堆疊直條圖改成線型圖，讓大家更容易看出歷年來的銷售趨勢。我選擇省略 Y 座標軸，改成直接標示其中幾個資料點，各位稍後就會明白我這麼做的原因。我特地區分實際數字（實線、實心點）與預估數據（虛線、空心點），還在 X 座標軸的 2020 年下方添加「預測」的文字說明，這是應用了格式塔的相鄰原則。

如果我打算在現場簡報這份資料，那我會另做安排。當我們想要檢視一段期間內的資料時，不妨採取最自然的敘事結構：按照時間排序。在現場簡報時，我可以利用循序漸進的方式，一邊說明資料的相關脈絡、一邊逐步呈現這張圖。圖 7.2e 至 7.2r 即是我在現場簡報的完整過程。

產品售出總數

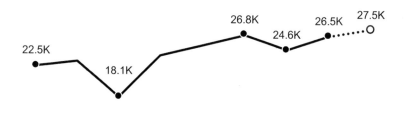

圖 7.2b 改以線型圖呈現歷年來的銷量變化

今天我們要來看這個產品在 2012 年至 2019 年的銷售數量變化，並對 2020 年的銷量提出最新的預測。（圖 7.2c）

我們的產品在 2012 年上市，第一年的銷售量就達到二萬二千五百件，我們很高興成績優於原本設定的目標一萬八千件。（圖 7.2d）

2013 年的銷售量微增至二萬三千多件。（圖 7.2e）

但是 2014 年因生產線發生狀況，造成商品供應不及，銷售量大減。（圖 7.2f）

幸好問題順利解決並且很快復工，2015 年銷售量衝高至接近二萬四千件。（圖 7.2g）

2016 及 2017 年的銷售量皆持續攀升。（圖 7.2h）

我們在 2017 年決定從零售通路轉攻夥伴通路，導致 2018 年的銷量略減。（圖 7.2i）

銷售情況在 2019 年轉好。（圖 7.2j）

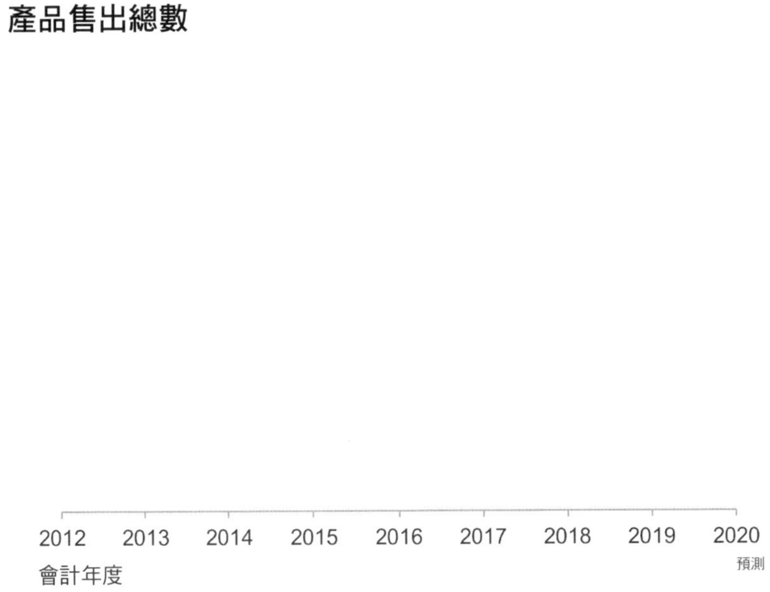

產品售出總數

```
2012   2013   2014   2015   2016   2017   2018   2019   2020
會計年度                                                    預測
```

圖 7.2c 現場簡報的第一步：搭建舞台

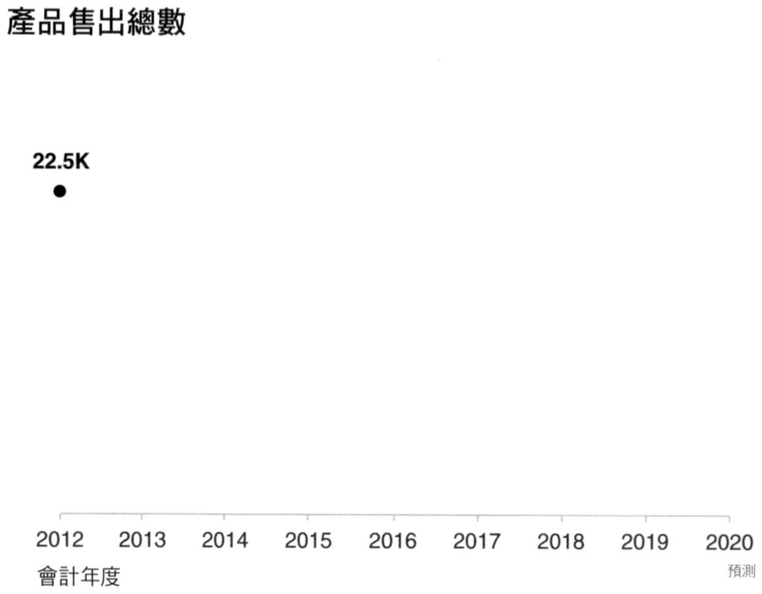

老師示範──進階練習

產品售出總數

22.5K
●

| 2012 | 2013 | 2014 | 2015 | 2016 | 2017 | 2018 | 2019 | 2020 |

會計年度   預測

圖 7.2d 循序漸進式的現場簡報

產品售出總數

22.5K　**23.1K**

| 2012 | 2013 | 2014 | 2015 | 2016 | 2017 | 2018 | 2019 | 2020 |

會計年度   預測

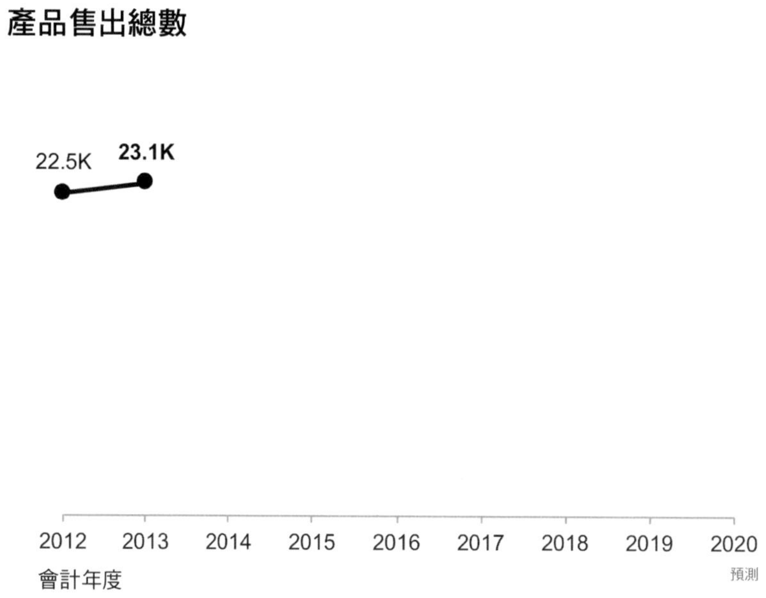

圖 7.2e 循序漸進式的現場簡報

產品售出總數

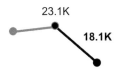

2012　2013　2014　2015　2016　2017　2018　2019　2020
會計年度　　　　　　　　　　　　　　　　　　　　　預測

圖 7.2f 循序漸進式的現場簡報

產品售出總數

2012　2013　2014　2015　2016　2017　2018　2019　2020
會計年度　　　　　　　　　　　　　　　　　　　　　預測

圖 7.2g 循序漸進式的現場簡報

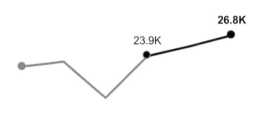

產品售出總數

26.8K

23.9K

2012 2013 2014 2015 2016 2017 2018 2019 2020
會計年度   預測

圖 7.2h 循序漸進式的現場簡報

產品售出總數

26.8K

24.6K

2012 2013 2014 2015 2016 2017 2018 2019 2020
會計年度   預測

圖 7.2i 循序漸進式的現場簡報

產品售出總數

圖 7.2j　循序漸進式的現場簡報

　　我們預測 2020 年的銷售量將會持續攀升。（圖 7.2k）

　　如果我不是在現場做簡報，我會直接標註圖表中的重點，這樣觀眾可以像是有我在旁邊導覽般自行理解這份資料，請看圖 7.2l。

　　我們稍後會看如何把這張圖改製成一張投影片。現在先來討論現場簡報時如何呈現各通路的銷售實力：改用百分比堆疊直條圖。這種圖跟典型的條狀圖有相同的缺點：我們很難比較中間部分的大小，不過它還是有一些好處。

　　只要讓圖表的底部與頂部各自有著相同的基準線，這樣觀眾就能更容易比較這兩組資料數列。當我們正確排列資料的順序（當然也要看我們想要凸顯哪些資料而定），就能用這個圖有效達成我們的溝通目標。現在請回到現場簡報模式：

　　接著我們就來看看各通路的銷售狀況吧。（圖 7.2m）

老師示範——進階練習

產品售出總數

2012　2013　2014　2015　2016　2017　2018　2019　2020
會計年度　　　　　　　　　　　　　　　　　　　　　預測

圖 7.2k　循序漸進式的現場簡報

產品售出總數

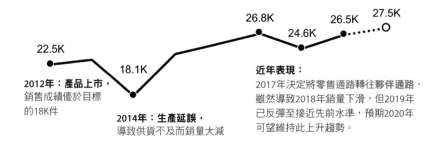

2012年：產品上市，
銷售成績優於目標
的18K件

2014年：生產延誤，
導致供貨不及而銷量大減

近年表現：
2017年決定將零售通路轉往夥伴通路，
雖然導致2018年銷量下滑，但2019年
已反彈至接近先前水準，預期2020年
可望維持此上升趨勢。

2012　2013　2014　2015　2016　2017　2018　2019　2020
會計年度　　　　　　　　　　　　　　　　　　　　　預測

圖 7.2l　附加重點說明的線型圖

零售通路的銷量佔比逐年遞減。（圖 7.2n）

雖然電商通路自推出以來銷量僅微幅增加，但近幾年已在總銷量中維持一定的佔比。（圖 7.2o）

直銷的佔比一直很小，未來也將維持此趨勢。（圖 7.2p）

夥伴通路在總銷售量中的分量已攀升至一定的佔比。（圖 7.2q）

最值得注意的是，各通路的銷售實力變化，尤其是我們在 2017 年決定把零售通路轉移至夥伴通路迄今的變化：我們預期的變化已經發生了。零售通路在總銷售量中的佔比不斷下降，而夥伴通路的佔比則是逐漸攀升，我們預期 2020 年會持續此一現象。（圖 7.2r）

從結局看來，這是個成功的故事！如果我們必須彙整全部資料並分發給大家自行理解，我會選擇使用一張投影片，把主要重點當成標題，打造清楚的結構，加上更多文字敘述以提供脈絡，請看圖 7.2s。

各通路的銷售數量

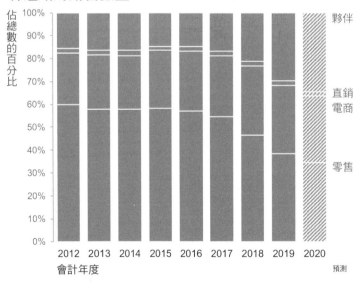

圖 7.2m 另一種觀點：各通路銷售情況

老師示範——進階練習

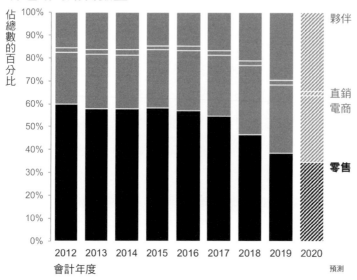

圖 7.2n 聚焦於零售通路

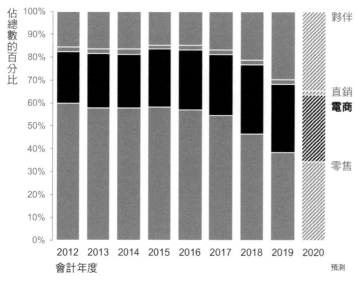

圖 7.2o 聚焦於電商通路

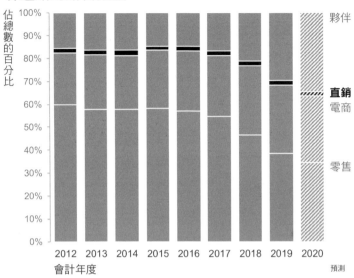

圖 7.2p 聚焦於直銷通路

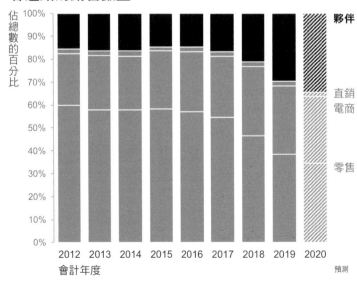

圖 7.2q 聚焦於夥伴通路

老師示範──進階練習

老師示範──進階練習

各通路的銷售數量

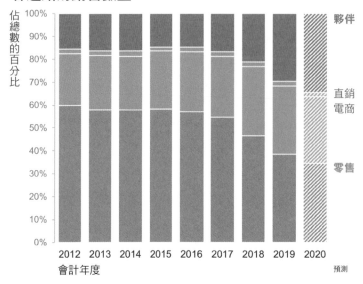

佔總數的百分比

夥伴

直銷
電商

零售

2012 2013 2014 2015 2016 2017 2018 2019 2020
會計年度　　　　　　　　　　　　　　　　　預測

圖 7.2r　轉攻夥伴通路的決策成功！

通路轉換使總銷量增加

預測2020年銷量可望增加

2012年產品一上市銷量即達22.5K，較預期的18K目標多了25%。2014年因生產延誤致銷量大減22%。之後銷量逐年回升，但2017年決定將零售**通路轉移**至夥伴通路，導致2018年銷量又下降。但2019年旋即回升，且預測2020年可望維持此一情勢。

近年來通路轉換

在這段期間內，各通路的相對銷售力道顯著轉換，過去有近六成的產品是透過零售通路售出，但近年因為公司決定轉攻**夥伴**通路，至2019年零售通路的佔比已下降至38%，而夥伴通路的銷量則從初期的20%以上，上升至30%以上，我們預期這些趨勢將會繼續維持。

產品售出總數

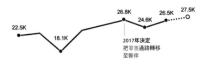

22.5K

18.1K

26.8K　24.6K　26.5K　27.5K

2017年決定
把零售通路轉移
至夥伴

2012 2013 2014 2015 2016 2017 2018 2019 2020
會計年度　　　　　　　　　　　　　　　　　預測

各通路的銷售數量

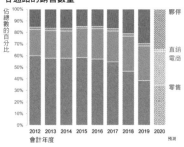

佔總數的百分比

夥伴

直銷
電商

零售

2012 2013 2014 2015 2016 2017 2018 2019 2020
會計年度　　　　　　　　　　　　　　　　　預測

資料來源：至2019年12月31日為止的銷售資料庫，2020年的數據則是假設市場無重大變化下所做的預估。若欲了解更多詳情，請洽詢銷售分析團隊。

圖 7.2s　分發給大家的單張投影片

使用多張投影片可以有效回答觀眾的許多疑問。請注意在前述圖表中，我們使用多種方法把文字跟它們描述的數據資料連結起來，這樣觀眾在閱讀文字時，就知道該看哪些資料以取得印證，而且反之亦然。這個作法不僅讓我們能提供更多資訊，而且觀眾也更容易理解這份資料！

習題7.3：房貸模型的績效評估

你在某大型行庫工作，手下帶領一組統計人員，其中一名部屬在你們每週例行的一對一會議中向你展示了圖 7.3a，並尋求你的意見回饋，請花點時間分析此圖，並完成後續步驟。

圖A：房貸模型的績效評估

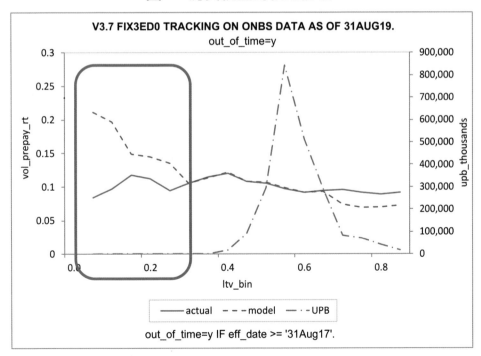

圖 7.3a 房貸模型績效評估

步驟 1：你看到這張圖會產生哪些疑問？請列下一份清單。

步驟 2：根據我們迄今所學到的課程，你會向對方提出哪些意見回饋？請大致寫下你的想法，並說明**原因**。換言之，你提供的意見回饋，最好有助於改善未來的資料視覺化效率。

步驟 3：對於呈現這份資料的方式你有何建議？它有著什麼樣的故事？該如何訴說？不論這份資料是要透過現場簡報或以書面發送，請視需要做出適當的假設，並大致說明你建議的作戰計畫。最後請用工具做出一份你理想的重製圖。

解答7.3：房貸模型的績效評估

步驟 1：哇哦，這張圖不好處理！我的疑問多到我根本沒辦法思考這是什麼資料，我很想問問它用的是什麼語言：圖中那一堆縮寫究竟是什麼意思？座標軸又代表什麼？右側的第二條 Y 軸呢？為什麼會選擇使用這幾種線條？那個大紅框想要強調什麼？

步驟 2：當我在上個步驟提出的疑問獲得解答後，我會提出以下的回饋。

使用更容易理解的語言。原圖看起來像是使用 SAS 之類的統計軟體直接輸出的圖表，如果你是位統計人員，而且你是在跟同事討論，那麼用這張圖是無妨。但如果你要對一般人溝通，就必須使用大眾能夠理解的語言，例如圖中的專業術語 vol_prepay_rt（圖 7.3a 的 Y 軸），應直接標註為「主動提前還款率」（voluntary prepayment rate），它指的是提前償還貸款者所佔的比例。我之所以看得懂原圖，是因為我過去曾經任職於信用風險管理公司，所以具備足夠的銀行業相關知識。

但若要讓一般大眾也能理解，原圖中的縮寫字都要寫出全稱才行。一般大眾即便看不懂這些縮寫字，通常也會害怕別人嘲笑而不敢發問，若因此做出錯誤的假設，你將喪失與他們有效溝通的契機。你可在第一次提到縮寫字時拼出全文，或是在圖表底部的註腳說明縮寫字或專業術語。這並不是要你耍笨，而

是沒必要把事情搞得更複雜。順帶一提，X 軸的 ltv_bin 指的是貸放成數率，它通常會以百分比呈現，原圖卻是以小數點表示。貸放成數率愈高，風險也愈高，因為貸款金額的佔比相對於資產的價值是比較高的。UPB 則是未償還本金餘額（unpaid principal balance）。

圖表標題及圖表底部也有一些令人費解的術語，我相信製作圖表的人很清楚它們的意思，我也能大致解讀出標題所指的房貸產品，以及用來驗證模型績效的別段時間樣本（out of time sample）。但簡報者必須考量聽眾的背景，以及他們能夠理解到什麼程度。如果是對公司的管理高層報告這份資料，我們或許不必觸及任何細節──因為長官信任我們的專業，相信我們用了合理的方式完成工作。但如果我們是對一群很在意技術細節的人溝通，就可能需要把相關細節納入，在註腳標示會是比較好的作法。

改變線條風格宜審慎。 虛線非常引人注目，也會增添一些雜訊，如果以雜訊的角度來看待虛線，那就形同把單一視覺元素（線條）分切成好幾段，因此，我會建議虛線只用來描述不確定的事物：預測的結果、預估的數字、預定的目標之類，唯有在這些情況下，使用虛線帶來的視覺效益才足以彌補它所產生的雜訊感。原圖中代表房貸模型的藍色虛線就用得很恰當，但是用綠色虛線來代表 UPB 就值得商榷了──未償付本金餘額必須清楚交代才行，豈能用估算值唬弄！所以我會建議用粗實線來描繪真實發生的資料，用細虛線來代表推估資料。

刪除第二條 Y 軸。 我認為最好避免使用第二條 Y 軸，不論是本案還是一般範例皆是如此。第二條 Y 軸的挑戰在於──不論它的標題和標籤有多清楚──觀眾都必須費神判斷哪個數據該對應哪個座標軸，我不想給觀眾添這種麻煩。與其用第條 Y 軸，倒不如直接對需要注意的資料點直接放上標題或標籤。再不然，你也可以分兩張圖顯示、但使用相同的 X 軸；這種作法意味著你可以把各組資料數列的標題或標籤都放在左側，觀眾就不必傷腦筋：「我想知道更多細節，該看左邊還是右邊呢？」

　　原圖第二條 Y 軸呈現的資料是未償還本金餘額，但它使用的單位頗怪：數千千美元（thousands of thousands），一千個一千是一百萬美元，把單位改成百萬美元能讓圖表更容易閱讀，簡報者也比較容易陳述資料。

　　這份資料的整體形狀看來比特定的數值更為重要，有鑑於此，我會建議採用先前提過的另種作法：用兩張圖呈現資料，如圖 7.3b。

　　在圖 7.3b 中，我把原圖分成兩張，上圖顯示提前還款率的模型預估與實際情況，下圖顯示的是未償還本金餘額在放款組合中的分布情況，位在上下兩張圖中間的貸放成數（X 軸）是要讓它們共用的（如果各位覺得這樣的安排可能會令觀眾感到疑惑，只要在下圖再重複標示即可）。我們稍後會再討論呈現

從貸放成數看模型的績效

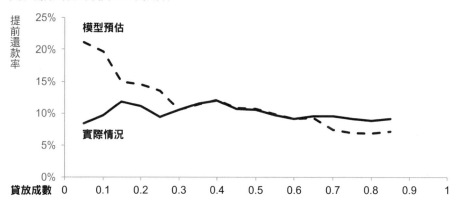

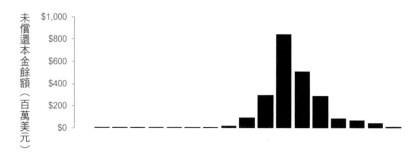

圖 7.3b　改用兩張圖呈現資料

此資料的另一種方式，但現在先來看我提出的意見回饋。

　　大紅框並未凸顯正確的內容。作者可能是希望大家看這裡，所以特別用紅色框出這個區塊，我能體會作者的用心，但我認為這個作法恐怕是弄巧成拙，反倒令觀眾分心。

　　我想我對這張圖的疑問大致上算是釐清了，所以我就來談談原圖中的這個大紅框，作者想要我們看什麼？你能否用一句話說明？

　　我的說法會是這樣：我們的模型高估了低貸放成數戶的提前還款率。我們的放款組合中是否有任何低貸放成數戶？（提示：請看原圖中的綠色虛線來回答此問題。）

　　答案是：我們的放款組合中並沒有低貸放成數戶，而那可能就是我們的模型在那方面表現不佳的原因：我們根本沒有任何放款可供試算。低貸放成數是風險最低的放款，因為他們的貸款金額相對於其房產的價值算是比較低的（所以就算有人違約未償還貸款，銀行仍可查封並拍賣房屋，幾乎是穩賺不賠）。儘管我們無須擔心這類放款，但其中仍不乏值得進一步探究之處，我們待會再來討論此事。

　　步驟 3：我來逐步說明我會如何在現場簡報這份資料，誠如我們在先前的習題中所見，我們可以用比較活潑生動的方式進行現場簡報。

　　首先我會向觀眾展示一張空白圖表。今天我們要從貸放成數來看房貸提前還款率的實際情況與模型預估的結果，Y 軸顯示的是提前還款率，放貸成數則顯示在 X 軸。（圖 7.3c）

　　實際的提前還款率不受貸放成數的影響：這條線起伏不大。（圖 7.3d）

　　但是我們的模型卻高估了低貸放成數戶的提前還款率，並且低估了高貸放成數戶的提前還款率。（圖 7.3e）

　　接下來，我要做一些不一樣的事。各位或許會問：這問題有多嚴重？我們的放款組合集中在哪裡？如果我把 Y 軸標籤從提前還款率改成未償還本金餘

額，結果會像這樣。（圖 7.3f）

這是本行房貸組合的配置情況，請注意 y 軸的規模及其排列狀況：最高的直條代表的是近八億美元的未償還本金餘額。但我們更需要留意的是這組資料的形狀，所以下一步我要刪除 Y 軸，把直條淡化為背景，然後把模型推估與實

從貸放成數看模型的績效

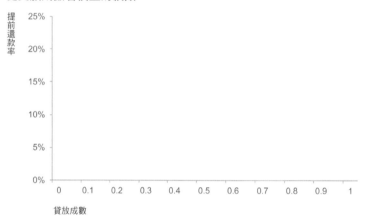

圖 7.3c 第一步，搭建舞台

從貸放成數看模型的績效

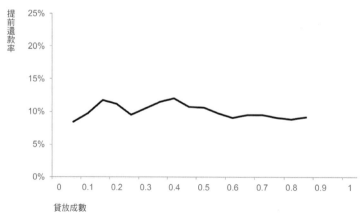

圖 7.3d 提前還款率不受貸放成數的影響

從貸放成數看模型的績效

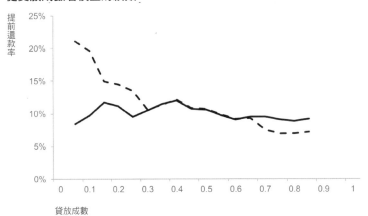

圖 7.3e　模型高估了低貸放成數戶且低估了高貸放成數戶

從貸放成數看模型的績效

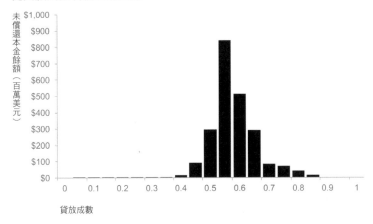

圖 7.3f　本行房貸組合的配置情況

際發生的提前還款率線再次放回圖中。（圖 7.3g）

　　這樣我們就能看出來：模型高估了低貸放成數戶的提前還款率──但那並非我們房貸組合的承作主力。（圖 7.3h）

老師示範──進階練習

模型也低估了高貸放成數戶的提前還款率──我們的房貸組合中的確包含了這部分，所以有必要觀察它未來的發展。（圖 7.3i）

現場簡報相當適合用這種循序漸進的方式進行。但如果我們必須準備一張圖表或投影片分發給大家，當成會議中已討論內容的備忘錄，或是給那些未參

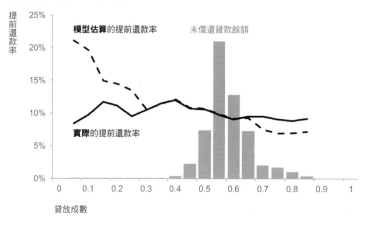

圖 7.3g　把提前還款率放入圖中

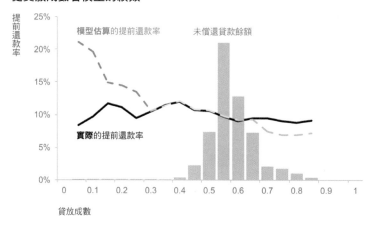

圖 7.3h　模型高估了低貸放成數戶的提前還款率

從貸放成數看模型的績效

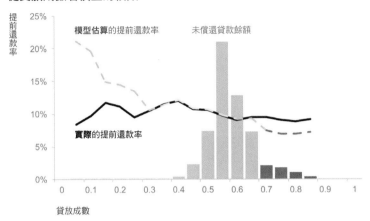

圖 7.3i　模型低估了高貸放成數的提前還款率

與會議的人參考，那麼我會把重點直接註明在投影片上，這樣大家就知道資料
的重點是什麼，以及它代表的涵意，請看圖 7.3j。

　　練習本習題的心得：製作圖表或投影片時，務必使用大家都能理解的語
言，別搞得太過複雜；適當運用色彩凸顯重點；清楚傳達你的訊息以免聽眾錯
失重點！

提前還款模型有其侷限

提前還款模型能有效評估放款組合中承作的主力產品

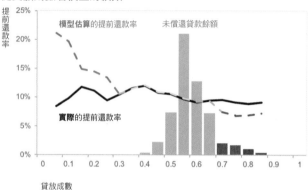

從貸放成數看模型的績效

但是就提前還款率而言，模型高估了低貸放成數戶且低估了高貸放成數戶，這是模型的一個侷限。

行動：避免集中承作上述任一部分。

截至2019/8/31日為止的未償還本金餘額（僅限於房貸放款部分）。
資料來源：Origination and Active Portfolio files，想了解更多關於提前還款模型的細節，請洽信用風險分析部門。

圖 7.3j 投影片上直接揭示資料重點

習題7.4：開學採購季的新對策

你在一家大型服飾零售商擔任資料分析師，正摩拳擦掌準備迎接即將到來的開學採購季。你已分析完去年的開學採購季調查資料以了解顧客的購物體驗——他們喜歡與不喜歡的事情。你相信這份資料揭露了一些明確的商機，並想要用這份資料當作你們擬定今年策略的參考，讓所有分店遵循。

各位可能覺得這道習題很眼熟，沒錯，我們曾經在習題 1.2、1.3、1.4、1.7、6.3 及 6.4 做過。各位不妨複習並參考相關的解答，看看當時我們是如何完成理解聽眾、核心想法、分鏡腳本、張力、解方以及敘事弧的各項練習。請看圖 7.4a 並完成以下步驟。

開學購物季的調查結果

提供的服務	滿意度% 本店	其他店家
店面井井有條	40%	38%
方便快速的結帳	33%	34%
員工友善且樂於幫忙	45%	50%
吸引人的促銷活動	45%	65%
能找到想要的商品	46%	55%
能找到想要的大小	39%	49%
氣氛良好	80%	70%
採用最新的方便購物科技	35%	34%
最低的特賣價格	40%	60%
品項眾多	49%	47%
提供獨家商品	74%	54%
最時尚的風格	65%	55%

圖 7.4a 開學購物季調查結果

　　步驟 1：重點是什麼？你要如何把圖 7.4a 的資料視覺化，向聽眾說明我們該聚焦的重點是什麼？回顧我們迄今學過的課程，想想你要如何應用它們；請視需要做出適當的假設，下載資料並用工具製作出你理想的視覺化資料。

　　步驟 2：你將在會議中帶領聽眾逐步了解這份資料，你會如何呈現它們？請用工具製作出你理想的視覺化資料。

　　步驟 3：你猜想聽眾會希望你在會後分發一份講義，這樣他們可以隨時查閱或複習會中內容，還能讓那些未出席會議的人也得知所有內容，你會如何設計你的圖表或投影片以滿足大家的需求？請用工具製作出你理想的簡報內容吧。

解答7.4：開學採購季的新對策

　　步驟 1：以下有幾種呈現資料的不同方式，我們來看哪一種最能夠讓觀眾心領神會而發出「啊哈」的讚嘆聲。首先我想嘗試散布圖，請看圖 7.4b。

　　但是散布圖非但沒能解答疑問，反倒引發更多疑問，看來它不大適合用來呈現這份資料；那麼來試試看線型圖吧，請看圖 7.4c。

老師示範——進階練習

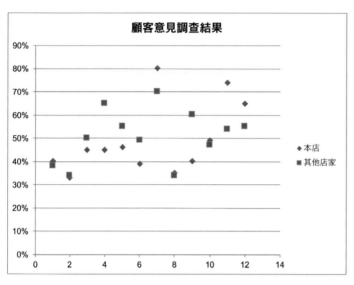

圖 7.4b 散布圖

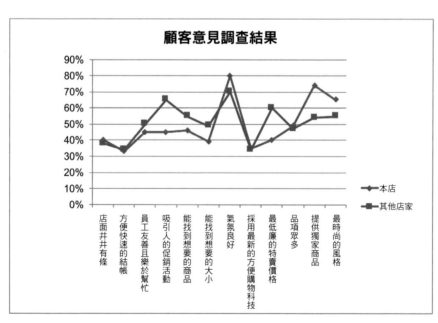

圖 7.4c 線型圖

線型圖的效果如何？雖然線型圖比散布圖更快讓我們比出高下，但線型圖連結分類資料的方式不大合理，所以我們來試試看直條圖吧，請看圖 7.4d。

我為了騰出更多空間放置 X 軸標籤，把直條圖改為橫條圖，因為斜置元素太過搶眼，而且看起來雜亂：它們會形成鋸齒狀的邊緣，看來不整齊；更糟的是，文字斜置比水平放置不易閱讀。幸好這個缺點很容易補救：把圖表旋轉 90 度變成橫條圖即可，這樣我們就有足夠的空間寫下各類別的名稱，而且更容易閱讀，請看圖 7.4e。

呈現資料時，務必審慎考量它的排列順序。有時候資料會因類別而自然形成一種合理的出場順序，我們不妨順其自然無需強行更動。一般情況下，我們會配合人眼的「之」字型視物路徑來排序：在別無其他視覺提示時，觀眾會從頁面或螢幕的左上角開始觀看圖表，然後他們的目光會沿著「之」字型的路線

老師示範——進階練習

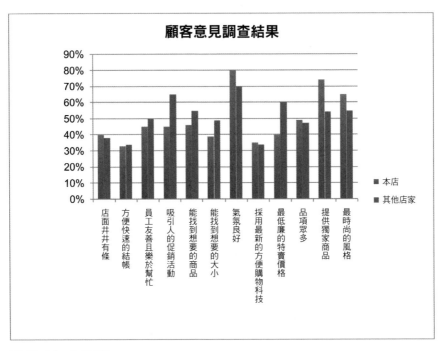

圖 7.4d 直條圖

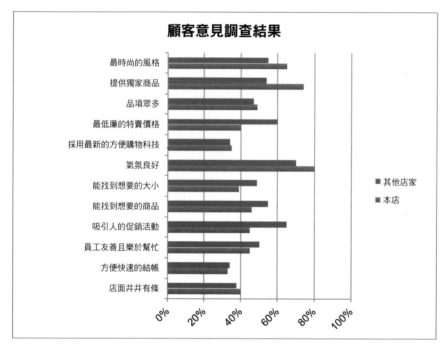

圖 7.4e　橫條圖

移動，所以左上角會是他們第一眼看到的地方，因此重要的分類資料要放在頂端，請看圖 7.4f。

　　圖 7.4f 是以遞升的方式──由表現最差的項目往表現優異的項目逐步推進。接下來我們要以完全相反的方式呈現資料，從表現良好的地方開始講，然後把我們需要改進的地方放在最後，請看圖 7.4g。

　　在圖 7.4g 中，我用 Excel 把 X 軸移到圖表頂端並重新排序，我挺喜歡這樣的安排，因為聽眾能在看到資料前就知道該如何閱讀它們。

　　解決排序問題後，我還想再多應用曾經學過的其他課程：去除雜訊。你們認為此圖中有哪些雜訊應該移除？哪些變更能讓資訊更容易理解？

　　圖 7.4h 呈現的是我去除了雜訊──邊框和網線──之後的新圖；我還把橫條加粗、把 X 軸的最大值放大到 100%，也降低 X 軸標籤出現的頻率，以

老師示範──進階練習

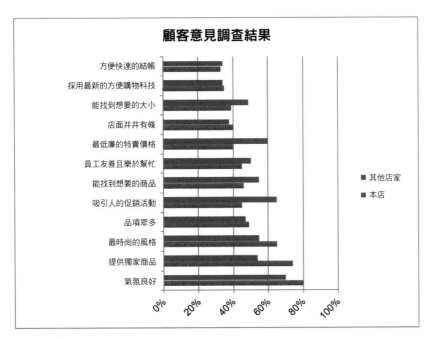

圖 7.4f 漸入佳境式的遞升排序（由差→好）

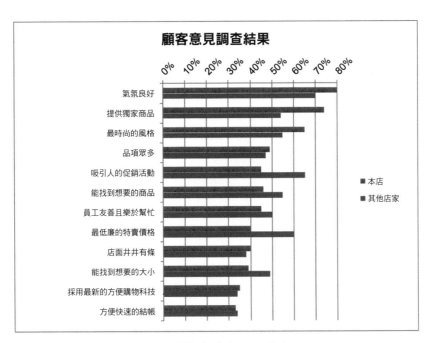

圖 7.4g 每下愈況式的遞降排序（由好→差）

便能夠水平擺放它們。我把圖例移到圖表的頂端，這樣觀眾能先看到它再看到實際資料，我還應用了色彩的相似原則，把文字跟它所描述的資料連結起來。

現在，請各位回顧圖 7.4h：你的目光落在哪裡？

如果你的反應跟我一樣，你會覺得這張圖並沒有特別顯眼的地方。這表示我們並未發揮前注意特徵的功能，明確引導觀眾觀看該注意的重點，我們再多下點工夫調整色彩和對比吧，請看圖 7.4i。

我用灰色把圖 7.4i 中的大多數元素都推入背景，淡化它們的重要性，並以深藍色呈現本店的表現以吸引觀眾的目光。稍後我會說明現場簡報時，如何用循序漸進的方式，逐步聚焦於不同的重點。但現在我們先來探討必須加上哪些文字敘述，好讓圖表更加平易近人，請看圖 7.4j。

圖表中必須提供最低程度的文字敘述——圖表標題與座標軸標籤——來幫助觀眾理解資料。進而要運用文字來幫資料說故事，請看下個步驟。

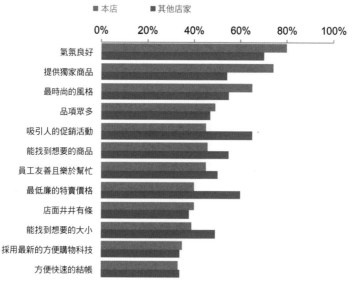

圖 7.4h 去除雜訊後的圖

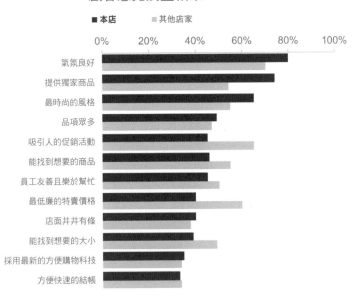

顧客意見調查結果

圖 7.4i　引導觀眾的注意力

開學購物季：顧客好惡調查

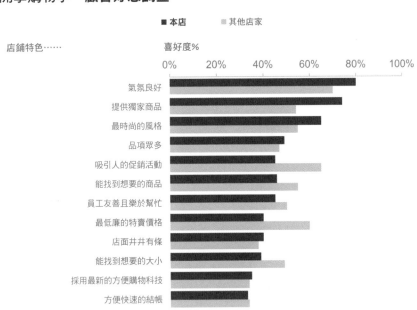

圖 7.4j　添加文字說明

步驟 2：我做現場簡報時，通常會用一種循序漸進的方式呈現資料。

我今天要提出一項建議：公司應投資於員工訓練以改善顧客的店內購物體驗。（圖 7.4k）

請投資於員工訓練
以**改善**顧客的店內購物體驗

圖 7.4k 用簡短清楚且琅琅上口的一句話說明核心想法

請容我說明此事的來龍去脈。開學購物季的營收幾佔全年營收的三分之一，堪稱是攸關公司整體成功的大補丸；但我們卻從未針對此事搜集相關數據以制定因應策略，只是根據顧客個別的購物評價來行事。這種消極的作法在公司規模不大時還無妨，但現在顯然有必要調整了；所以我們決定事先展開顧客意見調查，並根據結果來擬定開學購物季的行銷策略。我們邀請本店及對手的顧客對去年的開學購物季評分。調查結果對於本店以及對手店家的各項購物體驗，提供了很有參考價值的見解。（圖 7.4l）

今天我將帶領各位了解此次調查的結果，並據以提出具體的建議：公司應該投資於員工訓練以改善顧客的店內購物體驗。（圖 7.4m）

在觀看資料之前，我先跟各位說明即將要看的內容。我們向顧客請教了幾個跟店內購物體驗有關的問題，例如：店內的氣氛、獨賣商品以及最新流行時尚。針對以上各個面向，我們會計算出感到滿意的顧客在全部受訪者中所佔的百分比。（圖 7.4n）

開學購物季的營收佔全年營收的

30%

對於公司的整體營收至關重要。

資料來源：每月營銷報告。根據過去3年（2017-19）的開學購物季營收在全年總營收的佔比。

圖 7.4l　提供有力論點並順勢導入情節

今天要討論的內容

1　討論
意見調查分析[1]

2　提出具體建議
做出適當改變以因應即將到來的開學購物季，
並改善顧客的滿意度以提升銷售額。

[1]抽樣方法論的完整細節及相關資訊請見附錄15至20頁。

圖 7.4m　今天要討論的內容

先來看本店的表現吧，各位會看到我們在各個項目的表現並不一致。（圖 7.4o）

我們先看表現良好的項目，表現最好的三項是：氣氛良好、提供獨家商品以及最時尚的風格。顧客表示在本店購物很愉快，令他們對品牌產生正面聯想。（圖 7.4p）

接著來看我們表現不佳的項目。（圖 7.4q）

值得注意的是，當我們加上競爭對手的資料──請看圖中的灰色橫條──對手表現不佳的項目跟我們是一樣的。（圖 7.4r）

但是除此之外，我們還有其他表現不如競爭對手之處。（圖 7.4s）

接下來我們要以另一種觀點來看這份資料，改成聚焦於我們在每個項目跟競爭對手間的差異。圖的左半邊代表我們表現不如對手的項

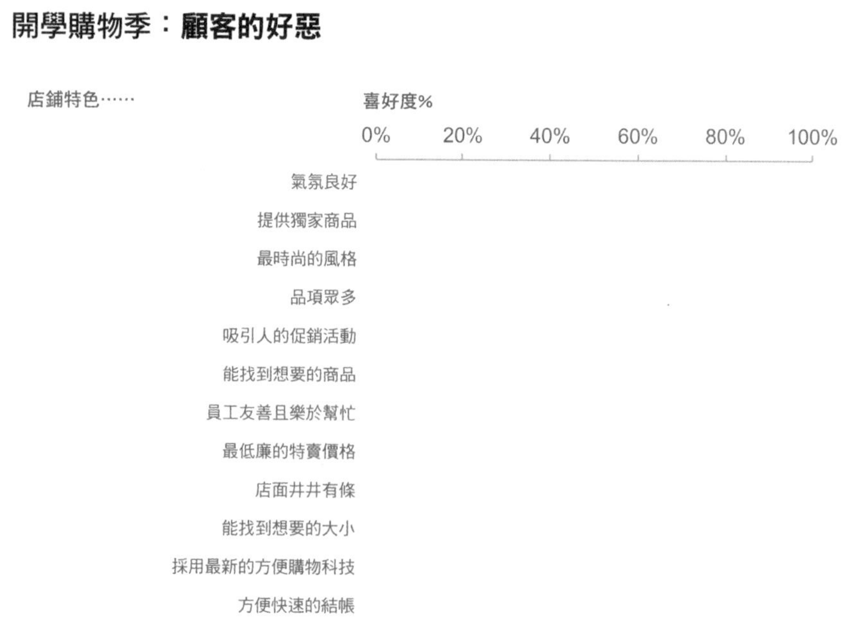

開學購物季：顧客的好惡

店鋪特色……

喜好度%

0%　20%　40%　60%　80%　100%

氣氛良好
提供獨家商品
最時尚的風格
品項眾多
吸引人的促銷活動
能找到想要的商品
員工友善且樂於幫忙
最低廉的特賣價格
店面井井有條
能找到想要的大小
採用最新的方便購物科技
方便快速的結帳

圖 7.4n 搭建舞台

老師示範——進階練習

開學購物季：**顧客的好惡**

店鋪特色……

喜好度%

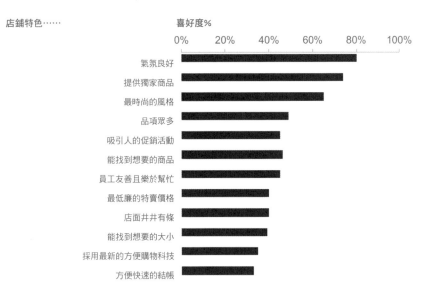

圖 7.4o 聚焦於本店表現

開學購物季：**顧客的好惡**

店鋪特色……

喜好度%

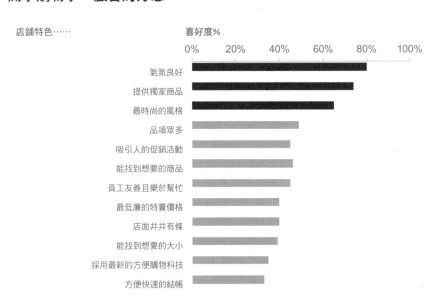

圖 7.4p 聚焦於本店表現最佳的項目

老師示範——進階練習

開學購物季：**顧客的好惡**

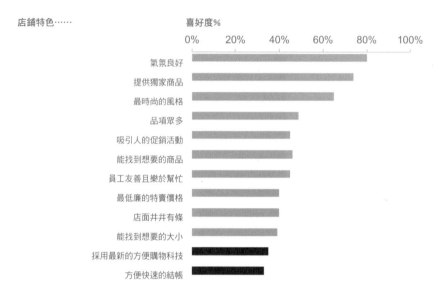

圖 7.4q 聚焦於本店表現不佳的項目

開學購物季：**顧客的好惡**

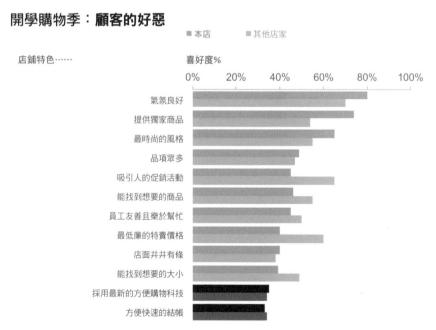

圖 7.4r 加上競爭對手的資料

開學購物季：**顧客的好惡**

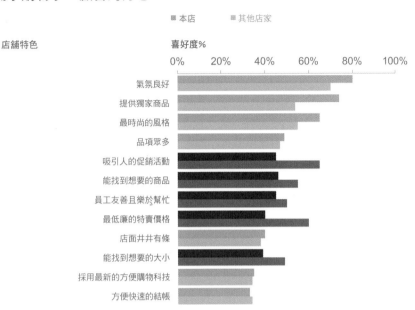

圖 7.4s　強調表現不如競爭對手之處

目，以及彼此間的差距有多少百分比，右半邊則是我們的表現優於對手的項目，以及勝出的差距有多大。（圖 7.4t）

　　接下來我們又要改變觀點，首先來看我們表現不錯的地方，我們領先對手幅度最大的三個項目──提供獨家商品、氣氛良好與最時尚的風格──它們正好也是顧客給予極高評價的項目。（圖 7.4u）

　　不過我們也有需要急起直追的地方。（圖 7.4v）

　　我們表現最弱的項目跟促銷及銷售有關，由於公司擔心造成品牌稀釋的後果，所以一直刻意迴避這方面的議題，我們也不打算把改善的焦點放在這裡。（圖 7.4w）

　　我們打算把改善的重點放在其他表現不如對手的地方，例如：員工友善且樂於幫忙、能找到想要的商品以及能找到想要的大小──我們落後對手的幅度如此之大，實在需要好好警惕。幸好這些都是我們

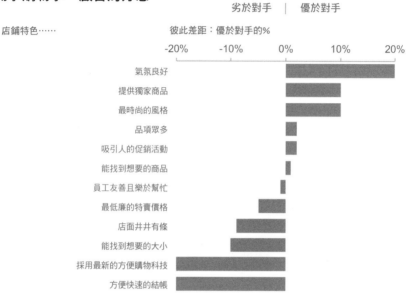

圖 7.4t 改成聚焦於彼此的差距

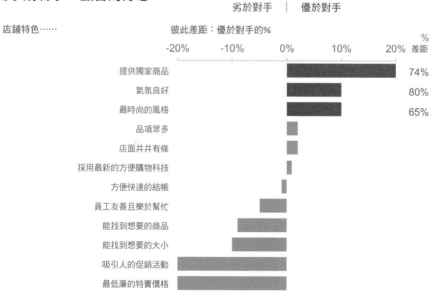

圖 7.4u 聚焦於我們的最強項

開學購物季：**顧客的好惡**

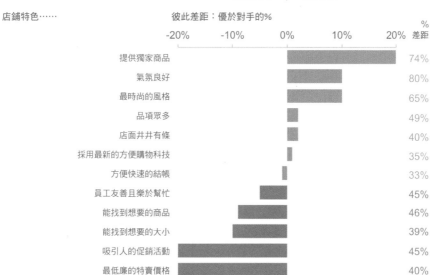

圖 7.4v **聚焦於我們需要加強的項目**

開學購物季：**顧客的好惡**

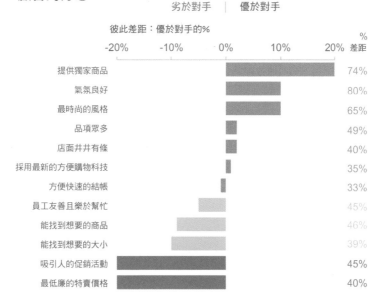

圖 7.4w **顯示我們最弱的項目**

的銷售人員可以直接掌控的顧客體驗。（圖 7.4x）

　　我們建議公司要投資於員工訓練，讓銷售人員明白何謂優質的服務，以改善顧客在各分店內的購物體驗，期使即將到來的開學購物季營收能創下歷史新高！（圖 7.4y）

開學購物季：**顧客的好惡**

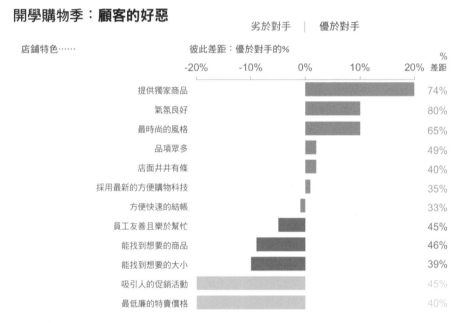

圖 7.4x　建議改善我們能掌控的項目

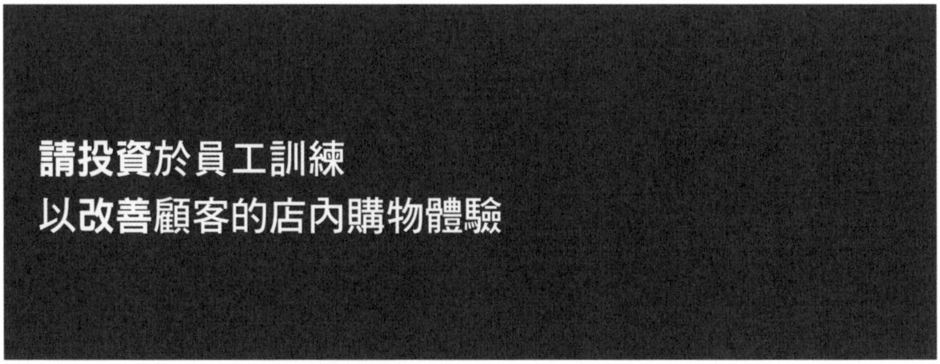

**請投資於員工訓練
以改善顧客的店內購物體驗**

圖 7.4y　用洗腦神句反覆提及核心想法

步驟 3：如果我需要在簡報後分發書面資料給大家，我會設法把相關訊息彙整在一張投影片上，這樣聽眾能夠像是有我在旁邊導覽一樣自行處理訊息。（圖 7.4z）

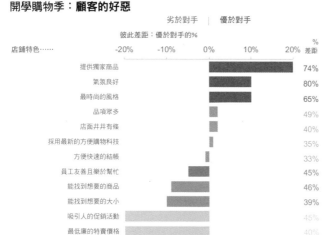

公司需採取的行動：投資於員工訓練

開學購物季：**顧客的好惡**

好消息
我們在店內氣氛良好、能夠買到**最時尚的商品**以及**提供獨家商品**這三方面大贏對手。

我們能改進之處
我們有五個項目表現不如對手，但我們並不打算在「吸引人的促銷活動」以及「最低廉的特賣價格」這兩方面跟對手一較高下。但應致力於「員工友善且樂於幫忙」以及「能找到想要的商品」這些地方。

建議：
投資於員工訓練以改善顧客購物體驗。

資料來源：2019年開學購物季顧客意見調查（樣本數21,862件），想取得更多調查細節請洽顧客關係團隊。

圖 7.4z 最終彙整版

這個最終版的圖表應用了我們學過的十八般武藝：深刻理解脈絡、選擇適當的視覺呈現、找出並刪除雜訊、引導觀眾注意重點、培養設計師思維，以及說個好故事。這個習題的重點是：別光呈現資料，用資料打造一個引人入勝的好故事！

習題 7.5：收治糖尿病患超前部署

下面這個個案研究是由用資料說故事團隊的成員伊莉莎白·哈德曼·黎克絲（Elizabeth Hardman Ricks）出題與解答。

想像你在某大型醫療照護集團工作，你們公司在很多地方都設有醫護中心。你負責分析數據以了解你們收治的病患之組成趨勢，並把你的發現向領導階層報告，以幫助他們做出重大決策。你的分析顯示，近期某區域內各醫護中心（A-M）收治的糖尿病患皆呈上升趨勢，如果照目前的情況繼續發展，未來各中心的人力可能不足以提供適當的醫護水平。具體來說，你預估未來四年每年可能新增一萬四千名糖尿病患，你希望高層能運用此一資訊來決定是否需要投入額外的資源。

你打算在即將召開的會議中簡報這個訊息，並製作了四種不同圖表呈現各中心收治糖尿病患的情況，如圖 7.5a。請各位花點時間熟悉所有資料，並完成後續步驟。

步驟 1：先來考慮聽眾吧，由於本案例並未特別指明那個人是誰，所以我們只需思考一般決策者會如何行事即可。什麼事情會令他們晚上輾轉難眠？什麼事情能打動他們？花點時間腦力激盪並寫下一份清單。

步驟 2：為你的資料溝通提出核心想法（可參考習題 1.20），並視需要做出適當的假設。

步驟 3：接下來我們要參考敘事弧，想想聽眾面對的張力是什麼？你的分析提出什麼建議來解決他們的張力？你必須提供哪些內容給你的聽眾？請根據前述條件，製作一組分鏡腳本（可參考習題 1.23 及 1.24），並按照敘事弧來排序。

步驟 4：檢視圖 7.5a 的四組圖表，仔細觀察及分析每個圖表，你第一眼看到什麼重點？請用一句話寫下你的心得。從你寫下的心得來看，哪個圖最能強化你在步驟 2 寫下的核心想法？

步驟 5：假設有位重要人士要求你在下班前給他一份最新資料。由於時間

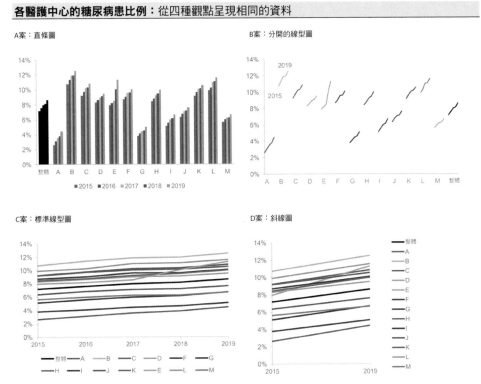

圖 7.5a　各醫護中心的糖尿病患收治率

緊迫，你打算把你在上個步驟選出的那個圖當作基礎，在不更動任何元素的情況下，你要如何利用色彩與文字來凸顯這份資料的主要重點？下載資料並做出你理想的圖。

　　步驟 6：你在上個步驟製作的圖表大獲好評（讚喔！），高層希望在即將到來的會議中討論這份資料，屆時將由你的主管負責簡報全部的分析，包括你所做的糖尿病患收治率將持續上升的前瞻性預測分析。請用你偏好的工具製作整組簡報，並用這份資料說個好故事，記得為每張投影片附上一張小抄給你的主管，以免他在簡報時漏掉重點。

解答7.5：收治糖尿病患超前部署

步驟 1：我設定好鬧鐘在五分鐘後響起，並開始思考聽眾關心的重點，完成後我發現聽眾關心的事情大致分成五大面向：

1. **財務**：管控營運費用、達成營收目標。
2. **人力**：增聘人手、管理及留住人才以提供高品質的醫療照護。
3. **評鑑標準**：彙整政府相關法規、符合法令要求的基準。
4. **供應商**：保險的給付、合約的談判、醫療設備的採購。
5. **競爭對手**：我們的病患照護水準及／或相關費用，是否優於對手。

步驟 2：我在填寫核心想法表單時發現，我在上個步驟寫下的五大重要面向清單，能幫助我找出聽眾可能面臨的利弊得失：如果我們旗下各醫護中心對病患的照護水準未達到法律規定的門檻，恐怕無法通過主管機關的評鑑，將重挫集團的營收（無法取得健保給付）。為了降低此一風險，我會建議高層考慮增聘人手，以因應糖尿病患大增的照護需求。

我對這次簡報所擬定的核心想法如下：

> 我們應考慮增聘更多員工，以因應預估糖尿病患可能大增的照護需求，這樣我們才能符合國家的評鑑標準，且營收不會減損。

步驟 3：我的聽眾面對的張力可真多（看看我在步驟 1 寫下的清單，真虧他們晚上還睡得著！），但我認為財務方面的張力可能是最大的，因為失去營收，最終我們可能會倒閉。幸好這份分析替我們的存續指出一條路：盡早補足應有的人力，才能為病患提供合理的照護品質。

　　圖 7.5b 是我初步寫下的分鏡腳本，它們是按照時間來排序，與我的分析過程是一樣的，我覺得這是最順其自然的排序方式。

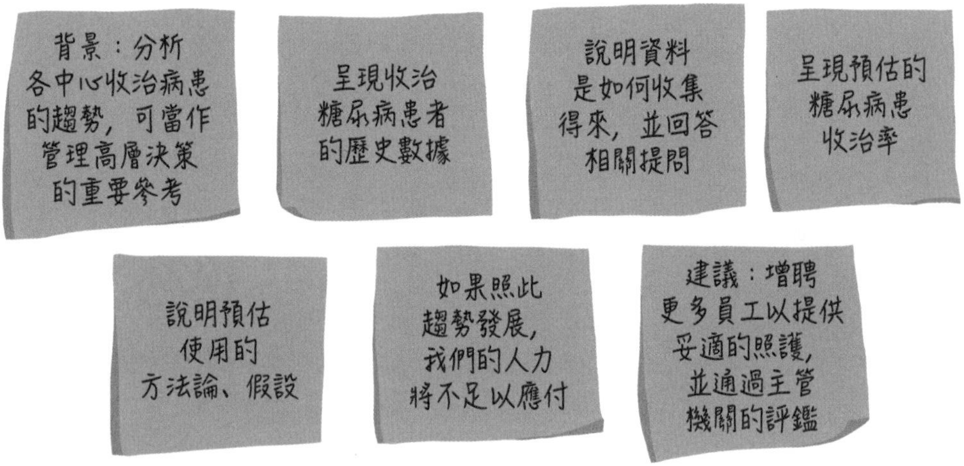

圖 7.5b　分鏡腳本草稿

　　但我也得顧及聽眾的觀點，所以我打算利用敘事弧來幫忙安排這些便利貼的順序，讓聽眾明白該怎麼做以解決他們的張力，請看圖 7.5c。

　　步驟 4：當我觀看圖 7.5a 的四個圖時，我發現一件很有趣的事：不同的觀點會讓我們更清楚看到資料的各項重點，以下就是我觀看每張圖所產生的心得：

1. A 案：A 中心的收治率最低、B 中心的收治率最高。
2. B 案：每條線皆呈向上走勢，但變化的角度不同。
3. C 案：每條線皆呈向上走勢，但 A 中心的收治率最低（約 3%），E 中心的增幅最大（從 2017 年的 8% 增至 2019 年的 11%）。
4. D 案：E 中心的增幅最大（從 2017 年的 8% 增至 2019 年的 11%）；A 中心的收治率仍是最低（2019 年略高於 4%）。

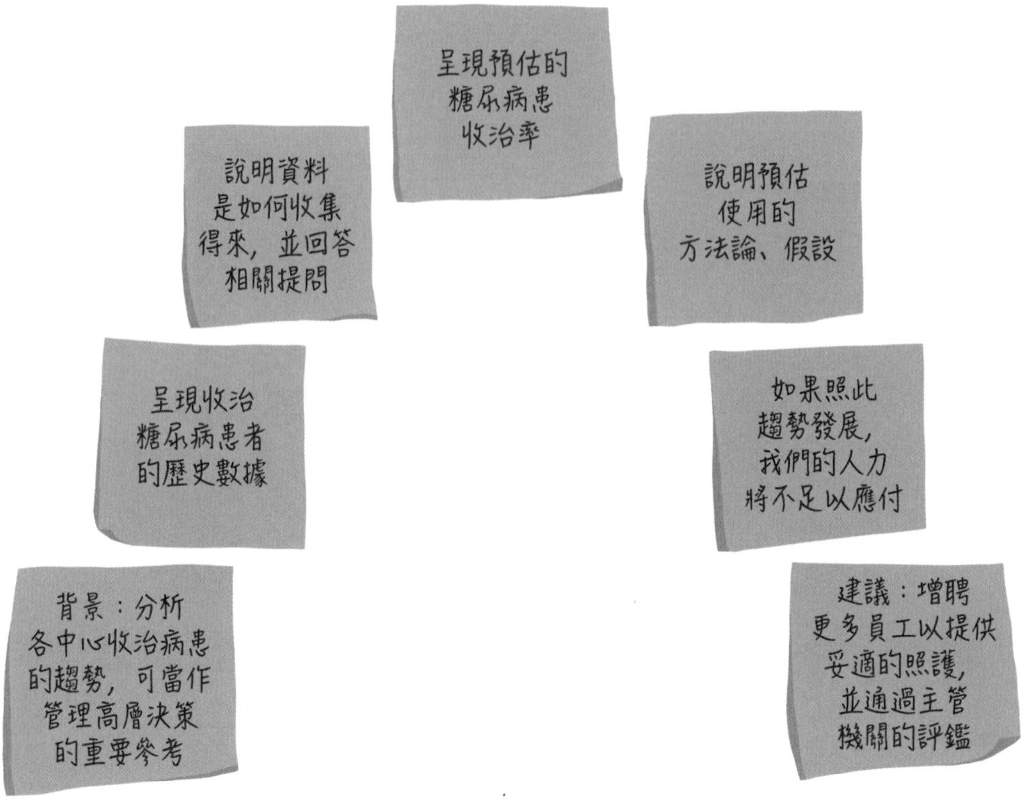

呈現預估的
糖尿病患
收治率

說明資料
是如何收集
得來，並回答
相關提問

說明預估
使用的
方法論、假設

呈現收治
糖尿病患者
的歷史數據

如果照此
趨勢發展，
我們的人力
將不足以應付

背景：分析
各中心收治病患
的趨勢，可當作
管理高層決策
的重要參考

建議：增聘
更多員工以提供
妥適的照護，
並通過主管
機關的評鑑

圖 7.5c　把分鏡腳本按照敘事弧排序

　　哪張圖最能讓聽眾了解我的核心想法？我決定採用 C 案的標準線型圖（但我必須做一些更動——用色彩強調重點與去除雜訊——才會用它來做簡報）；主要理由有三：首先，此一觀點提供充分的歷史脈絡，我的聽眾必須知道這些脈絡，才能理解未來的發展會造成什麼影響。其次，線型圖很適合用來呈現資料在一段期間內的變化，再加上我的聽眾很熟悉線型圖，他們可以快速看懂此圖。第三點，我最後會用一張綜合圖顯示各中心的糖尿病患收治率現況，並說明未來的預估走勢。

　　步驟 5：為了趕在下班前交差，時間真的很緊迫，我恐怕來不及更改原圖

的配置，只能稍微調整一下色彩及文字說明，期盼它們發揮最大的功效，請看圖 7.5d。

糖尿病患的收治率不斷上升
為了維持應有的標準，我們是否需要增聘員工？

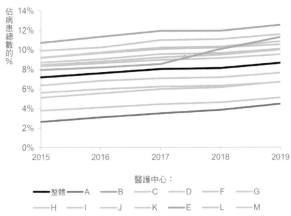

需要注意的中心：B中心的收治率最高（12.5%）；E中心的增幅最大。
後續行動：針對各醫護中心鄰近區域展開人口統計分析，進一步調查具體情況，從而制定行動計畫。

整體情況：2019年各醫護中心的糖尿病患平均收治率穩定增長至8.6%，若維持此一趨勢，**預估未來四年每年會新增一萬四千名糖尿病患。**

好消息：A中心的糖尿病患收治率仍是最低。後續行動：進一步分析相對的照護水準，看是否有其他中心可借鏡之處。

醫護中心：
━ 整體 ─── A ─── B ─── C ─── D ─── F ─── G
─── H ─── I ─── J ─── K ─── E ─── L ─── M

圖 7.5d　時間緊迫下完成的應急版本

　　我用橘色強調負面資料：凸顯糖尿病患收治率最高的中心與增幅最大的中心。我用黑色來連結標題（糖尿病患收治率不斷上升）與它所描述的資料（整體）。副標題不只點出聽眾面臨的張力，還建議應採取的行動。我用藍色凸顯正面資料：其實這當中也不全是壞消息喔！我在圖表的右側加上一些文字（應用了格式塔的相鄰原則以及色彩的相似原則，把文字與其所描述的資料連結起來）。還提供了一些額外的脈絡來幫助聽眾理解我為何要強調某些資料。

　　雖然時間緊迫，來不及重製新圖，幸好我在步驟 1 和 2 整理出來的資料脈絡在此時派上用場，我才有辦法在 15 分鐘內完成圖 7.5d。

　　步驟 6：圖 7.5e 至 7.5p 顯示的是我為主管的簡報所準備的素材與小抄。

　　今天，我想請各位審慎思考一個令人擔心的數字：14,000，這

是未來我們的醫療中心每年可能新增的糖尿病患人數。稍後我將帶領各位逐步了解我們是如何分析出這些結果的。今天的會議重點就要討論：既然已預知未來糖尿病患人數會大增，我們是否應該超前部署，增聘更多員工，以期能繼續提供符合官方標準的照護品質。（圖7.5e）

一個需要審慎思考的問題

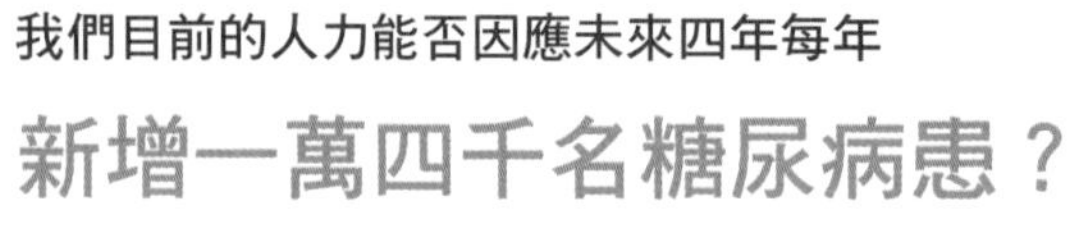

我們目前的人力能否因應未來四年每年

新增一萬四千名糖尿病患？

圖 7.5e 一個需要審慎思考的問題

我先跟各位報告過往的趨勢，我們要看的是各醫護中心在 2015 至 2019 年間的糖尿病患收治率——糖尿病患在病患總人數的佔比。（圖 7.5f）

我們來看各醫護中心的情況：2015 年糖尿病患在病患總數中的佔比是 7.2%。（圖 7.5g）

當時已有八家醫護中心的糖尿病患收治率高於此數。（圖 7.5h）

……有五家則是低於整體數值。（圖 7.5i）

過去 5 年來的資料顯示，糖尿病患的收治率不斷上升，現今整體數值已來到 8.6%。（圖 7.5j）

當初收治率已高於整體數值的八家醫護中心，這段期間內的收治率皆呈上升趨勢。（圖 7.5k）

原本收治率相對較低的醫護中心，病患數也持續上升。（圖

設定背景

各醫護中心的糖尿病患收治率

圖 7.5f　從背景開始講起

2015年的整體糖尿病患收治率：7.2%

各醫護中心的糖尿病患收治率

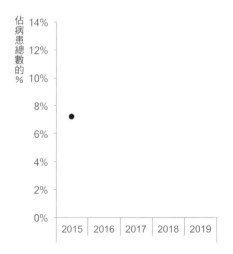

圖 7.5g　2015年的整體糖尿病患收治率是7.2%

老師示範──進階練習

八家醫護中心：收治率高於整體數值

各醫護中心的糖尿病患收治率

圖 7.5h 有八家醫護中心的收治率高於整體數值

五家醫護中心：收治率低於整體數值

各醫護中心的糖尿病患收治率

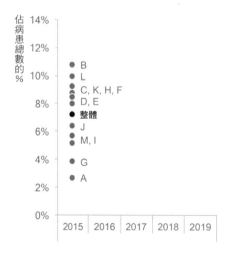

圖 7.5i 有五家醫護中心的收治率低於整體數值

各醫護中心現況：整體數值達8.6%

各醫護中心的糖尿病患收治率

圖 7.5j　2019年糖尿病患收治率的整體數值達到8.6%

收治率高的中心：續增

各醫護中心的糖尿病患收治率

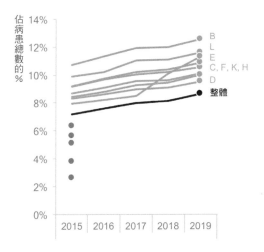

圖 7.5k　收治率較高的中心病患數續增

老師示範——進階練習

7.5l）

　　整體的糖尿病患收治率每年增加 0.5%。（圖 7.5m）

　　所以我們預估未來各醫護中心的糖尿病患收治率將會持續增加，如果在座的各位有興趣了解我們是用什麼方法做出這樣的結論，我很樂意向各位說明相關細節。不過本次簡報的重點是，如果未來持續以類似的速率發展，我們預估到 2023 年各醫護中心的糖尿病患收治率將會達到 10%。換言之，屆時每十名病患中即有一人是糖尿病患。（圖 7.5n）

　　這意味著未來四年每年會增加一萬四千名糖尿病患，面對這樣的挑戰，我們該如何超前部署？初步建議是增聘更多員工，以應付如此大量的病患照護。我們還需考慮其他哪些事情？請大家一起討論集思廣益。（圖 7.5o）

低收治率的中心：也增

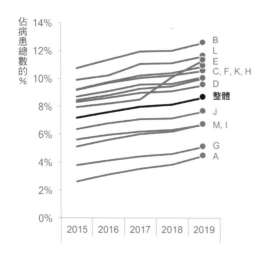

各醫護中心的糖尿病患收治率

圖 7.5l　原本收治率較低的中心病患數也增加

收治率每年持續增加0.5%

各醫護中心的糖尿病患收治率

圖 7.5m　收治率每年增加0.5%

預估2023年糖尿病患收治率將達10%

各醫護中心的糖尿病患收治率

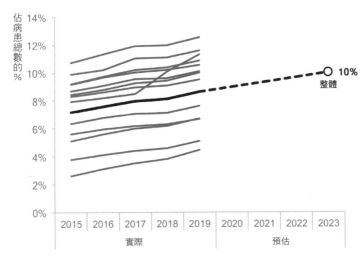

圖 7.5n　預估收治率將持續增加

老師示範——進階練習

注意：每年新增一萬四千名糖尿病患

各醫護中心的糖尿病患收治率

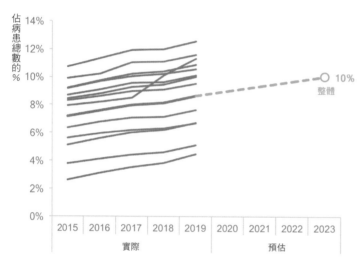

圖 7.5o　這意味著每年新增一萬四千名糖尿病患

如果我必須分發一些書面資料給大家，我會把所有訊息濃縮在一張投影片上，請看圖 7.5p。

在這個情境中，我們運用第一、二、四、六課學過的技巧，打造出一個很有說服力的故事，不但獲得聽眾認同，並順利引導大家一起討論應該採取的超前部署行動！

習題7.6：淨推薦值

想像你在某公司的顧客行為研究團隊裡擔任分析師。你們公司有三項主力商品，每個月會由產品團隊針對其中一項商品召開進度報告會議，並檢視相關資料（每種商品每季都會被聚焦一次）。議程中固定安排 15 分鐘由你們團隊

因應糖尿病患續增的超前部署：**我們需要更多員工嗎？**

各醫護中心的糖尿病患收治率

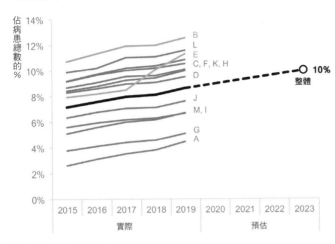

B中心的收治率最高（12.5%）；E中心的增幅最大，從2017年的8.5%增至2019年的11.3%。是哪些因素造成的影響？

我們的糖尿病患整體收治率從2015年的7.2%增長至2019年的8.6%；按照此一趨勢，預估至2023年將增至10%。這意味著未來四年**每年會新增一萬四千名糖尿病患**。

好消息是我們有機會學習是哪些因素使得A中心的收治率保持最低、且能提供最佳的病患照護。

圖 7.5p　彙整全部資料的投影片

報告顧客的意見回饋，你們照例會製作一組四張的投影片：標題頁、資料與調查方法、分析，以及發現。

　　你們的調查方式是請顧客替你們的產品評分（1 星至 5 星）：給 1 至 3 顆星是「批評者」（不會推薦產品），4 星是「沈默者」，5 星則是「推薦者」（願意推薦產品）。你們使用的主要評量指標是淨推薦值（Net Promoter Score），計算方式是推薦者的百分比減去批評者的百分比，然後用一個整數來表達（而非百分比）。你們不但定期檢視自家產品的淨推薦值，也會跟競爭對手評比。顧客除了替你們的產品評分，還可以寫下意見，你們會將顧客的意見分門別類。

　　這個月要檢討的產品是一個應用程式。你更新資料後發現一件值得注意的事情：雖然該產品的淨推薦值大致上是逐漸增加的，但顧客的意見回饋卻明顯分成兩個陣營，推薦者與批評者的人數雙雙增加。仔細分析顧客的意見會發

現，批評者最在意的是延遲（latency）與網速。你想向上級呈報此事，並根據這份資料提出一項建議：該產品應盡快改善延遲問題。

這是各位大展身手的好機會！請把你在本書學過的技巧發揮得淋漓盡致吧。圖 7.6a 就是你們團隊製作的制式簡報內容，請參考上述情境仔細研讀此圖，然後完成後續步驟。

步驟 1：請對此情境提出你的核心想法。記住核心想法必須（1）說出你的觀點，（2）傳達利弊得失，且是（3）完整的一句話。請寫下你的核心想法，如果可能的話，請跟別人討論後進一步改善，最後把它濃縮成言簡意賅且琅琅上口的一句話。

步驟 2：請更仔細地觀看這張圖，並寫下一兩句話說明每一張圖的主要重點。

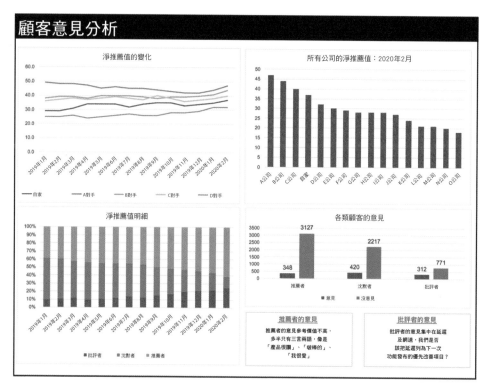

圖 7.6a 每月例會中的固定格式圖表

步驟 3：換便利貼上場啦！請根據你已知的脈絡、你在步驟 1 寫下的核心想法，以及你在步驟 2 寫下的重點，仔細思考你的投影片應放入哪些內容。等你寫好便利貼之後，請按照敘事弧排序。你的聽眾面對什麼樣的張力？他們該採取什麼行動來解決它呢？

步驟 4：來設計圖表吧。下載原圖與相關資料後，你可以修改原圖表或是自己另製新圖。適當應用我們曾經學過的技巧，並留意圖表的整體設計。

步驟 5：用你偏好的工具製作整組投影片，並寫下每張投影片的敘事大綱。如果你能找個同事或朋友預先演練你的簡報，那就更棒了。

解答7.6：淨推薦值

步驟 1：我的核心想法是這樣的：「產品的延遲必須改善，否則顧客恐怕會持續流失：請把延遲列為下一次功能發布的優先改善項目。」

我打算把我的核心想法簡化為：「來向我們的批評者請益吧。」因為我預期大家一起討論我提出的建議是否為最佳行動路線時，他們應該會提出額外的想法。所以我打算把這句話當作簡報的標題，並把它融入我的行動呼籲中。

步驟 2：以下就是我從圖 7.6a 的四張投影片看到的重點。

- 左上圖：近期淨推薦值穩定上升，2020 年 2 月達到 37 分，是 14 個月來的新高（去年同期僅有 29 分，是這段期間內最低的一次）。
- 右上圖：目前我們在同業中排名第四，其他 15 家競爭對手的淨推薦值最高為 47 分（A 公司），最低為 18 分（O 公司）。
- 左下圖：這段期間內推薦者、沈默者及批評者的佔比出現消長，我們的使用者愈來愈兩極化，沈默者的佔比減少，但推薦者與批評者的佔比皆增加。
- 右下圖：極多批評者有表示意見，他們最在意的就是延遲。

步驟 3：圖 7.6b 是這個情境的基本敘事弧。

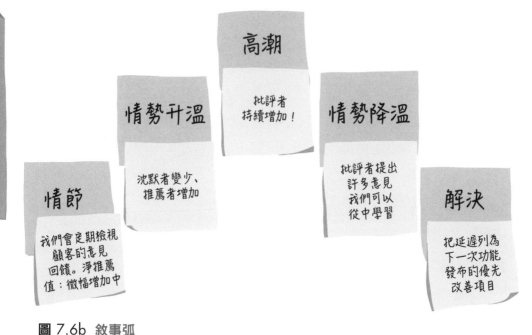

圖 7.6b　敘事弧

　　步驟 4 與 5：請看我示範如何應用《Google 必修的圖表簡報術》與本書中所教的各項技巧，把所有資料串連成一個故事，並搭配設計精良的圖表，以循序漸進的方式說給別人聽。

　　今天我想給各位說個故事，這是我們近期分析顧客的意見回饋所獲得的重要發現。我先稍微劇透一下──就如我的標題所言，批評者扮演重要的角色──他們的意見相當值得參考，或許與我們的產品路徑圖未來的發展策略息息相關。（圖 7.6c）

　　今天這場簡報的主要目標有二。首先，我想讓各位了解，我們分析近期的顧客意見回饋與相關數據後發現，光看淨推薦值並無法看到事情的全貌：其實批評者不斷增加。其次，我想請大家一起討論如何消除批評者的疑慮，此事可能涉及產品的發展策略，說不定還會影響即將到來的產品功能發布時程。（圖 7.6d）

來向批評者請益吧

每月淨推薦值更新

簡報者：顧客意見研究團隊
日期：2020年3月1日

圖 7.6c

今天的目標

1

讓大家了解近期的顧客意見回饋
雖然淨推薦值逐漸增加，但仔細分析後發現，客群的分布日益
兩極化，**近期批評者顯著增加。**

2

參考批評者的意見回饋，重新檢討產品策略
批評者極度重視延遲問題，此事可能影響我們原本設定的產品
優化順序；請大家討論並決定**是否該做出哪些改變。**

圖 7.6d　今天的開會目標

　　讓我們看一下數據。 淨推薦值逐漸隨著時間的推移而增加，並
且在過去四個月中一直穩定增長，到上個月為止一直增加到 37 分。
（圖 7.6e）

　　37 分的淨推薦值讓我們在強敵環伺的市場中名列第 4，我們預估
聽取批評者的意見並消除他們的疑慮，最終必能改善我們在列強中的
排名。（圖 7.6f）

　　但就如我先前所說的，光看淨推薦值並無法看到事情的全貌，我
們就來更仔細檢視它的組成吧。我們按照顧客對產品的評分將他們分

老師示範——進階練習

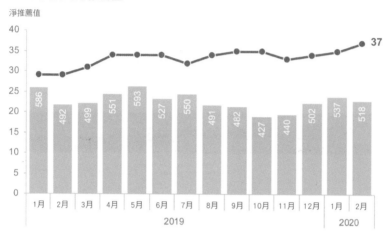

圖 7.6e 這段期間內淨推薦值從持平逐漸增加

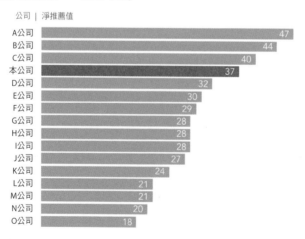

圖 7.6f 我們在列強中名列第四

成三組，給 1 至 3 顆星的是「批評者」（不會推薦我們的產品）、給 4 顆星的是「沈默者」、給 5 顆星的是「推薦者」（會推薦我們的產品）。淨推薦值的計算方式是推薦者的佔比減去批評者的佔比。雖然淨推薦值提供一個不錯的統整評分，但我們無從得知這段期間內這三種顧客的佔比變化，所以接下來我們要看看這三種顧客的佔比變化。

在我放上數據之前，請容我先跟各位說明一下我們即將檢視什麼資料，Y 軸代表的是批評者、沈默者以及推薦者各自在總數中的佔比。X 軸呈現的是時間，從左側的 2019 年 1 月開始，往右直到最近期的 2020 年 2 月為止。（圖 7.6g）

這裡我將改從圖的中間開始建構資料，這些灰色的直條代表沈默者在整體中的佔比，各位可以看到它的佔比逐漸變小：灰色直條的高度逐漸且顯著地變小。（圖 7.6h）

來看淨推薦值的組成情況

一段期間內的淨推薦值組成變化

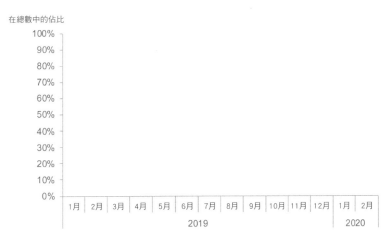

圖 7.6g　淨推薦值的組成明細

沈默者的佔比持續變小

一段期間內的淨推薦值組成明細

圖 7.6h　沈默者的佔比持續變小

　　這樣的變化並非全然是壞事：有一部分人變成了推薦者；位在上方的深灰色直條隨著時間逐漸變大。（圖 7.6i）

　　不過各位可以從圖表底部的空白部分看出來，批評者在整體中的佔比也是持續增加的。（圖 7.6j）

　　待我放上一些數據後，大家便能理解批評者佔比增加的強度，批評者的佔比在 2019 年 1 月僅有 10%，到了 8 月也僅小幅上升至 13%；但是從那之後，批評者的佔比便不斷上揚且幾乎倍增，到 2020 年 2 月已高達 25%。（圖 7.6k）

　　除了顧客給我們的評分之外，我們還可以從顧客的意見看出一些端倪。整體而言，評分的顧客中有 15% 有表達意見，但推薦者留言的並不多，而且內容多半與行動無關：像是：「產品很讚！」「我真的很喜歡它！」但是批評者的留言就很有看頭了，算是質量兼具

老師示範──進階練習

推薦者的佔比持續增加

一段期間內的淨推薦值組成明細

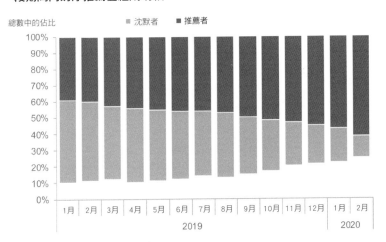

圖 7.6i　推薦者的佔比持續增加

批評者的佔比持續增加

一段期間內的淨推薦值組成明細

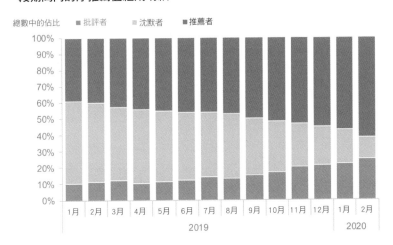

圖 7.6j　批評者的佔比持續增加

批評者的佔比：自去年8月迄今幾乎倍增

一段期間內的淨推薦值組成明細

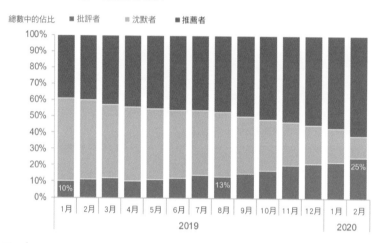

圖 7.6k　批評者的佔比自去年8月迄今幾乎倍增

——29%的批評者有留言，而且提供相當多的細節。（圖 7.6l）

批評者最重視的問題：延遲與網速。

我為各位念其中一份留言：「延遲真的令我火大，啟動程式的時間長得要命，不過啟動後，表現倒是挺不錯的。等待的時間實在太長，而且我很不確定它究竟能不能載入，它經常在開機的時候掛掉。」

看到使用者表達這樣的心聲實在令人沮喪，我們一直著重於增加更多功能，但其實使用者更在意的是基本功能的完美執行。（圖 7.6m）

此刻，雖然我很清楚仍有其他事項需要考慮，但我想讓大家知道使用者的這些心聲，並將之納入我們產品的整體策略中。改善產品的延遲問題能幫助我們逆轉批評者聲浪增強的現況，並讓使用者感到開

老師示範──進階練習

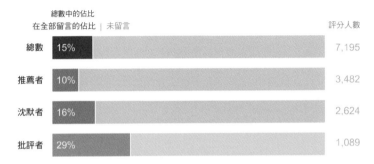

批評者：留言相對較多

各類顧客的留言佔比

圖 7.6l 批評者留言相對較多

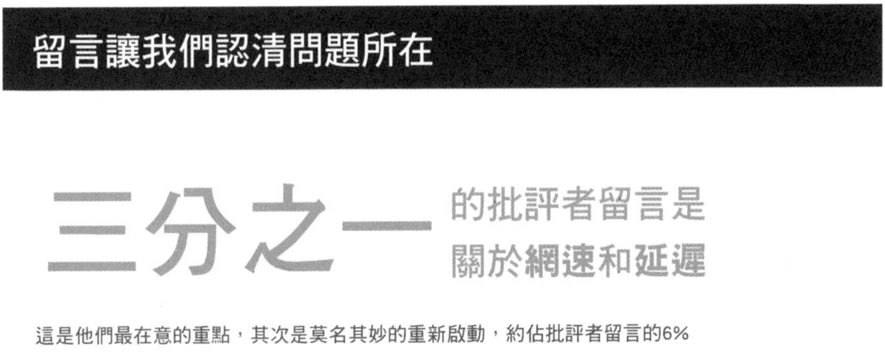

留言讓我們認清問題所在

三分之一 的批評者留言是
關於**網速和延遲**

這是他們最在意的重點，其次是莫名其妙的重新啟動，約佔批評者留言的6%

圖 7.6m 批評者的留言讓我們認清問題所在

　　心。請大家一起來討論，關於我們的產品策略以及即將到來的產品發
布時程，能否將使用者的心聲一併納入考量？（圖 7.6n）

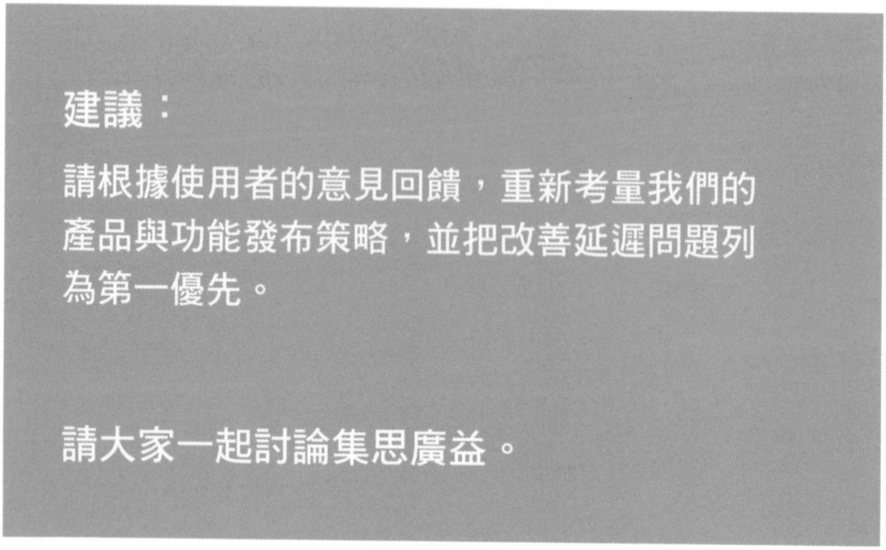

老師示範──進階練習

建議：
請根據使用者的意見回饋，重新考量我們的
產品與功能發布策略，並把改善延遲問題列
為第一優先。

請大家一起討論集思廣益。

圖 7.6n 建議

　　請各位想想，我們採取的用資料說故事簡報方式，跟我在習題一開始所提出的傳統線形路線：方法－分析－發現，兩者有何不同。用資料說故事的簡報方式能吸引與維繫聽眾的注意，並架構一場以數據為主的討論。在會議結束後離開會議室時，你很清楚你做的分析將影響高層的決策。

　　你要求聽眾做的事，他們一定會照辦嗎？當然不會，因為公司對於產品功能的優先順序可能有不同的考量，抑或者加快應用程式的速度並非易事。但重點是，以建議的形式來架構資料，不僅能讓與會人士針對特定事情做出反應，還可以推動彼此對話，使更多相關背景浮現在檯面上。用故事來簡報一份資料，並不表示你知道所有的細節或答案，重點在於你認真檢視資料，並思考如何以更有深度的方式溝通它們，從而讓大家集思廣益熱烈討論並做出更明智的決策。溝通成功！

　　我們業已多次共同練習用資料說故事的整套程序，接下來有更多習題與個案研究等待各位大顯身手啦。

自行發揮──進階習題

上一課的習題全都附有解答，但這一課的問題可得靠你們自己解答囉，你們可以參考《Google 必修的圖表簡報術》與本書的各個課程來幫忙作答。這一課裡的習題，可當成作業、個人專責或團體合作的專案，還可以當成考題。即便各位只是想透過解題來磨練各種簡報技巧，肯定也是很有助益的。

各位可以獨力或與他人共同完成本課的習題，愈後面的習題難度和複雜度愈高；即便與你的工作無直接關聯的主題或資料，我仍鼓勵各位努力完成這些習題，因為持續複習課程，有助於強化記憶。而且在不同的情境中練習，能夠讓你擺脫日常例行公事的限制，說不定能激發出更有創意的手法。在完成習題後，不妨聽取別人的意見回饋，並思考哪些東西能夠應用在你的工作中。有好幾道習題會要求你用工具落實你的建議，這能幫助各位更熟悉你的工具，並讓你的資料視覺化技巧以及用資料說故事的能力都更上一層樓。

歡迎各位老師把本課中的習題當成學生的作業，並請自由加入各種指示或討論重點。

我們就來挑戰**更多的習題**吧！

不過在那之前，我們要先來檢視資料視覺化的一些常見迷思。

SWD
一書

首先, 來檢視
資料視覺化的常見迷思

迷思:
折線圖適合
呈現連續性
資料的變化

連接這些點的線必須是有意義的

實例:
問卷調查資料

斜線圖 (只有兩個
點的線型圖)

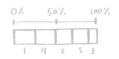

員工滿意度

跨部門 /
類別的比較

全組織　　銷售部門

迷思:
條狀圖
一定比較好

從條狀圖著手的確不錯……但未必是最佳選擇

問自己:「我想要觀眾看到什麼?」

嘗試各種圖表, 然後決定哪個最能滿足你的需求

迷思:
圖表*
必須有個
零基準線

＊直條圖的確如此

迷思:
圓餅圖
超難用

使用前先問自己, 為什麼非用不可?

研究顯示人們觀看圓餅圖或
環圈圖時, 會不自覺地比較
它們的面積大小、而非角度

如果你認為圓餅圖很適合你的聽眾與資料,
何不先找幾個人測試一下!

迷思：
我們能不偏不倚地忠實呈現資料

在製圖過程的每個步驟，我們都可能產生偏頗

原則！ 絕不能拿數據造假說謊！

我們選用何種測量工具

我們如何彙整及比較資料

我們呈現資料的方式

迷思：
資料愈多愈好

在拚命放入更多資料前先問自己：「它能幫我們做什麼或決定什麼？」

資料的適量，要視聽眾與脈絡而定

迷思：
彙總數據一定要用平均值

其實你需要了解資料的分布、分散及變動

每年　　　　　每月　　　　　每日

光從平均值這個數字無法看出資料分散的範圍

迷思：
資料視覺化只有一個正確答案

你在呈現資料時一定要問自己：「目標是什麼？」

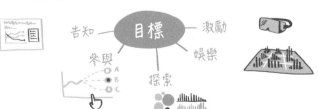
告知　　目標　　激勵

參與　　　　　　　娛樂

探索

自行發揮　進階習題

8.1
評估多元
聘僱試行方案
的成效

8.2
評比各分區
的銷售情況

8.3
未來營收
預估

8.4
醫材的
不良事件
發生率

8.5
員工離職
原因分析

8.6
廣告活動
成功開發
新客戶

8.7
房貸品質
年終考核

8.8
新產品的
口味測試
結果

8.9
分析遠距
看診的
推廣成效

8.10
來店人潮
與購物
趨勢分析

習題8.1：評估多元聘雇試行方案的成效

你們公司最近為了「ABC 計畫」試行一項多元聘雇方案，你想知道該試行方案的實施成效如何。請花點時間熟悉圖 8.1——顯示相關數據的一張投影片——然後完成後續步驟。

2019年ABC計畫的聘雇重點

聘雇綜覽——2019年度新進實習生與分析師
ABC計畫一共聘用131人，GPA*略高於3.60的目標

*GPA：學業成績平均點數，最高為4.0（譯註）

2019年新進人員的主要業務與職位類別						
計畫	實習生	分析師	MBA實習生	全職MBA	小計	總人數佔比
ABXL	40	36	8	3	87	66%
ARC	20	5	2	0	27	21%
EMA	6	5	0	0	11	8%
REP	4	0	0	0	4	3%
QB	2	0	0	0	2	2%
總計	72	46	10	3	131	100%

2019新進人員GPA平均
3.66

多元聘雇綜覽——2019年度新進實習生與分析師
女性雇用人數超過目標的25%（26%），多元聘雇目標的40%也順利達成；但有五人已獲得錄用卻放棄機會。
多元聘雇與非多元聘雇的比例是1:1。

分類	錄取人數	在總數佔比
非白種女性	12	9%
非白種男性	30	22%
白種女性	23	17%
白種男性	66	49%
仍待決定	0	0%
開放式職缺	0	0%
棄權*	5	4%
總計	136	

*已獲錄取但決定放棄者（譯註）

2019年新進人員的主要業務與職位類別						
計畫	非白種女性	非白種男性	白種女性	多元人數	佔比	白種男性	佔比
ABXL	7	25	15	47	54%	40	46%
ARC	2	3	6	11	41%	16	59%
EMA	2	1	1	4	36%	7	64%
REP	1	0	1	2	50%	2	50%
QB	0	1	0	1	50%	1	50%
總計	12	30	23	65	50%	66	50%

圖 8.1　多元聘雇試行方案重點摘要

步驟 1：先來看優點：你喜歡圖 8.1 的哪些地方？

步驟 2：再來談缺點：圖 8.1 有何不理想之處？寫下你個人的想法或與朋友討論。

步驟 3：圖 8.1 的最大重點是什麼？它是個成功的故事還是一項行動呼籲？如果是你來做簡報，你會聚焦於何處？請用一兩句話扼要說明。

步驟 4：假設上級要求你來簡報這份資料，並指定你用表格呈現（表格的數目不拘）；你要如何突破這個限制，並落實你在上個步驟寫下的最大重點？

自行發揮——進階習題

請畫出（或是下載資料，再用你偏好的工具重製此圖）你會使用的一個（組）表格，並詳細說明你會在哪些地方、用何種方法來引導聽眾的注意。

步驟 5：要是你能自由做出變更，你會如何呈現這份資料？你會如何利用這份資料說一個關於 ABC 計畫的多元聘雇故事？寫出你的作法大綱，並用你偏好的工具製作出你理想的簡報素材。

習題8.2：評比各分區的銷售情況

想像你是某公司的西北區銷售經理，你即將帶領你的銷售團隊召開場外會議（offsite meeting），屆時你打算跟大夥簡報公司目前各分區的銷售情況。你從例行月報中抽出下面這張投影片（圖 8.2），並與你的首席幕僚一起準備簡報內容。請針對以下兩種情境做出不同因應：

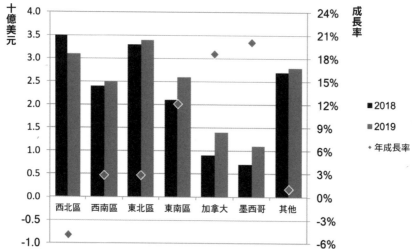

圖 8.2　各分區的銷售情況

情境 1：明天就要舉行場外會議了，但此時你跟你的首席幕僚忙得不可開交，根本沒時間重製圖 8.2；假設你最多只有五分鐘可以做一些變更，你會怎麼做？你會如何呈現這份資訊？

情境 2：場外會議在一星期後舉行，你跟你的首席幕僚打算重製圖 8.2。在動手之前，她先尋求你的意見回饋：原圖中有哪些面向是你喜歡且想要保留的？根據我們學過的課程，你會建議她做出哪些改變？

請寫下你個人的想法，或是與夥伴討論。

習題8.3：未來營收預估

圖 8.3 呈現的是某公司在一段期間內的營收總額與營收淨額，請花點時間研究此圖，並完成後續步驟。

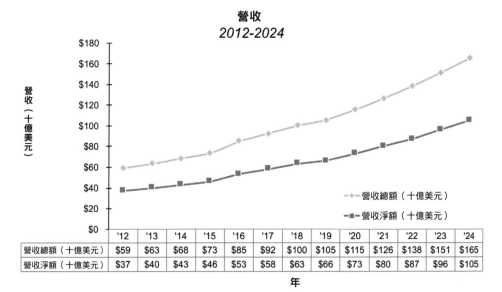

圖 8.3　營收預估

步驟 1：你喜歡此圖的哪些地方？

步驟 2：作者使用了數據表（data table），你覺得這作法有效嗎？如果你不認同，請說明原因；你會採取何種不同作法？

步驟 3：你還會做出哪些變更？請寫下你的想法或與夥伴討論。

步驟 4：假設你會在以下兩種不同情境溝通這份資料：（1）在會議中現場簡報，（2）把資料以電子郵件分發給你的聽眾。對於這兩種狀況，你會如何做出不同的因應？請下載資料並用你偏好的工具做出你理想的圖表，請視需要做出適當的假設。

步驟 5：選擇一種過去你不曾用過的資料視覺化工具（請參考「前言」中列舉的工具選項），並用這種新工具重製你理想的圖表。對此經驗你有什麼樣的心得？請用一兩段話大致說明你的見解。

習題8.4：醫材的不良事件發生率

自行發揮──進階習題

想像你在一家醫療器材公司上班，有位同事拿著圖 8.4 這張投影片來請你提供意見回饋，上面的內容是近期一項研究的重點摘要。請花點時間研究一下該圖，並完成後續步驟。

步驟 1：別忙著「指正」對方，先稱讚對方的優點會更好。你喜歡此投影片的哪些地方？

步驟 2：你有哪些問題想要問對方？請逐一列舉。

步驟 3：根據我們學過的課程，你會建議同事做出哪些變更？請大致寫下你的想法，並說明你希望他這麼做的原因。

步驟 4：如果你們的聽眾並不具備科技背景，你對於如何呈現這份資料會提出不一樣的建議嗎？

步驟 5：下載資料並製作出你理想的投影片，並把你在前述步驟提出的各項建言放入此投影片中，請視需要做出適當的假設。

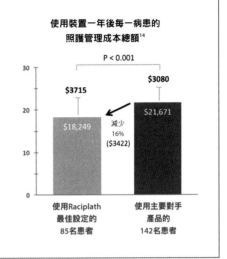

不良事件發生率[13]

使用最佳設定[13]的患者
其臨床成功率*為89.8%

手術後的不良事件發生率

- 使用Raciplath最佳設定的患者,手術後的不良事件發生率僅有7.5%;非最佳設定為13.1%,對照組則為17.7%

可大幅節省成本

- 與使用競爭對手的產品相比,使用Raciplath最佳設定的患者手術後臨床事件較少,從而使術後一年的管理成本降低16%(等於每位患者省下3,422美元)

圖 8.4 醫材的不良事件發生率

習題8.5:員工離職原因分析

想像你是某大公司行銷長的首席幕僚,你的老闆交代你跟人資主管合作,一起找出造成行銷部門員工離職的原因,並向他簡報你們的發現。人資主管分析資料後發了份電郵給你,請看圖 8.5。

花點時間研究這份資料,並完成後續步驟。

步驟 1:這張投影片呈現的是什麼資料?請用幾句話說明這份資料:我們要如何解讀這張投影片?請視需要做出適當假設。

步驟 2:這張投影片目前的形式有何不盡理想或令人困惑之處?你會詢問人資主管哪些問題,或是提出哪些意見回饋?假設人資主管花了很多時間製作這張投影片,你該如何委婉表達你的意見才不會惹惱對方?

步驟 3:來畫圖吧!請想出呈現此一資料的三種方法。每一種方法各有何優缺點?請寫下你的想法;你最喜歡哪一種觀點?為什麼?

離職的原因

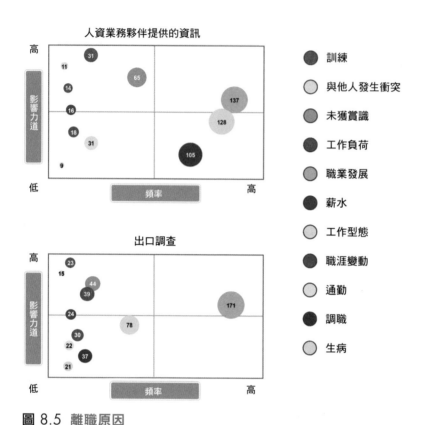

圖 8.5 **離職原因**

自行發揮──進階習題

步驟 4：下載資料並用你偏好的工具重製此圖。

步驟 5：該是把資料呈報行銷長的時候了，請預先想好你是要親自報告，還是用電郵把資料寄給行銷長，並由他自行了解與吸收。請根據你的假設，在你偏好的工具上做出你理想的溝通內容。

習題8.6：廣告活動成功開發新客戶

你是某銷售組織的分析師，上級交代你們團隊評估目前某項廣告活動是否

順利達成衝高客戶數的目標。你要分析的資料包括截至 2019 年 9 月的實際數據，以及至 2020 年底的預估數據。你的同事做出圖 8.6 並請你提供意見回饋。請花點時間熟悉此圖，並完成後續步驟。

步驟 1：你對此一資料有何疑問？請逐一列舉。

步驟 2：接下來要去除雜訊：請寫下你想移除的元素。

步驟 3：此圖的重點是什麼──這是一個成功的故事還是一項行動呼籲？這個情境的張力是什麼？你希望聽眾採取什麼行動以解決此張力？

步驟 4：你會建議如何呈現此一資料？下載資料並用你偏好的工具做出你理想的圖表。

市場模型：客戶和現場覆蓋

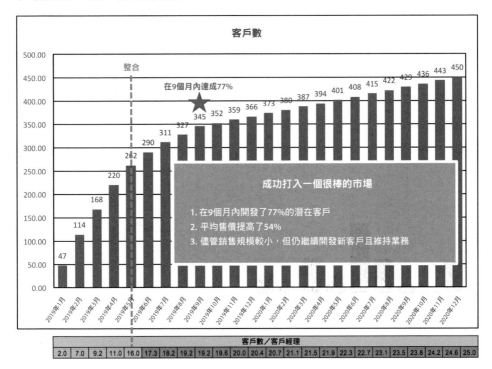

圖 8.6　一段期間內的客戶數變化

步驟 5：如果你（1）將在會議中現場簡報這份資料，而且（2）要把這份資料分發給聽眾讓他們自行了解，你是否會用不同的方式呈現資料？請用幾句話說明你的想法，並用工具重製出你理想的溝通方式。

習題8.7：房貸品質年終考核

假設你是某大銀行的分析師，每年年初你們都要編製每個投資組合的年終績效考核報告，其內容涵蓋整個放款程序的各個部分。你們分析數據後須統整出房貸產品的放貸品質與客戶滿意度的相關資訊。你們以去年的投影片內容為本，並更新所有數據，圖 8.7 即為你們製作的新圖表。

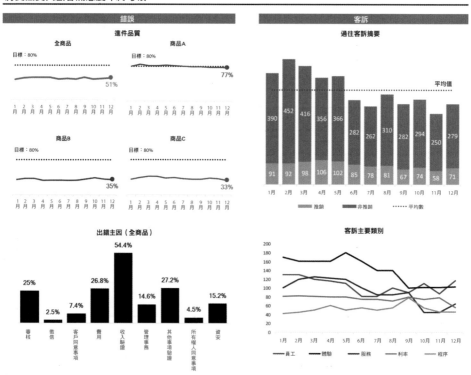

圖 8.7 房貸品質年終考核

　　你們決定好好把握這次機會，不光是做出一頁投影片交差了事，還要用這些資料說出一個好故事。

　　請花點時間熟悉圖 8.7，並完成後續步驟。

　　步驟 1：你對此一資料有何疑問？請逐一列舉。接著請回答前述每個疑問，並視需要做出適當的假設。

　　步驟 2：請用一兩句話描述每個圖的主要重點。

　　步驟 3：此處你會聚焦於哪個／哪些故事？你會納入哪些資料？你會省略哪些資料？你打算只用一張投影片說明，還是你認為要用更多張投影片才能說得清楚？請用紙筆畫下你打算採用的作法。

　　步驟 4：為了讓聽眾明白此一情況應注意的重點，你打算如何將圖8.7的資料視覺化？請思考如何應用我們學過的技巧。下載資料並用你偏好的工具做出適當的圖表來說個好故事。

　　步驟 5：想像你做出一份草圖，並向你的主管尋求意見回饋。主管告訴你，聽眾想要看到一張投影片上同時呈現好幾張圖，因為以前都是這樣做的，你會如何因應呢？請寫下你的想法。

習題8.8：新產品的口味測試結果

　　你在一家食品製造商工作，你們即將推出一款新的優格產品，產品製作部門決定再做一次消費者的口味測試，然後才拍板定案。你們團隊已完成測試結果的分析，並將與製作部門的主管開會，討論是否應在產品上市前進行最後一輪的口味調整（覺得這情境很眼熟，沒錯，我們曾在第六課做過這道習題）。

　　你的同事把分析結果摘要成圖 8.8，並尋求你的意見反饋，請花點時間研究此圖，並完成後續步驟。

　　步驟 1：先講優點：你喜歡這張投影片的哪些地方？

　　步驟 2：根據我們學過的課程，你會提出哪些意見反饋？大致寫下你的想法，除了寫出你的建議，也請說明原因。

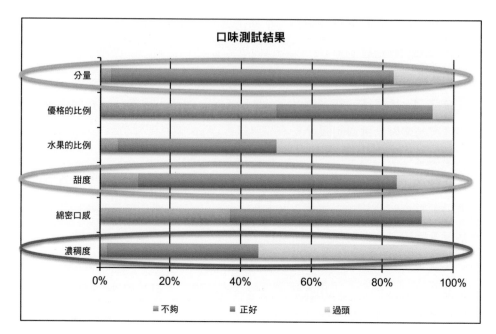

圖 8.8 新產品的口味測試結果

　　步驟 3：我們來想想如何用這份資料說個故事。請參考敘事弧的結構：情節、情勢升溫、高潮、情勢降溫、解決來構思，針對每個環節寫下你要涵蓋的內容。把你的想法試寫在便利貼上，並按照敘事弧的結構來排序。這個故事的張力是什麼？你的聽眾該做些什麼來解決它？

　　步驟 4：下載資料並用你偏好的工具，把你在上個步驟寫下的想法，編織成一個以數據為本的故事；為免你向生產部門主管簡報時有所遺漏，記得順便寫下小抄。

習題8.9：分析遠距看診的推廣成效

　　各位可能覺得這道習題有點眼熟，沒錯，我們曾在習題 6.3 做過。請閱讀以下說明以喚起你的記憶，接著檢視相關資料並完成後續步驟。

　　你是某區域型健康照護機構的資料分析師，你們為了改善經營效率、降低營運成本與提升服務品質，持續試行虛擬看診方案，鼓勵醫師盡可能透過視訊或電話或電郵與病患進行虛擬溝通，以取代親自上門看病。上級交代你彙整相關資料並納入年度檢討報告中，以評估虛擬看診的成效，並據以對明年的目標提出建言。你的分析顯示：基礎醫療與專科醫療的虛擬看診，都呈現相對上升的情況，而且你預測明年仍將維持此一趨勢。雖然你可以根據這份資料與你的預測結果，直接建議明年的目標設定，但你認為聽取醫師的意見也是必要的，這樣才能避免設下過度躁進的目標，並對醫療品質產生負面影響。

　　圖 8.9 就是你將用來打造故事的資料。

　　步驟 1：用表格呈現資料實在「不好看」，開始動手改造吧！你可以下載圖 8.9 的資料，然後用你偏好的工具重製此圖，這樣我們可以更清楚了解它的來龍去脈，並能夠回答以下問題：

(A) 這段期間內的診療總數出現什麼樣的變化？

(B) 各種看診方式的明細如何？病患是否配合院方推廣的虛擬（電話、視

看診型態的變化 每千名病患		2015	2016	2017	2018	2019	2020 (預測)
親臨	總數	3,659	3,721	3,588	3,525	3,447	3,384
	基礎	1,723	1,735	1,681	1,586	1,526	1,500
	專科	1,936	1,986	1,907	1,939	1,921	1,884
電話	總數	28	39	138	263	394	535
	基礎	26	34	125	212	295	375
	專科	2	5	13	51	99	160
視訊	總數	0.3	0.5	1.6	2.8	3.4	4.5
	基礎	0.2	0.3	0.4	0.8	1.2	2.0
	專科	0.1	0.2	1.2	2.0	2.2	2.5
電郵	總數	1,240	1,287	1,350	1,368	1,443	1,580
	基礎	801	831	852	856	897	950
	專科	439	456	498	512	546	630
總計	總數	4,927	5,048	5,078	5,159	5,287	5,504
	基礎	2,550	2,600	2,658	2,655	2,719	2,827
	專科	2,377	2,447	2,419	2,504	2,568	2,677

圖 8.9　一段期間內的看診型態變化

訊及電郵）看診政策？

(C) 病患透過虛擬管道尋求基礎醫療與專科醫療是否有差異？

(D) 單憑這份資料，你會建議院方針對基礎醫療與專科醫療設定什麼樣的目標？

步驟 2：假設你必須在現場簡報這份資料，請先用紙筆草擬一份故事大綱，把幾個主要重點轉化成文字，並打造一份條列式清單；你也可以使用便利貼、分鏡腳本以及敘事弧來幫忙規劃你的故事。

步驟 3：請用你偏好的工具，把你在上個步驟寫下的重點，編排成一個很有說服力的故事吧。

步驟 4：除了在現場用循序漸進的方式簡報這份資料之外，你還需要把簡報重點整理成一張「講義」分送給大家，讓不在場的人能夠自行理解，並提醒參與會議的人記住重點。請用你偏好的工具做出最棒的圖表。

自行發揮——進階習題

習題8.10：來店人潮與購物趨勢分析

你是某大型零售商的顧客行為分析師，你剛完成一份近期來店人潮與購物趨勢的分析，你把資料製成圖表，並打算用它來說個好故事。

自去年以來，你們的整體及各分區來店人數皆開始減少，其中尤以東北區的情況最嚴重——但這很合理，因為去年你們在此區陸續關閉了好幾間門市。而這些店的顧客現在大都轉往對手的店鋪消費。不過更值得注意的是，原本被你們公司列為「超級買家」的大咖客群也流失了；而且近幾個月來，與去年同期相比的差距日益擴大。不過來店人潮並無法反映事情的全貌，管理階層最重視的是：來店人潮減少會對銷售情況造成多大影響？因此你必須搞清楚顧客在你們店內的消費金額，你的測量方式是計算每個「購物籃」中有多少件商品，以及每件商品的售價。

雖然數據顯示消費者——特別是超級買家——購買的商品件數也減少了，但商品的平均單價倒是上升的。這或許可歸功於去年你們公司針對名牌商品所

做的促銷活動。由於這些促銷活動產生了正面影響，你打算建議高層進一步調查，針對超級買家舉辦更多促銷活動會產生什麼樣的財務影響，以進一步測試你的假說是否成立，而且更重要的是，希望這麼做能夠扭轉目前你從數據中看到的負面趨勢。

　　你正在向主管說明你製作的分析圖表，你在過程中發現到，你原本準備好的圖表恐怕無法將訊息有效傳達給利害關係人。你的主管要你重製圖表，並把資料彙整成一份簡短的投影片簡報，以便向管理高層溝通資料並提出建議。你決定應用你在《Google 必修的圖表簡報術》及本書中學到的技巧，重新做出一份更有效的簡報。

　　圖 8.10 是你原本製作的圖表，花點時間熟悉以完成後續步驟。

步驟 1：請針對此情境提出你的核心想法。核心想法必須要能（1）闡述

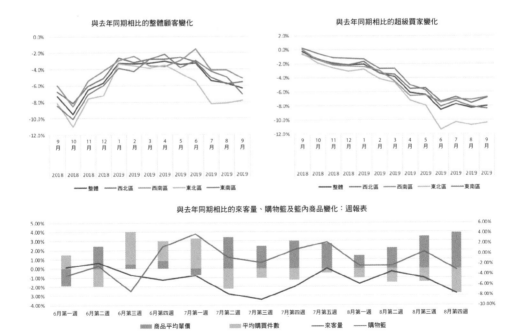

圖 8.10　原圖

你的獨到觀點；（2）表明利弊得失；（3）用一句話完整表達你的想法。各位不妨參考習題 1.20 的核心想法表單。當你想好後，請與別人討論並加以修改。你能否把你的核心想法化為簡短清楚且琅琅上口的一句話？必要時可參考習題 6.12。

步驟 2：現在請更仔細觀察這份資料，並針對每個圖表寫下一兩句話，描述該圖的主要重點。

步驟 3：輪到便利貼上場啦！請根據本習題設定的情境、你在步驟 1 所提出的核心想法，以及你在步驟 2 寫下的主要重點，把你打算納入投影片中的內容寫在便利貼上。等你完成此事後，即可按照敘事弧排列便利貼。其中的張力何在？你的聽眾可採取什麼行動解決它？

步驟 4：接著要開始重新設計圖表了。下載原圖與相關資料（你會發現其中有一些額外的資料，請一併下載，它們或許派得上用場）。你可能需要試作幾種不同的觀點，不妨先用簡單的手繪圖進行你的腦力激盪過程，把我們先前教過的各種技巧應用在你選擇的圖表中，記得去除不必要的雜訊，並引導聽眾的注意力。盡可能兼顧整體設計的所有面向。

步驟 5：用你偏好的工具打造出你要簡報的投影片，並對每張投影片寫下你的敘述大綱，把這套簡報說給你的朋友和同事聽，並尋求他們的意見回饋。

步驟 6：請花個幾分鐘，把原圖跟你的重製圖做個比較，你確信你的作法更有效？為什麼？你對這整個過程感覺如何？哪些部分最有幫助？為什麼？你覺得把這套作法應用在你的工作上會是怎樣？請用一兩段話說明你的大致想法。

終於完成了：練習這麼多個實例讓你學到不少技巧吧！你用資料說故事的本領肯定更精進了，恭喜！即便你之前還未把這套工夫應用在工作上，你現在肯定能夠大展身手了。接下來我們要進入下一課的習題了，請帶著你的技巧和信心，在你的職場上用資料說出極具說服力的故事吧。

職場應用——進階練習

　　最後一堂課的內容在於，如何把之前學到的「用資料說故事」的技巧應用於職場上。雖然各位在這方面已經獲得大量指導，不過我仍鼓勵你們在遇到特定專案時，回頭參考本書中「職場應用」的習題：本課的第一道習題，幫大家整理出可供參考的題目。

　　此外本課還提供了一些指引，教各位如何把「用資料說故事」技巧應用在你自己以及同事的日常工作當中；這些指引能幫助各位檢視與實踐《Google必修的圖表簡報術》及本書涵蓋的整套課程。除此之外，本課還提供了一些資源和指引，協助各位推動團體學習及討論，並提供適當的評分量表，可用來評鑑你自己或其他人的作品。本課亦將檢視意見回饋的重要性，並教各位如何尋求與聽取他人的意見回饋。我們還會探討如何為自己並幫助他人設定正確的目標，以持續精進你們「用資料說故事」的技巧。在這個領域裡並沒有所謂的「專家」，不論你的技巧達到什麼樣的境界，永遠都還有進步的空間。透過不間斷的練習，每個人都能持續提升能力，並使我們的溝通方式更加細緻入微。

　　各位迄今已完成這麼多習題，真是不簡單哪（若你還未做完全部的習題也無妨，只要繼續努力就好啦！）。接下來**我們將要挑戰更多職場應用的進階習題**！

　　不過為了幫助你與你的團隊做好成功的準備，我們要先來檢視一些有用的概念。

SWD 一書

首先，我們就來看看
如何組成你的團隊

我能做什麼？

沒有人是在真空中單打獨鬥完成工作

培養團隊「用資料說故事」的能力，能讓主管與領導人獲益

對於想要影響周遭人士的人，同樣也能因「用資料說故事」的能力而受益

典型的團隊設置

組成跨職能的團體

技術人員　　設計師　　管理者　　分析師

大多數團隊沒有資料視覺化專家，這工作通常落到分析師頭上

兼顧策略與技術

不只是「做出漂亮的圖表」

1萬英呎高空的 視野

如海深的技術資訊

再棒的分析若沒能有效溝通，也只是白費工夫

管理者的職責

培養持續學習的團隊文化

把資料的視覺化
與溝通當成
分析工作必備的一部分

找出天生擅長且喜歡做此事的人，
並栽培他們成為專家

小型團隊的作法

擁抱侷限和約束

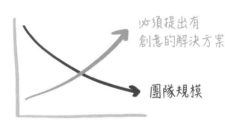

必須提出有
創意的解決方案

團隊規模

→ 鼓勵實踐和
　測試新作法

→ 使用網路免費資源

→ 向外部尋求心靈導師
　與指引

個人的作法

做出好作品

尋求意見
反饋

分享訣竅
但不說教

小小的成功
能建立信心
和信譽

職場應用 進階練習

9.1
擬定
進攻計畫

9.2
設定務實
的目標

9.3
聽取及提供
有用的
意見回饋

9.4
打造尋求
意見回饋
的文化

9.5
參考
「用資料說故事」
程序

9.6
使用
評量工具

9.7
推動核心
想法討論會

9.8
辦場
「用資料說故事」
工作會議

9.9
用資料
說個好故事

9.10
一起討論
集思廣益

習題9.1：擬定進攻計畫

　　各位在第一至六課已經練習了許多職場應用的習題，以下就是它們的清單。當你遇到必須用資料說故事的專案時，不妨從下列清單中搜尋可供參考的範例，看看什麼樣的組合最符合你的需求，然後完成它們吧！

1.17　了解你的聽眾

1.18　縮小聽眾範圍

1.19　如何鼓勵聽眾行動

1.20　完成核心想法表單

1.21　改善與改寫表單

1.22　團隊一起提出核心想法

1.23　設計分鏡腳本

1.24　編排簡報順序

1.25　尋求回饋

2.17　畫圖找答案

2.18　用工具反覆修改

2.19　思考這些問題

2.20　大聲演練

2.21　聽取他人的意見回饋

2.22　打造一座資料視覺化圖書館

2.23　借鏡別人的作品

3.11　用紙筆開始練習

3.12　再想想：那個元素真的非放不可？

4.9　　你的目光被引向何處？

4.10　善用各種吸睛工具

4.11　該凸顯的重點

職場應用──進階練習

習題9.2：設定務實的目標

　　我是設定目標的堅定支持者，當你把想要發生的事情清楚說出來，並且規劃應採取的措施，那件事就更有可能實現！設定好的目標能幫助你持續精進以及磨練你的「用資料說故事」技巧。

　　要達到上述目標其實並不難，只需鎖定你想要提升的技能或工作面向，然後列出你可以著手進行的特定行動。為了避免拖延，最好製造必須盡快行動的急迫感，並把清單張貼在可以定期提醒你的地方。跟主管或同事分享你的目標，會讓你更有責任感。如果你像我一樣，每看到自己離目標又接近一點，就會很有成就感。更棒的是，當你完成最初的目標，並接著設定更具雄心的目標，這些行動就會幫助你不斷提升專業技能與知識。

　　如果你對目標設定有更具體的要求，稍後我會教各位一個方法，但如果你目前已經有個可行的程序，那我鼓勵你繼續使用它。我個人的作法是，我會替我的公司設定一個年度總體目標，然後每個季度我們每個人都須遵循我在 Google 學到的目標設定及評估架構。我會概述我們的流程，希望能幫助你個人或你的團隊設定目標。

職場應用——進階練習

我們會記錄及評量每個季度的「**目標和關鍵結果**」（Objectives and Key Results, OKR），以持續關注支持公司業務的目標，並落實問責制。**目標**描述的是個人想要完成的重要工作與行動，**關鍵結果**則描述如何實現既定的目標。雖然我們都希望設定積極進取的關鍵結果，但仍需兼顧務實、可評量且有時限（附有完成日期）。每個人每一季通常會設定三至五個目標，每個目標通常有二至三項關鍵成果。為了便於大家理解，我就用一個實例來說明吧：

目標：將故事整合到我的測試計畫 XYZ 中，取得必要的資源，以便將此測試計畫變成正式並加以擴展。

- **關鍵成果 1**：為了兩個不同的專案，必須在 1 月 31 日前完成本書的習題 1.17、1.20、1.21、1.23、1.24、6.12 及 6.14。
- **關鍵成果 2**：在 1 月 15 日前，針對現場簡報及電郵摘要，分別規劃及打造適當的素材。在 1 月 31 日前徵詢並納入主要關係利害人 A 的意見回饋。
- **關鍵成果 3**：本季向同事進行三個練習簡報，並彙整他們的意見回饋以改善我的內容、流暢度與簡報風格。

任何人確定他的目標和關鍵結果後，我們就會向大家發布，這種透明公開的作法，讓每個人知道彼此想要達成的目標，從而提升每個人獲得成功的機率。

每季結束的一週後，我們會對上一季的 OKR 進行**考核與評分**。這個反省行動讓我們能暫停和慶祝成功，並評估那些未能按計畫進行的進度。過程中最重要的步驟──評分，我們以簡單的 0 至 10 來評分，0 代表完全無進展，而10 則表示關鍵結果已徹底實現（比方說吧，如果關鍵成果是使用你正在學習的新工具打造 12 張圖表，而你真的做出了 12 張圖，那麼你就得到 10 分，如果只做出六張，就只得 5 分，依此類推）。

我發現評分有助於每個人誠實面對自己，並確保問責制的落實。我們不能再隨口搪塞：「我本來可以做更多的。」因為當我自評為 0 分或 2 分時（這

職場應用──進階練習

只是舉例啦），我就必須認真檢討與反省：為什麼我沒能做更多？是因為優先順序改變了嗎？這樣就行了嗎？如果不是的話，是什麼原因害我無法做到？未來我要如何改變？我會透過上述對話來檢討我自己的 OKR 分數，當然也會與團隊裡的其他成員展開類似對話。我們會計算各目標之關鍵結果的平均得分，彙總後即為各該目標的得分；平均各個目標的得分即可看出整個季度的大致情況。總而言之，檢討上一季的 OKR 與相應的得分，能幫助我們搞清楚事情的進展、是否有互相衝突的當務之急、面臨的挑戰，以及可能的解決辦法，並展開有建設性的對話。然後這些結果全都會被納入我們這一季的 OKR 設定程序中，並且重複一遍整個過程。

我個人相當推崇 OKR 程序，它不但幫我個人不斷提升技能，還助我開創及拓展一份成功的事業。我很欣賞這套程序提供的紀律性思維，並讓問責制得以落實。它設置了評量進度的指標：讓每個人隨時都能知道我們的目標進行到哪個程度、錯過了哪些原本打算要做的事，也知道哪些地方做得很成功。隨著我的團隊不斷成長，它幫忙確保每個人都知道什麼事情是重要的，並調整各自的目標，讓大家都朝著同一目標邁進。

現在換你講啦！關於培養你的圖表視覺化與資料溝通能力，你有何具體目標？請把它寫下來，接著寫下能夠幫助你達成此一目標的二至三個關鍵成果。你可以跟主管討論一下，並把清單貼在觸目可及之處以便經常提醒你。恭喜你，你已經擬定你的第一個 OKR 了，接下來就努力完成它吧！

想要了解更多關於設定目標以及 OKR 程序的人，請看用資料說故事播客第 13 集（storytellingwithdata.com/podcast）。

習題9.3：提供及聽取有用的意見回饋

聽取他人的意見回饋並反覆修改圖表，是提升圖表簡報技巧的重要步驟。這個道理我們都明白，但真要坦然接受別人的意見回饋其實沒那麼容易。當我們聽到別人的批評指教時，往往不是認真傾聽與採納，而是忍不住替自己辯

解。希望以下這些想法，能幫助各位獲得或提供有效的意見回饋。

　　要問對人。請先想清楚，該向誰請益才能滿足你的特定需求。我們最先想到的通常是熟悉這個情況的人，但請再三思，什麼樣的意見回饋才是對你有用的。向完全不清楚狀況的人請益有個優點：對方肯定會提出截然不同的新鮮觀點，要是你的聽眾也不清楚你在做什麼，那請教這樣的人就最適合了。因為他會指出你講了他聽不懂的術語、你在不經意間做出的假設、你選用了他不熟悉的圖表，以及其他阻礙你成功溝通的缺失。但有時我們必須聽取專家的意見回饋，譬如你即將針對一群具有科技背景的聽眾做簡報，那麼事先向相關專家請益應該會對你有所幫助。不過為了要讓對方能提供有用的意見，你可能需要備妥一定程度的脈絡。

　　選對時機。請益時機的拿捏對彼此都很重要。先從你的角度來看，在你還沒一頭栽進去之前，先徵詢別人的意見，你比較不會因為已經投入大量心血，而難以割捨不適合的路線或方向。尤其若遇到一群堅持己見的利害關係人，你若能及早展開請益程序，就能避免過程中反覆修改的困擾。不過話又說回來，你拿個略具雛形的作品（例如模型或是手繪的草圖），跟你拿著完整的作品向別人請益，對方提供的意見肯定是不一樣的，所以對於重要的案子，你最好在各個階段都向別人請益。現在要從對方的角度來看所謂的正確時機：請尊重及配合對方的行程，在對方有空時請益。記得要對提供回饋的人表達謝意喔。

　　問對問題。你想知道的是：你做的這個圖表是否容易閱讀？你的重點是否有效傳達？還是另有其他疑問？不論你想問什麼，都要具體說明而非亂槍打鳥，這樣你才能得到真正有用的回饋。告知對方一些跟聽眾有關的脈絡──他們是誰、在意什麼或擁有什麼知識，說不定也會有幫助。你也不妨說明你遇到了哪些侷限和阻礙，或是採納對方的回饋可能會有什麼侷限。比方說吧，如果時間相當緊迫，你只想知道某件事情是否行得通，那你不妨明說：「請告訴我，你覺得這個圖表 OK 嗎？我必須在今天下班前把它送出去，所以你只需告訴我，這裡面是否還有交代不清楚的地方，或是我可以快速修改的部分。」反

之，如果你的時間很充裕，你不妨這麼說：「我想知道這個圖表裡有哪些東西做得不錯，哪些是我需要改進的，請你多多批評指教。」

動耳不動口。別人明明提出一個很有建設性的批評，但我們卻會忍不住爭辯，想讓對方明白你費了多大工夫；請你千萬要忍住，否則雙方的對話可能到此為止。向別人請益時，你必須敞開心房，張大雙耳一字不漏地傾聽對方的意見；並適時點頭，讓對方知道你有認真在聽，如果能記筆記更好，這會鼓勵對方暢所欲言。遇到不清楚的地方，可以進一步追問，或是參考以下例句，讓你們的對話更順暢。

傾聽之後：提出問題。如果在聽取對方的意見之後，你還需要更多的回饋，不妨提出以下問題。

- 你第一眼會看到頁面的哪個地方？
- 它的主要重點或訊息是什麼？
- 請問你是如何觀看這張圖表的：最先注意到什麼？接著呢？
- 你會有不同的作法嗎？為什麼？
- 圖表中是否有會令人分心的雜訊？
- 如果把圖放在一邊，你能記得它的重點或故事嗎？

汲取有用的意見。不必對所有的意見回饋照單全收，因為有時候也可能聽到糟糕的意見。我們通常會看提供意見的人是誰，來決定是要虛心受教還是一笑置之。萬一對方把你的作品批評得一無是處，你也不要動怒，試著以客觀的角度認真思考究竟是哪裡行不通。如果你不確定是否該聽從對方的建言，再向另外一人請益吧。如果第二位也持相同的說法，千萬別認為問題出在他們身上，恐怕是你的圖表設計真的有問題，請花點時間找出問題的根源並加以解決。

提供好的意見給他人。練習**提供**意見回饋，不但讓你更懂得向別人正確

提問，還能使你練就更敏銳的思維，從而改善你自己的作品。在提出意見時，不要武斷地區別作品的好壞或是方法的對錯，而應思考如何委婉地表達你的意見。因為對方可能花了不少時間才完成這個作品，而且戰戰兢兢地請你批評指教，你也不清楚他們實際上遇到了哪些侷限。你應問清楚他們想要得到什麼樣的回饋，這樣你才好根據他們的需求提供適當的意見。提供意見時務必要對事不對人，在建議對方修改之前，先指出他哪裡做得很好。我聽說某個團隊是這麼說的：「我很喜歡……」「請問這個是……」「我會建議……」另外一種回饋架構是「分析－討論－建議」，先分析圖表或投影片或簡報，然後跟對方討論一下，最後才提出你的建議。

　　即興的回饋也可能有幫助。雖然尋求意見回饋已經格式化了──例如習題9.4 就是教大家舉辦團體的意見回饋大會──但也不是非得如此。當你靈光乍現想到某個妙招時，趕緊把它印出來，或是請隔壁的同事探頭過來看一下你的電腦螢幕，順便給點意見。你還可以把這個習題的概念應用在較為即興的情境中，總之聽取別人的意見是為了反覆修改你的作品，使它從 A 提升到 A+！

　　除了為自己的作品尋求意見回饋，你甚至可以幫你的團隊或你們公司打造彼此互相交流意見的企業文化，我們將在下個習題深入討論這一點。

習題9.4：打造尋求意見回饋的文化

　　誠如我們之前曾討論過的，請別人提供意見回饋，能讓我們知道哪些地方做得不錯，並幫助我們不斷改良圖表，確保我們的圖表簡報技巧日益提升。所以在你的團隊或組織當中建立一種開放的意見回饋文化是相當重要的，不過這件事並非一蹴可幾。

　　想要建立人人開誠布公表達意見的企業文化，光是透過口頭要求大家這麼做，恐怕是不夠的，搞不好還會弄巧成拙，反倒令大家不敢承認他們需要回饋。畢竟職場中的利害關係難測，如果公司裡原本充斥著爾虞我詐的文化，或是意見表達不夠婉轉，搞不好還會被對方視為人身攻擊。儘管如此，如果你發

現你的團隊或是你們公司缺乏意見回饋機制，你不妨利用以下方法，幫助大家練習尋求與提供有建設性的意見回饋：

- **在例行會議中設置「簡報與討論」時段。** 在團隊的例行會議中，保留十分鐘給一名隊員簡報他正在做或是剛完成的某件事，然後由每個人提出一個正面的看法以及未來可以改善的建議。並由大家輪流擔任簡報者。

- **指派「回饋夥伴」。** 把你的團隊（也可跨部門）成員兩兩配成對，並規定他們至少每半個月必須尋求與提供回饋一次。主管可在一對多的對話或是專案進度更新時，透過詢問組員得到及採納哪些回饋，來確保組員有乖乖照做。經過一段時間（例如一個月或一季）後，更換各組的夥伴。這個作法可凝聚團隊的向心力，並使回饋成為一項例行程序。

- **召開回饋「速配」會議。** 請那些想要聽取回饋的人來參加會議，要他們把作品列印後帶過來。把桌子排成兩列，讓同組的組員對面而坐。找一位大聲公負責計時，當他一聲令下「開始！」，就讓各組夥伴交換彼此的圖表或投影片，並且限時一分鐘安靜觀看。然後每個人有兩分鐘提問及給予建議（計時者要提醒大家）。每一組組員相處五分鐘（一分鐘的觀看 + 兩分鐘提供建議給 A 員 + 兩分鐘提供建議給 B 員）後，每個人挪到下一個位子上坐（坐在最後一位的人，換到對面的第一個位子坐），如此不斷重複直至時間到，或組員整個換過一輪為止。如果你們的組織原本就有午餐學習會之類的非正式團體聚會，這會是個很有趣的團康活動。

- **舉行一場正式的回饋大會。** 安排一小時的時間。每個人都必須帶來一件需要別人提供意見回饋的東西（分鏡腳本、圖表、投影片、一份簡報）。設定本次會議的預期目標，並說明提供有效回饋的要訣（請參考習題 9.3）。把大家分成三組，每個人可在自己那一組裡用五分鐘說明他帶來的東西，以及他需要什麼樣的回饋。接下來進行十分鐘的小組討

論與提出建議。之後換另外一人發言，如此依序進行直到每個人都得到想要的回饋（在每一節的 15 分鐘裡，各組分別聚焦在 A、B、C 三個人的作品上）。最後各組簡單總結哪些地方做得很好，下次會沿用此法，還是打算改弦易轍。這樣的聚會可以單獨舉行，也可以在公司舉辦自強活動時進行。

打造一個不以工作為中心的回饋論壇也是挺不錯的，這種安排可以降低參與者的壓力，讓大家能夠比較安心地發表與聽取意見回饋。當大家習慣了在這種輕鬆的場合中交換意見時，會有助於他們在職場環境中提出有建設性的意見。如果你們公司一向沒有公開提出建言的風氣，你不妨利用這種漸進的方式改變公司的習氣。以下是一些作法供各位參考：

- **在團隊的例行會議中引進「考核及批評」時段**。這個作法跟之前提過的「簡報與討論」有異曲同工之妙，只不過焦點是放在可公開取得實例，而非工作上的特定案例，這種作法完全不會令被批評者感到不愉快。事先指派某人從外界（例如媒體）找來一張圖表、投影片或資料視覺化的範例，花幾分鐘說明它，然後請每個人講出該作品的一個優點，以及他是否會有不同的作法，大家輪流擔任負責找資料的人。在職場中我們往往習於找出作品中不理想的地方，這雖然沒什麼不好，但是向優秀的作品借鏡，能讓大家進行有建設性的對話，並幫助大家做出更好的回饋。
- **每月舉辦一次「用資料說故事」大挑戰**。想了解相關細節請參考習題 2.16，或上我們的官網 storytellingwithdata.com/SWDchallenge。你們可以組團參與現場挑戰，或是從檔案中挑選一個案例，或是自己創作一個挑戰的主題。在每個月的第一個星期公布挑戰主題，並鼓勵大家拿與工作無關但自己感興趣的題材參賽。不論是個人還是團體參賽者，皆可利用工作餘暇製作參賽作品。到月底時，抽出一段時間請大家親自

出席或透過網路展示他們的作品，並聽取其他人的回饋。這個概念是由賽門・伯孟（Simon Beaumont）提出的，他曾跟他的團隊做過類似的事情。賽門觀察到，舉行這樣的活動一段時間後，團隊成員的資料視覺化功力大增，而且彼此能提出更有建設性的回饋。此外，他也把他們的網路回饋大會錄下來，供組織裡的所有人參考與學習。

如果培養回饋文化有利於你的團隊，你不妨參考上述作法並思考該怎麼做最適當。你可以配合你所處的環境自由發揮創意，透過反覆嘗試，你必能成功打造出正向回饋的職場文化，從而幫助每個人精進他們的資料溝通技巧！

習題9.5：參考「用資料說故事」程序

這一路走來，各位應該已經從本書的六大課程習得成功簡報的必要技巧，若能經常把這些技巧應用於你正在處理的案子，日積月累就能達到熟能生巧的境界。當你需要與人溝通資料時，不妨先參考以下的課程內容摘要，然後翻閱各該課程裡的老師示範與職場應用習題，你就能得到一些靈感來處理你的專案。

（1）**有條理，很重要**：你的聽眾是誰？什麼事情能夠打動他們？你想對他們溝通什麼？提出你的**核心想法**，核心想法必須要能（1）闡述你的獨到觀點；（2）表明利弊得失；（3）用一句話完整表達你的想法。把你想對聽眾溝通的內容打造成一套**分鏡腳本**，來幫助他們理解情況，並說服他們採取行動。用便利貼幫忙排出理想的敘事順序，以獲得最佳簡報效果。現在你已經備妥一套作戰計畫，如果可能的話，向客戶或利害關係人尋求意見回饋。

（2）**選對有效的視覺元素**：你想要溝通什麼？找出你想溝通的重點，以及如何呈現資料才能讓聽眾容易理解。通常你需要反覆試做，並從

不同的觀點檢視你的資料，才能找出讓聽眾讚嘆的最佳圖表。**試畫草圖**！思考手邊有哪些工具及其他資源能夠幫你落實你的草圖，並**把成品製作出來**！向他人尋求意見回饋，以確認你的圖表是否真能達到你想要的效果，或請他們指出應該改進之處。

（3）**拔掉干擾閱讀的雜草**：圖表中有無法增加資訊價值的元素嗎？**找出不必要的元素並且移除它們**。運用視覺原理連結相關事物，以減輕觀眾的認知負荷。保持適當留白，對齊元素，避免斜置元素。審慎運用視覺對比：別讓訊息被雜訊淹沒！

（4）**把聽眾的注意力吸過來**：你想要聽眾看哪裡？利用位置、大小以及色彩，把聽眾的注意力引導至你想要的地方。使用顏色時需考慮色調、品牌代表色，以及色盲患者的需求等相關事項。**使用「目光在哪裡？」測試**，來確認圖表中的前注意特徵能否有效引導觀眾的注意力。

（5）**設計師思維**：文字能說明資料，清楚標示圖表中的標題、標籤與座標軸，並把主要重點當作標題，都能幫助觀眾正確理解資料。幫圖表中的元素**打造出視覺階層**，清楚提示觀眾該如何與你的溝通內容互動。**留意設計細節**：別讓小瑕疵減損訊息的可信度。努力讓你的設計平易近人，並提升視覺元素的美感效果，觀眾會讚賞你的努力，從而提升溝通成功的機率。

（6）**學習說故事**：參考你的核心想法：**打造出簡明扼要且琅琅上口的一句話**。參考你的分鏡腳本，按照**敘事弧**仔細安排你的故事元素。故事中的張力是什麼？你的觀眾如何採取行動解決張力？資料應安插在敘事中的哪些地方？為現場簡報所準備的素材，與分送給大家自行閱讀的書面報告有何不同？請用一個精彩的資料故事，來吸引觀眾的注意，引發觀眾的熱烈討論，進而影響他們採取行動！

各位是否想把上述要訣張貼在你的辦公桌上以供隨時參考？歡迎上我們的官網 storytellingwithdata.com/letspractice/downloads/SWDprocess 下載。

怎樣才能知道你把這些技巧應用得很好呢？請看下個習題學習相關的評量工具。

習題9.6：使用評量工具

我在繪製圖表及溝通資料時不大使用評分量尺。人們喜歡規則，但在需要更細緻入微的思考時，規則很容易變成一種公式化的作法。不過我能理解大家想要有個工具來評量自己或他人作品的效度。各位不妨把下述架構當作解決此一需求的起始點。

為了避免淪為公式化，我刻意不詳細說明這個評量工具該如何使用，只會概述幾個選項給大家參考。我鼓勵各位根據你自身的情況做出合理的評斷。你是某個團隊的主管要對部屬提出回饋意見？你是要替學生的作業打分數的老師？只是想要評量自己作品的人？

對於只是想要使用一種有條理的方式來評量自己或他人作品的人，你可以把下列事項當成一份檢查表，或是應用一些簡單的標籤（我個人喜歡用「很到位」、「不錯」、「有待加強」這三個評分等級，或許還可以加上「不適用」）。如果要評分的對象有好幾個人，或是想看到一段期間內的變化（例如區分等級），不妨使用數字評分。你可以對應前述的評語、簡單給予 1 至 3 分的分數；若想要區分得更細，或想以比較合乎直觀的方式來評分，不妨以 1 至 10 分來給分。

各位可以根據你要評量的內容適當調整上述評量表樣本。你要評量的是圖表？投影片？整場簡報？樣本中的某些內容可能無法適用於你們的情況，各位可以視需求自行加入適當的評分標準。我特意在表格中留下一些空白欄位，就是要讓各位根據你想評量的事物自由加入適用的內容。

最後我想告訴各位，這樣的結構其實比較難評量某些非具體的事項，一些

成分	評分
我懂得如何閱讀此圖表	
就資料及溝通內容而言，選用此圖是正確的	
對於資料／方法論／背景提供了適當的脈絡	
文字運用得當：標題、標籤、附註、說明	
視覺雜訊極少／零雜訊	
我很清楚第一眼該看何處	
色彩運用得宜	
溝通內容的拼字、文法與數字全都正確無誤	
整體設計無懈可擊：善用對齊與留白	
內容的排序合乎邏輯	
主要訊息及／或行動呼籲是明確的	
素材皆被優化，讓內容能順利傳達	
整體成功：溝通的內容順利解決了它提出來的問題	

圖 9.6 評量表樣本

職場應用——進階練習

小細節一點一滴匯聚起來，就會決定最後的結果是成是敗。而達成此一目標的某些作法也會關係到整體的成功。例如我們必須考量事情的相對重要性來分配適當的時間。換言之，並不是每一次簡報都要用上整個「用資料說故事」的程序——而是要知道如何適時適當地應用我們學到的技巧，用最少的作為獲得最大的效益。

各位在處理手上的專案時，不妨參考習題 9.5 的「用資料說故事」程序；待完成後，便可利用本習題介紹的評量表替自己的作品打分數，以確認所有的成分你都考慮到了。

各位可至 storytellingwithdata.com/letspractice/downloads/rubic 下載此評量表，並自行調整內容。

習題9.7：推動核心想法討論會

需要把資料視覺化或是打造簡報內容之前，先搞清楚相關脈絡與溝通對象（聽眾），然後再打造訊息，反而會有事半功倍之效。在這些重要的面向上費心，能獲得可觀的回報，包括更能滿足聽眾的需求，順利傳達你的訊息，從而促成你想要的行動。而舉辦核心想法討論會則是帶動團隊展開此一過程的方法之一。

接下來我就要教各位如何策劃各種規模的團體討論會，並透過這項活動，把核心想法的概念介紹給大家。總體目標是幫助參與者練習提出核心想法，聽取及提供意見回饋，以不斷精進簡報力。

準備工作：事前該做好哪些準備

請仔細閱讀這項指引，並複習第一課裡的相關習題。向其他人說明核心想法概念，並鼓勵他們提問，透過這種問與答的交流方式，你會比較容易談論此一概念，從而讓你在主持團體討論會時更加遊刃有餘（可能的話，找不同的對象多練習幾次會更好！）。

接下來你要確認哪些人會參加，訂好一間會議室，並發送行事曆給大家，請他們抽出一小時來出席。如果大家都能親自到場當然是最理想的（要是不行的話，請幫那些在遠端參與的人分配一位夥伴，並請每個人端流到主會議室聽取簡介與彙報）。發一張核心想法表單給每個人（影印習題 1.20 或是從 storytellingwithdata.com/letspractice/downloads/bigidea 下載）。如果大家習慣用筆電做事，請準備一堆筆：用低科技的工具來做這個練習效果比較好（鼓勵大家暫時別用筆電！）。

職場應用——進階練習

議程範例（時：分）

00：00－00：10　介紹核心想法概念，並舉例說明

00：10－00：20　填寫核心想法表單

00：20－00：30　第一組夥伴討論

00：30－00：40　第二組夥伴討論

00：40－01：00　團體討論

介紹核心想法概念

介紹核心想法的三大要素──請記住，核心想法必須要能：

（1）闡述你的獨到觀點；

（2）表明利弊得失；

（3）用一句話完整表達你的想法。

你可以向大家介紹下述情境（取材自《Google 必修的圖表簡報術》），然後示範解決此一情境的核心想法會是怎樣。你也可以參考第一課裡的老師示範習題，並自行改編成適合你們的版本。

情境：我們科學部門的一群人正在集思廣益，討論該如何讓即將升上四年級的學生能夠開心地學習科學。到了小四才第一次上科學課的孩子，多半都會覺得科學好難喔，他們一定不會喜歡，總要等開學後過了好長一段時間才能擺脫此困境。所以我們便思考：要是讓孩子們早些接觸科學會怎樣呢？我們能改變他們的想法嗎？我們以此為目標在去年暑假試辦了一項學習計畫，邀請小學部的同學來參加，結果居然有一大批二、三年級生踴躍參與。我們的目標是讓孩子早些接觸科學，以期形成正面的觀點。為了測試活動的成效，我們在學生參與活動之前和之後各做了一次意見調查。我們發現在參加這項活動前，有40% 的小朋友（佔比最大的族群）對科學抱持中立的態度，但是活動結束後，大多數孩子的態度都變了，有將近70%的小朋友開始對科學感興趣。我們覺得

這表示活動相當成功，所以今年我們不僅要續辦，而且還要擴大對象。

想像我們要說服掌管學校基金的預算委員會同意續辦此活動。我們提出的**核心想法**可能會是這樣的：去年暑假試辦的學習活動相當成功、讓學生對科學產生興趣；請貴委員會核准這筆預算以利續辦此一重要活動。

我們提出的核心想法：

（1）闡述了我們的獨到觀點（今年應續辦此一重要活動）；

（2）表明利弊得失（讓學生對科學產生興趣）；

（3）的確只用一句話就完整表達了我們的想法。

在介紹完核心想法與範例之後，就可讓各組的夥伴展開討論。

填寫核心想法表單

請每位參與者挑選一項需要對一群聽眾進行溝通的專案，然後發給每人一張核心想法表單，並要求參與者對此專案提出核心想法。

安排**十分鐘**給大家填寫表單。當參與者在填寫表單時，身為主持人的你不妨在會議室裡走動，巡視大家的進度與回答問題。時間快到或是你看到大家幾乎都完成表單時，你就可宣布開始進行分組討論。

分組討論

就算不是每個人都順利完成表單也無妨，反正他們跟夥伴討論後還有機會修改。接下來就請他們自行找個夥伴同組，並輪流分享各自的核心想法並提供意見回饋給對方。我通常會給各組以下的具體指示：

- 已經準備好要發表核心想法的人，請先跟還沒準備好的人同一組。
- 先聽取核心想法的人，你的任務非常重要：你要向對方盡情提問，以幫助對方釐清自己的訊息，從而提出精確的說法。

職場應用——進階練習

第一次小組討論可安排**十分鐘**，你可在會議室中走動巡視並回答問題。進行五分鐘後，確認每一組都已換成第二個人發表核心想法，這樣每組夥伴都有機會分享自己的想法，聽取對方的意見回饋。

小組討論進行十分鐘後，指示參與者更換夥伴，並重複上個階段輪流發表與聽取意見的程序。同樣在進行五分鐘後，確認每一組都已換第二個人發表，第二次小組討論同樣可安排十分鐘，然後就請大家回到原位開始進行團體討論。

主持團體討論

在夥伴討論完成後展開的團體討論有助於強化內容，且能協助解決這堂課中產生的任何疑問或挑戰。

以下這些問題能夠激勵大家提出想法（每說完一道問題就停下來，讓現場的參與者發表意見，以強化下述重點）：

* 你覺得這個練習很簡單還是很有挑戰性？
* 這個練習的困難處是什麼？
* 你如何把你的核心想法濃縮成一句話？
* 認為夥伴所提意見很有用的人請舉手？
* 夥伴所提的意見有哪些是有建設性的？

團體討論中提到的重點：

* **把核心想法濃縮成一句話挺難的**。想不到精準用字竟然那麼難，尤其是跟我們切身有關的工作，實在很難拋開所有的細節！你需要溝通的內容不只核心想法而已，其他支持性的內容也很重要。
* **其實有好多種策略可以幫你把核心想法精煉成一句話**。你可以想到什麼

職場應用──進階練習

就先寫下來，然後再加以潤飾。核心想法表單或許能派上用場，因為它把要素分成三部分，你可以一次解決一部分；等你進入最後一個步驟時，你手上可能累積了一堆拼圖的片段，這時你只要把它們用合乎邏輯的方式組合起來即可。

- **把核心想法濃縮成一句話是很重要的。** 這個限制看似隨意但其實是有目的的，因為這會迫使你放棄大部分的細節；而且在你反覆思量、字斟句酌的過程中，你的想法便能獲得釐清。

- **大聲說出想法可激發靈感。** 當我們把事情大聲說出來，會觸發大腦的其他部分來聽自己說話。即便房間裡只有你一個人，你也可以大聲念出你的核心想法，如果你覺得你的核心想法聽起來怪怪的，說不定那就是該修改的地方。

- **夥伴的意見回饋很重要。** 當我們摸熟了自己的工作後，會形成所謂的內隱知識：我們對於這些專業上的事物視為理所當然，卻忘了別人根本不懂。幸好我們的夥伴能幫忙揪出這種狀況，讓我們即時做出調整；夥伴還能幫忙確認你想要表達的重點，並協助你找到適當的文字傳達你的訊息。

- **夥伴並不需要知道任何脈絡。** 你的夥伴完全不清楚事情的來龍去脈說不定是件好事，因為這樣他就會問一堆「為什麼？」，這類問題有兩個作用：其一是指出別人並不清楚我們認為顯而易見的那些事情；其二是我們必須找到對方能夠理解的方式來回答這個問題。你的簡報對象未必跟你一樣熟悉你的工作，所以請不熟悉你工作的人提供意見回饋，正好讓你練習找出正確的字眼，讓聽眾能夠輕鬆地理解你的核心想法。

- **確立核心想法有助於打造溝通內容。** 要是你無法用一句話確立你的溝通重點，那你要如何打造出一組投影片或一份報告呢？我們總是一拿到資料就開始用工具製作溝通內容，心中根本還沒有任何明確的目標。而核心想法就是那明確的目標，它就像是指路的北極星，引導你條理分明地

職場應用──進階練習

做出支持核心想法的內容。你的核心想法一旦確立了，它就像是一張內建的石蕊試紙，可以用來決定某些內容是否應該納入：這個資訊能夠順利傳達我的核心想法嗎？

祝各位順利帶領你的團隊完成這場核心想法討論會！

習題9.8：辦場「用資料說故事」工作會議

每一梯次的「用資料說故事工作坊」結束後，我都會跟我的團隊來場工作會議，大夥只花一點時間便能用紙筆之類的低科技工具做出可觀的成品，每每令我驚嘆不已。所以我鼓勵各位找幾位同事，一起閱讀《Google 必修的圖表簡報術》或本書，然後依照接下來的指引，辦場你們自己的「用資料說故事」工作會議吧。

準備工作：事前該做好哪些準備

發送一份行事曆給你的團隊，邀請他們參加為時三小時的工作會議。訂一間可以擺放多張桌子及白板的大會議室，備妥各項用品：多種顏色的麥克筆、可翻頁式的會議用白板，以及各種尺寸的便利貼（6×8 吋的最好，因為它們的尺寸恰好與標準投影片一樣，能用這種低科技的工具來模擬一整場簡報真方便；最好同時準備一些尺寸較小的便利貼，可以用來製作分鏡腳本，或是寫下一般性的主題）。

請將以下的指示結合習題 9.5 的用資料說故事程序，來舉辦一場工作會議，讓每個人都有足夠的時間和空間能夠練習我們學到的課程，並且提出及聽取彼此的意見回饋。下面的議程範例最適合八至十人的小團體運作，如果人數更多，就把互相簡報的時間拉長（每個／組人安排六至七分鐘）。以下就是要分發給每個人參考的指示，想要印出來的人可至 storytellingwithdata.com/letspractice/downloads/SWDworkingsession 下載。

實際開會時，指派一個人負責計時，他要留意時間，適時提醒大家進行下一個程序，以確保每個／組人都能分享自己的簡報並獲得意見回饋。

議程範例（時：分）

00：00-00：15 複習學過的課程，討論／問與答，設定對這次會議的期待

00：15-01：30 專案作業

01：30-04：45 休息一下！

01：45-02：45 簡報

02：45-03：00 聽取匯報，討論／問與答，會議結束

以下就是給參與者的開會指示。

專案作業：妥善分配時間

選擇一個今天想要聚焦的專案，你可以獨自進行，或是與你的團隊一起閱讀用資料說故事程序。想好你（們）要如何善用接下來的 75 分鐘，落實「用資料說故事」所教的各項簡報技巧。

各位不妨參考以下的想法：

第 1 課：有條理，很重要

提出核心想法，或打造一組分鏡腳本。

第 2 課：選對有效的視覺元素

試著從各種觀點呈現資料，並找出最能精確傳達你訊息的圖表。

第 3 課：拔掉干擾閱讀的雜草

找出無法增加資訊價值的元素，並從圖表中移除。

第 4 課：把聽眾的注意力吸過來

你要如何引導聽眾注意你要他們關注的地方？善用位置、大小、色彩、對

比以及其他各種吸睛策略，引導聽眾的注意力。

第 5 課：設計師思維

善用工具改善圖表的美感效果──工具預設的原型圖通常不夠精美。你需要用心編排元素，打造視覺階層，並且妥善利用文字，就可做出平易近人的設計。

第 6 課：學習說故事

按照敘事弧大致編排你的故事元素，資料該放在哪裡？怎麼放？如何利用張力及衝突來幫助你吸引及維繫聽眾的注意力？你能否想出簡短清楚且琅琅上口的一句話，來幫助聽眾牢牢記住你傳達的訊息？

請先用紙和筆這類低科技工具（別用筆電！）來完成你的提案。邀請同事擔任你的夥伴並一起腦力激盪，或是向對方尋求意見回饋。請發揮創意並樂在其中！

簡報：與團體分享想法

你有五分鐘與團體分享你初步擬定的內容。請繼續使用低科技的工具：用手寫文字或手繪草圖來補充說明你想簡報的其他內容，並尋求團體的意見反饋。

你的簡報應包括：

1. **簡單說明背景。**包括你鎖定的溝通對象、整體目標、必須做的重大決策，以及成功的可能樣貌。

2. **你如何善用相關技巧。**你可以針對以下任何一點充分說明：你的核心想法、分鏡腳本、如何做出最棒的視覺化資料、評比呈現資料的各種觀點，以及你打算做出哪些變更、你要如何凝聚聽眾的注意力，或是你想要講的故事。你並不需要巨細靡遺地說明所有細節，只需告訴大家你打

算採取什麼作法或是做出哪些變更就夠了。手繪草圖搭配紙／筆／便利貼，讓每個人能看到你的想法。明確告訴大家你希望他們提出什麼樣的意見回饋，以幫助你把圖表改到好。

匯報：討論及問與答

待每個人都發表他的作法與聽取意見回饋之後，請花幾分鐘討論以下事項：

* 你覺得召開這場會議對你有幫助嗎？
* 哪件事最有幫助？
* 未來如果我們要再辦一次，該做哪些改變？
* 如果要把用資料說故事課程應用到工作中，你預測會遇到哪些挑戰？
* 我們還能採取哪些額外的步驟來提升我們用資料說故事的溝通成效？

把這次會議的結果告知其他團隊（他們可以自行舉辦類似的活動，或是取得你們會議的相關資料）以及你們的管理階層。請分享你們的成功故事，找出表現不如預期的面向，並設法調整與改進。

盡全力幫助大家看到彼此的努力，並互相給予支持：明白每個人都投入了可觀的時間不斷改善自己的作品，並且願意嘗試新的策略以提升自己的資料溝通技巧。找到一群認同這項活動的朋友幫忙宣傳，期盼大家願意支持你跟你的團隊持續付出時間和資源，努力做出更有效的圖表。

職場應用——進階練習

習題9.9：用資料說個好故事

說到用故事來溝通資料，你可以採取以下步驟來提升成功機率，它們是你在編排與訴說故事時，必須考慮的具體事項。

新作法請先從風險較低的地方開始嘗試。 千萬別在董事會或高階主管會議中「大放厥詞」：「今天我想來點不一樣的作法——說個故事給大家聽聽。」

這麼做恐怕不會成功！凡是跟你們組織的文化有所牴觸，或是跟已往的慣例明顯背道而馳的作法，你最好先從風險比較低的場合嘗試。而且你要邊做邊學，聽取別人的意見後不斷改進。累積小小的成功來建立你的信心與信譽，未來才有機會做出較大的改變。

審慎考慮呈現資料的順序。不論你想溝通什麼資料，通常都會有好幾種方式來安排內容，而不會只有一種正確作法。不論是圖表中的元素，還是投影片裡的內容，甚至是整組投影片的「出場順序」──都要從聽眾容易理解的角度去安排，以打造出你想要的整體經驗。向不熟悉簡報內容的人尋求意見回饋，以確認資料的排序方式能否滿足你的最終需求。

配合溝通方式打造最優質素材。現場簡報為建構資料故事打開了截然不同的機會，誠如我們在之前的諸多範例所見，其中一種策略就是用循序漸進的方式進行現場簡報。把現場簡報使用的這套資料，再搭配一兩張完整說明全部內容的投影片，就可分發給大家自行參考，其效果不輸親臨現場聆聽。用心思考你將如何簡報這份資料，並打造出最適當的素材。

預先設想可能發生的錯誤。事情有可能會凸槌嗎？你該做好哪些準備，讓自己在出錯時能冷靜處理？確認你的假設並進行壓力測試，確保你調查了替代假說。請同事扮演愛找碴的聽眾，預測聽眾可能提出哪些質疑，並事先備妥答案。花時間準備突發狀況的因應之道，你才能在面對意外時沈著以對，不會驚惶失措。

明確告訴聽眾簡報的目的。千萬別讓聽眾費神猜想你為什麼要他們看這些資料；清楚告訴聽眾這場簡報的目的，別讓他們自己瞎猜。他們為什麼要來聽這場簡報？你想告訴他們什麼訊息？他們為什麼必須聽你說？善用你學過的各項技巧來吸引聽眾的注意力，建立可信度，並帶領聽眾展開有意義的對話，或做出有建設性的決策。

要懂得隨機應變。事情很少能完全照預定計畫進行。如果你預想事情有可能會朝著你無法控制的方向發展，就預先想好對策，仔細規劃你的作法與素

職場應用──進階練習

材，屆時才能順利因應。當你展現誠意、願意視聽眾的需求適時做調整，其實是建立信譽的一個好方法，而且還能幫助你化危機為轉機。

　　尋求意見回饋。之前曾說過，在準備故事的過程中應向他人尋求回饋，其實完成簡報後也應尋求意見回饋。你可以請教聽眾或同事的意見，以了解哪些地方做得不錯、哪些需要改進，以便日後能滿足大家的需求（從而滿足你自己的需求）。

　　成功或失敗的經驗都可借鑑。每完成一場簡報或是分發一份報告後，請回頭想想整個過程。對於成功的情境，思索是什麼原因讓事情順利發展，哪些面向可應用於未來的工作中。至於失敗的案例則能讓我們學到更多經驗，是什麼原因造成事情卡關？哪些事情是你能夠掌控且未來能夠改變的？不吝與別人分享成功與失敗的故事，能讓別人也學到這些經驗，並讓我們彼此互相幫助一起進步。

　　上述這些指引的重點總歸一句話就是「考慮周全」。思考成功會是什麼模樣，並嘗試將自己立於不敗之地，讓你訴說的資料故事能夠發揮你想要的影響力。

習題9.10：一起討論集思廣益

　　以下問題涵蓋了本書的所有內容，請各位思考你要如何將它們應用在你的工作中。如果你一直是與夥伴或同事一起完成本書中的習題（獨力完成當然也無妨！），就請繼續跟他們一起討論下述問題吧，這樣大家就能取得共識：該如何把「用資料說故事」技巧整合到每個人的工作當中。

1. 未來有哪件事你一定會採取不同的作法？
2. 回顧《Google 必修的圖表簡報術》以及本書中所涵蓋的課程：（1）有條理，很重要、（2）選對有效的視覺元素、（3）拔掉干擾閱讀的

雜草、（4）把聽眾的注意力過來、（5）設計師思維，以及（6）學習說故事。你認為哪個面向對於你的工作是最重要的？為什麼？你個人或你的團隊最需要發展哪些領域？你們要如何做到這點？

3. 當你把我們學過的這些課程應用到工作中時，請思考：哪些地方可能會出錯？你要採取哪些防範措施以確保成功？你預期可能會遇上哪些挑戰？你要如何克服它們？

4. 說到有效的視覺化與資料溝通，還有哪些額外的資料能夠幫助你獲得全面的成功？

5. 你從本書獲得的最大心得是什麼？它對於你的日常工作可能產生什麼樣的作用？

6. 自你學會「用資料說故事」的技巧後，未來的工作方式跟現在相比會有哪些不同？

7. 如果你打算採取不同的作法，有可能會遇到抗拒嗎？你認為誰會抗拒？你要如何克服它？

8. 說到工作中的限制，你遇到什麼樣的限制或約束？當你應用本書的相關技巧時，前述偏限或約束會對你造成什麼影響？你要如何發揮創意，找出突破這些偏限的最佳解決方法？

9. 你會採取哪些措施來幫助團隊或組織裡的其他人，了解「用資料說故事」技巧的價值，並幫助他們精進相關能力？

10. 對於本書介紹的這些策略，你會對你自己或你的團隊設下什麼樣的具體目標？你要如何評量結果是否成功？

職場應用──進階練習

結語

我們在之前的九課當中學到了好多技巧！各位想必已經能夠把這些技巧、要訣及策略應用到你的工作當中。不過各位的練習還不算完成喔。

圖表簡報術其實跟拼圖很像，每一小片拼圖就像是簡報過程中需要考慮的事情：聽眾、脈絡、資料、假設、偏見、可信度、簡報方式、實體空間、印表機或投影機、人際動態，以及你想要聽眾採取的行動。我們要正確彙整以上所有事項，才能讓它們有效發揮作用；由於拼圖片每次都不一樣，讓事情變得很複雜！

天底下並沒有能保證簡報成功的一種設計或技術。雖然這句話乍聽之下令人氣餒，但如果往好處想，既然行得通的作法比比皆是，那我們就可以盡情「混搭」各種技巧和策略，並「玩」出個人的獨門簡報術，這不是很有趣嗎？

雖然各位已經練習過好多道習題，但俗話說學無止境，我們每個人都應繼續精進自己的資料視覺化設計功力，從而啟發與激勵別人。

這就是我希望各位達到的境界：落實你所學的技術，並與他人分享，不斷用手上的資料說個好故事啟迪他人，並帶動正向的改變。

雖然本書的內容到此結束了，但我的支持與鼓勵並不會跟著消失，歡迎各位隨時上 storytellingwithdata.com/learnmore 吸收更多團隊的最新進展。

感謝各位這一路以來一直跟著我練習！

臨別贈言

一點一滴
不斷累積
實力……

把「用資料說故事」技巧變成日常生活的一部分

「用資料說故事」的概念與機會

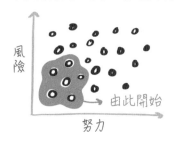

累積每天一點一滴
的努力，一段時間
就可見到成效

掛在低矮枝椏上的果實

實踐並列出優先順序

持續做下去

學習指引

（在有必要時分項適用）

…然後
更上
一層樓！

從提供資訊變成發揮影響力

用深思熟慮的
方式引領變革

扮演好簡報者的角色

持續鍛鍊你的
說故事肌肉

熟悉你的資料

相信你的故事

練習不會怯場

做好時間規劃

故事

分析　　　　分享

這永遠比你想
的要花時間

上 storytellingwithdata.com
查詢可用資源

（一直會有更多精彩內容喔！）

用點狀圖表達我的謝意

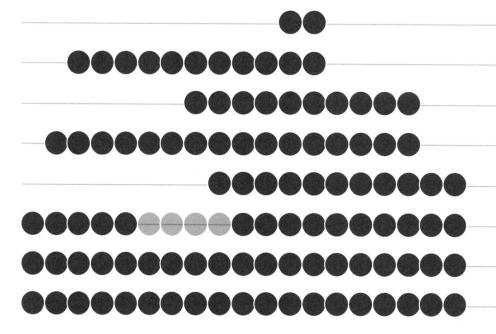

感謝協助此書問世的所有相關人士……

我要感謝**賽門・伯孟**（Simon Beaumont）、**莉莎・卡爾森**（Lisa Carlson）、**艾美・西薩**（Amy Cesal）、**羅伯特・克羅科**（Robert Crocker）、**史帝芬・法蘭科納利**（Steven Franconeri）、**梅根・賀斯汀**（Megan Holstine），以及**史帝夫・魏斯勒**（Steve Wexler），謝謝你們細心審閱我的文稿，並提供了令我受益無窮的意見回饋。

感謝**金・謝芙勒**（Kim Schefler）及**潔絲敏・考夫曼**（Jasmine Kaufman）給我的睿智指教。

感謝**凱薩琳・梅登**（Catherine Madden）與**麥特・梅克爾**（Matt Meikle）的創意與想法，我們一起做出了一本美麗的書！

感謝我的好友**馬力卡・隆恩**（Marika Rohn），你是世上最厲害的編輯：幫我把腦中的文字呈現到紙上！

感謝**裘蒂・雷諾**（Jody Riendeau），把工作安排得井井有條，讓我們能輕鬆愉快地完成所有事情。

伊莉莎白・利克斯（Elizabeth Ricks），我能跟全世界的人分享圖表簡報術課程，妳是最大功臣。恭喜妳生下了亨利這可愛的小寶貝！

感謝我的三個心肝寶貝**愛佛瑞**（Avery）、**朵利安**（Dorian）與**艾洛伊斯**（Eloise）：謝謝你們啟發了我，我深信你們一定能夠活出自己想要的精彩人生。

感謝老公**蘭迪**（Randy Knaflc）：謝謝你對我的支持，你是我今生的至愛、知己、良師益友，也是我的一切。

我還要感謝比爾・法倫（Bill Falloon）、麥克・罕頓（Mike Henton）、卡莉・漢森（Carly Hounsome）、史帝芬・克里茲（Steven Kyritz）、金柏莉・孟羅—希爾（Kimberly Monroe-Hill）、波維・派特爾（Purvi Patel）、尚—卡爾・馬丁（Jean-Karl Martin）、艾美・朗迪卡諾（Amy Laundicano）、史帝夫・史普克（Steve Csipke）、RJ・安德魯斯（RJ Andrews）、麥克・西斯內羅斯（Mike Cisneros）、艾利克斯・維雷斯（Alex Velez）、貝翠斯・塔琵雅（Beatriz Tapia）、布蘭達・齊—莫蘭（Brenda Chi-Moran），以及 Quad Graphics 團隊。感謝我們所有的客戶，以及正在閱讀這些文字的每個人（就是你啦！），謝謝你們跟著我一起經歷這趟美妙的旅程，祝大家練習愉快。

Google 必修的圖表簡報術（練習本）

作者	柯爾・諾瑟鮑姆・娜菲克
譯者	白丁
商周集團執行長	郭奕伶
視覺顧問	陳栩椿
商業周刊出版部	
總編輯	余幸娟
責任編輯	林雲
封面設計	Bert design
內頁排版	林婕瀅
出版發行	城邦文化事業股份有限公司 - 商業周刊
地址	104 台北市中山區民生東路二段141號4樓
	電話：（02）2505-6789 傳真：（02）2503-6399
讀者服務專線	（02）2510-8888
商周集團網站服務信箱	mailbox@bwnet.com.tw
劃撥帳號	50003033
戶名	英屬蓋曼群島商家庭傳媒股份有限公司城邦分公司
網站	www.businessweekly.com.tw
香港發行所	城邦（香港）出版集團有限公司
	香港灣仔駱克道193號東超商業中心1樓
	電話：(852)25086231 傳真：(852)25789337
	E-mail：hkcite@biznetvigator.com
製版印刷	中原造像股份有限公司
總經銷	聯合發行股份有限公司 電話：（02）2917-8022
初版1刷	2020年 9 月
初版5.5刷	2023年11月
定價	台幣540元
ISBN	978-986-5519-22-3（平裝）

Storytelling with Data: Let's Practice!
Copyright © 2020 by Cole Nussbaumer Knaflic
All Rights Reserved.
This translation published under license with the original publisher John Wiley & Sons, Inc.
Complex Chinese Character translation copyright © 2020 by Business Weekly, a Division
of Cite Publishing Ltd., Taiwan

國家圖書館出版品預行編目資料

Google必修的圖表簡報術(練習本) / 柯爾·諾瑟鮑姆·娜菲克（Cole
Nussbaumer Knaflic）著；白丁譯. -- 初版. -- 臺北市：城邦商業周刊,
2020.09
　　面；　公分.
譯自：Storytelling with data : a data visualization guide for business
　　　professionals
ISBN 978-986-5519-22-3（平裝）

1.簡報　　　2.圖表　　　3.視覺設計
494.6　　　　　　　　　　　　　　　　　　　109013888

藍學堂

學習・奇趣・輕鬆讀